高等院校计算机系列规划教材

软件系统分析与设计任务驱动案例教程

苏春燕　主　编

邓　蓓　韩　红　孙　锋　副主编

電子工業出版社

Publishing House of Electronics Industry

北京 • BEIJING

内 容 简 介

本书介绍了软件系统典型的开发路线及其开发方法，且重点讲解了面向对象的软件系统开发的分析与设计方法，既包括理论知识、建模技术，又包括一些建模工具软件的使用技能。其内容安排是以一个面向对象的软件系统开发案例的分析与设计过程贯穿来讲解理论知识和设置实训任务。另外，书中关键术语和一些图例采用中英文两种表达方式，有利于读者掌握专业知识的同时掌握专业英语。

本书内容设置系统、连贯，叙述清晰，逻辑严密，且结合待开发案例讲述，使各知识点更易于理解。涉及工具软件使用的实训任务指导叙述准确、翔实，包括了多种建模软件的操作指导，易于学生掌握，且习题丰富。

这是一本适合应用型本科和高职高专的软件及信息管理类专业学生的教材，同时也是一本软件从业人员系统学习面向对象的软件系统分析与设计技术的入门书，当然它也包括较深入的知识。本书还适合作为有双语教学要求的此类课程的教材。

图书在版编目（CIP）数据

软件系统分析与设计任务驱动案例教程 / 苏春燕主编. —北京：电子工业出版社，2018.9
ISBN 978-7-121-34659-0

Ⅰ. ①软… Ⅱ. ①苏… Ⅲ. ①软件工程－系统分析－高等学校－教材②软件设计－高等学校－教材
Ⅳ. ①TP311.5

中国版本图书馆 CIP 数据核字（2018）第 141754 号

策划编辑：左　雅
责任编辑：左　雅　　特约编辑：俞凌娣 朱英兰
印　　刷：北京虎彩文化传播有限公司
装　　订：北京虎彩文化传播有限公司
出版发行：电子工业出版社
　　　　　北京市海淀区万寿路 173 信箱　邮编　100036
开　　本：787×1 092　1/16　印张：14.75　字数：424.8 千字
版　　次：2018 年 9 月第 1 版
印　　次：2025 年 1 月第11次印刷
定　　价：39.00 元

凡所购买电子工业出版社图书有缺损问题，请向购买书店调换。若书店售缺，请与本社发行部联系，联系及邮购电话：（010）88254888，88258888。

质量投诉请发邮件至 zlts@phei.com.cn，盗版侵权举报请发邮件至 dbqq@phei.com.cn。

本书咨询联系方式：（010）88254580　zuoya@phei.com.cn。

前　言

目前开发一个面向对象软件系统大致要做的工作有：①准确获取、记录和分析用户的需求；②考虑系统应包括哪些类的对象以及这些类的对象应如何相互协作才能实现这些需求；③用具体的编程语言来编写程序定义类、创建对象以实现用户对系统的需求。

掌握具体的程序开发语言只能解决第③步的问题，还不能高效完成一个满足用户需求的软件系统的开发。本书就是针对前面两步编写的，即如何对系统用户的业务需求进行“获取、记录和分析”，又如何从技术和实现的角度来“设计”一个软件系统以满足这些业务需求，同时如何用模型来记录设计方案。

本书介绍了软件系统典型的开发路线及其开发方法，且重点讲解了面向对象的软件系统开发的分析与设计方法，既包括理论知识、建模技术，又包括一些建模工具软件使用的技能，是理论和实际密切结合的一本教材，且实训的任务指导部分准确、翔实，并配有丰富的习题。书中涉及多种建模软件的使用，其中的 UML 建模软件主要讲解了经典的建模软件 Rational Rose 的使用，但同时给出了此类的开源建模软件 StarUML 和 JUDE-Community 的使用指导，引导学生课后用这些建模工具软件创建 UML 模型。还根据软件系统分析与设计中数据建模及交流项目任务、资源和时间安排的需要，讲解了用 Microsoft Visio 创建 E-R 图和用 Microsoft Project 创建项目进度表的方法，这些安排有利于提高学习者的实操能力，从而提高职业素养。本书适合作为应用型本科和高职高专学生的计算机软件及信息管理类专业学生的教材，同时也是一本软件从业人员系统学习面向对象的软件系统分析与设计技术的入门书，当然它也包括较深入的知识。

本书的一个重要特点就是“以软件系统开发的工作任务为导向划分教学单元”，具体参见下图。其中需要说明的是，单元一用简单实例展示面向对象软件系统开发分析与设计的主要过程、相关概念，引导学生初步了解、掌握常用的建模工具软件的使用方法，是开始分析与设计的基础；单元二是软件项目管理的基础知识和技能，其中的部分内容可以选学，是完成单元三的软件项目开发工作初始任务“启动与规划”的基础；单元八是对面向对象软件开发分析与设计的基本知识和技能的拓展，可以看作是知识和技能的螺旋式增长。

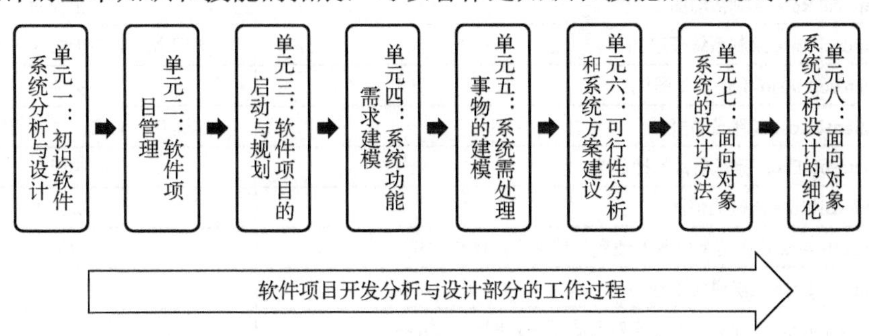

以工作任务为导向的教学单元的设置

本书以一个面向对象的软件系统开发案例的分析与设计过程贯穿始终讲解理论知识和设置实训任务，其间穿插设置一些所涉及的建模工具软件使用的实训任务以及一些拓展的知识和技能，引入了任务驱动及案例的教学设计，是探索、促进这类教学方式的一次努力和尝试。

另外，书中的关键术语和一些图例采用中英文两种表达方式，这样有利于读者掌握专业知识的同时掌握专业英语，因此还适合作为有双语教学要求的此类课程的教材。

关于全书的授课学时安排，对于高职高专学生而言建议 68 学时左右，其中理论和实训各占一半学时；对于应用型本科学生，这个学时可以酌情减少。教师可以根据学时重点讲授一些核心单元，其他单元选学或课后自学。对于高职高专学生的软件系统分析与设计类的课程建议至少 48 学时，理论和实训各占 24 学时，其中至少有 16 学时上机用工具软件绘制模型图。如果安排这些学时，单元二的“软件项目管理”和单元六的“可行性分析和系统方案建议”可以安排课后学生自学或选学；对于应用型本科的此类课程，上机学时可以酌情减少，一些用工具软件绘制模型图的任务安排让学生课后按照任务指导的提示自学完成。最后要说明的是，附录 A 给出了待开发软件系统的案例背景资料和该系统的面向对象分析与设计的建模要求，如果课时允许可以安排学生完成，以检验和巩固前面所讲的知识和技能。

本书由苏春燕担任主编并负责统稿，由邓蓓、韩红和孙锋担任副主编。本书参考了多本国内外同类教材，借鉴了我校（天津中德应用技术大学）与加拿大不列颠哥伦比亚理工大学（BCIT）计算机学院多年合作办学的经验，也包含了我校的“软件项目开发方法”市级精品课、“软件系统分析与设计”校级精品资源共享课和“面向对象软件系统分析与设计”校级优质课建设的成果，在此对课程建设团队所有成员的付出表示诚挚的谢意！

虽然在编写本书过程中力求完美，但由于经验不足等原因，难免有疏漏之处，敬请各位读者批评指正。

为便于教学，本书提供书中内容的电子课件、习题参考答案，以及实训中涉及的工具软件建模方法的 15 段视频，具体视频内容请见下表，希望给大家的教学与学习带来方便。

序　号	视 频 内 容	对 应 实 训
1	用 Rational Rose 实现正向工程	实训一
2	用 Microsoft Project 开发项目基本进度表	实训二
3	用 Microsoft Visio 绘制系统关联图	实训三
4	用 Microsoft Project 开发带资源分配的项目进度表	实训四
5	用 Rational Rose 绘制用例图	实训五
6	用 Rational Rose 绘制活动图	实训六
7	用 Rational Rose 绘制系统顺序图	实训六；实训十二（可参考借鉴）
8	用 Microsoft Visio 绘制 E-R 图	实训七
9	用 Rational-Rose 绘制分析类图	实训八；实训十二（可参考借鉴）
10	用 Microsoft Excel 计算项目的净现值	实训九
11	用 Rational-Rose 绘制通信图	实训十
12	Rational Rose 通信图消息位置的改变与转换为顺序图方式	实训十
13	用 Rational Rose 实现逆向工程	实训十一
14	用 Rational Rose 创建具有方法参数及继承关系的设计类图	实训十一；实训十二（可参考借鉴）
15	用 Rational Rose 绘制状态机图	实训十四

注：实训十五和实训十六的建模可参考借鉴序号 5、6、7、8、9、12 和 14 的视频。

编　者

目　　录

单元一　初识软件系统分析与设计

从前言中我们已经了解到本书关注的是如何获取和分析用户需求，又如何综合利用技术设计一个软件系统来满足用户的需求，以及系统设计方案的记录方式。在开始学习之前需要对系统分析与设计的概念和相关知识、技能有个初步、概括的了解，由于软件开发目前主要采用面向对象的编程语言，因此，我们在这个单元主要介绍软件系统分析与设计的基础知识和技能。

任务 1.1　认识软件系统分析与设计

内容引入

在初步了解“软件系统分析与设计”时，人们最关心哪些内容呢？有可能是下面几点：

✓ 软件系统的开发大致要经历哪些阶段？各个阶段主要达成什么目标？

✓ 软件开发涉及哪些人员？

✓ 什么是软件系统的分析与设计？

✓ 目前典型的面向对象软件系统开发的分析与设计过程要建立哪些模型？

本任务将认识这些与软件系统开发相关的概要知识，下一任务将初识面向对象软件系统分析与设计的建模工具软件 Rational Rose 和 StarUML 等的使用方式。

学习目标

✓ 理解软件系统开发的大致过程、驱动力和关联人员。

✓ 理解系统开发生命周期的类型划分。

✓ 理解系统开发方法、工具、模型和技术的区别与联系。

✓ 理解面向对象软件系统的开发过程、涉及的技术，理解目前较流行的开发方法——RUP 的开发阶段的划分方式。

1.1.1　软件系统开发的上下文

图 1-1 展示了软件系统开发的相关因素，其左面是系统开发的“参与者”，也称“系统关联人员”。右面是系统开发涉及的主要“过程”，不同的参与者主要参与的过程不同，系统视图也不同。上面是促使系统开发的“业务驱动力”，如：经济全球化环境下，需要开发的支持贸易的软件系统需要支持多种语言、货币汇率、国际贸易规则和不同商业文化的业务方式等；电子商务环境下，要求企业处理日常事务的软件是基于 Web 体系结构的；业务驱动力还包括企业业务过程持续改进和全面质量管理对软性系统的开发要求。下面是促使系统开发的“技术驱动力”，如：网络技术、移动无线技术的发展，企业资源规划（ERP）、供应链管理（SCM）、客户关系管理（CRM）和企业应用集成（EAI）等可购买的企业应用软件的出现。图 1-1 所涉及的与系统分析设计相关的概念描述如下。

系统分析（System Analysis）：理解并详细说明一个软件系统应该做什么的过程。

系统设计（System Design）：详细说明系统的许多组件在物理上怎样实施（分析阶段确定的）系

统功能的过程。

系统分析员（System Analyst）：利用分析技术确定用户的业务需求，并利用信息技术设计出满足业务需求的系统实施总体方案建议。他们可以看成是业务人员和技术人员之间的桥梁。

另外，小型软件开发项目中可能分析、设计、编程职责集中于一、两个人，就需要一般软件开发人员具备这些综合的知识、技能。因此，系统分析与设计技术也是一般软件编程人员需要掌握的知识。

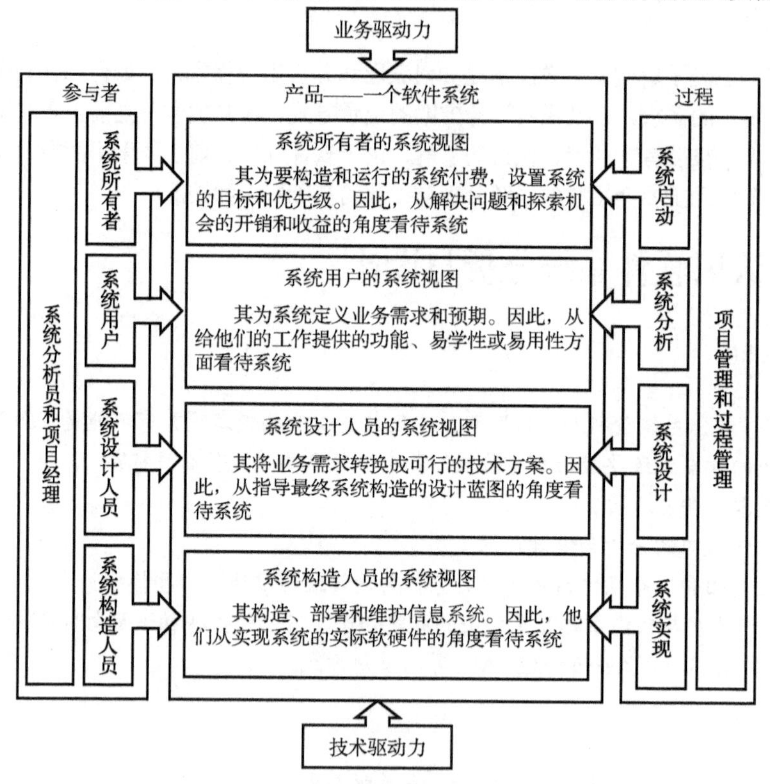

图 1-1 软件系统开发上下文

1.1.2 软件系统开发生命周期概念与类型划分

1. 系统开发生命周期

系统开发生命周期（the System Development Life Cycle，SDLC）：建立、部署、使用和更新一个软件系统的整个过程。

可根据方法是否具有预测性和适应性对系统开发生命周期路线进行分类，从完全预测到完全适应，允许将这两个分类点连成一个连续体，如图 1-2 所示。

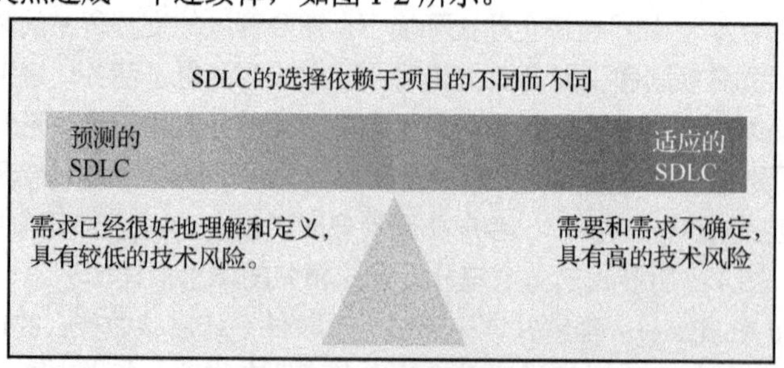

图 1-2（a） 系统开发生命周期的预测-适应方法（中）

（1）预测方法（Predictive Approach）：一种可以预先规划并组织的软件项目开发，即要求根据规划对新软件系统进行开发的系统开发生命周期方法。

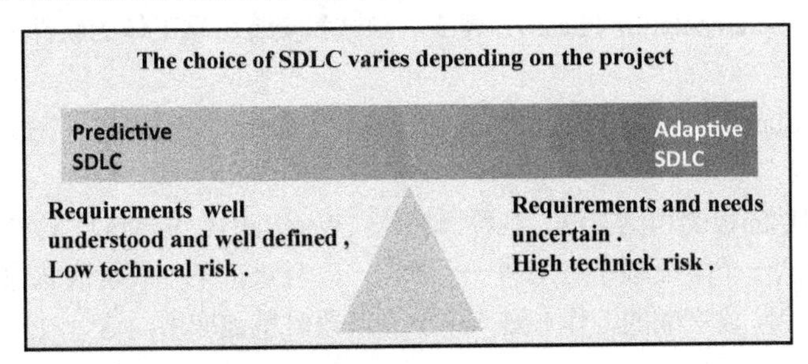

图 1-2（b） 系统开发生命周期的预测–适应方法（英）

例如，一个系统开发项目的需求是“将一个老的主机库存系统转化为一个基于网络的客户/服务器架构的系统”，这个待开发的软件项目的需求非常明确、清晰，而使用的客户/服务器架构的技术也比较成熟，因此这个项目就可以事先详细规划进度和设计说明，然后据此构造项目。那么这个项目就采用了系统开发生命周期的预测方法。

（2）适应方法（Adaptive Approach）：一种不能预先规划的软件开发，即要求在开发进展过程中进行调整的灵活的系统生命周期方法。

这种方法用于系统和用户的需求不明确的时候，这种情况下项目不能预先规划，在初步开发工作后还需要确定系统的一些需求。开发人员制定的解决方法就必须灵活，在项目开发进展中可以调整。

大部分软件系统开发的项目既有预测的元素，又有适应的元素，而不是仅位于天平的两端。预测方法发明于 20 世纪 70～90 年代之间，更为传统，那时系统开发采用结构化程序设计语言，其修改和扩展都较为复杂和费时。而适应方法是随着面向对象方法发展起来的，始于 20 世纪 90 年代并一直发展至今，这一时期系统开发多采用面向对象的程序设计语言，其修改和扩展就相对容易，也为在系统开发过程中灵活调整项目需求提供了技术基础。

2. 传统系统开发生命周期预测方法

下面对于传统系统开发生命周期预测方法（Traditional Predictive Approach to the SDLC）的系统开发阶段（System Development Phases）进行描述。图 1-3 显示了传统系统开发生命周期预测方法的五个阶段及其之间的常见关系。

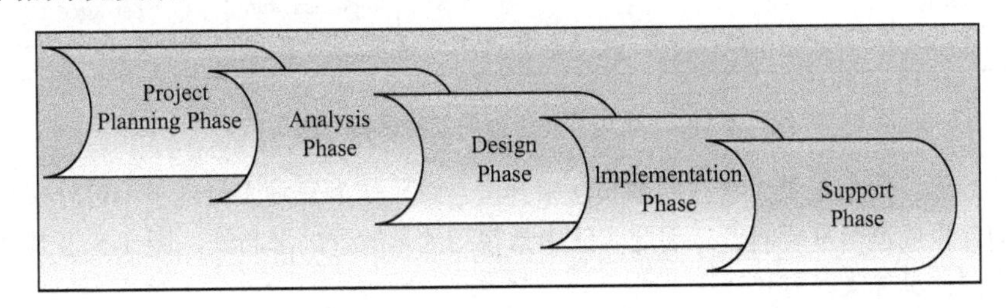

图 1-3 系统开发阶段及其之间常见关系

（1）计划阶段（Planning Phase）：确定新系统的作用域、确定项目的可行性、制订进度表和资源分配计划并进行项目其余部分的预算。

（2）分析阶段（Analysis Phase）：理解、定义新系统的业务需求及其优先级，并确定系统实施的总体方案建议。其主要作用是获取系统是做什么的。

（3）设计阶段（Design Phase）：根据分析阶段确定的业务需求、其优先级和实施的总体方案建议，设计出系统物理解决方案。其主要作用是决定系统如何做。

（4）实施阶段（Implementation Phase）：建立、测试和安装可靠工作的软件系统，培训用户并使其受益于系统的使用。

（5）支持阶段（Support Phase）：在系统初始安装和生命周期的许多年中对系统进行升级和维护，以保持系统有效运行。

系统开发生命周期的极端预测方法，也称瀑布法（Waterfall Approach），这个名字形象地描述了其极端的实现方式，即从一个阶段顺序进入另一个阶段，一旦进入下一个阶段就像瀑布一样不能回到上一个阶段，这样上一个阶段完成的工作在进入下一个阶段时就被冻结，这一过程说明参见图 1-4。

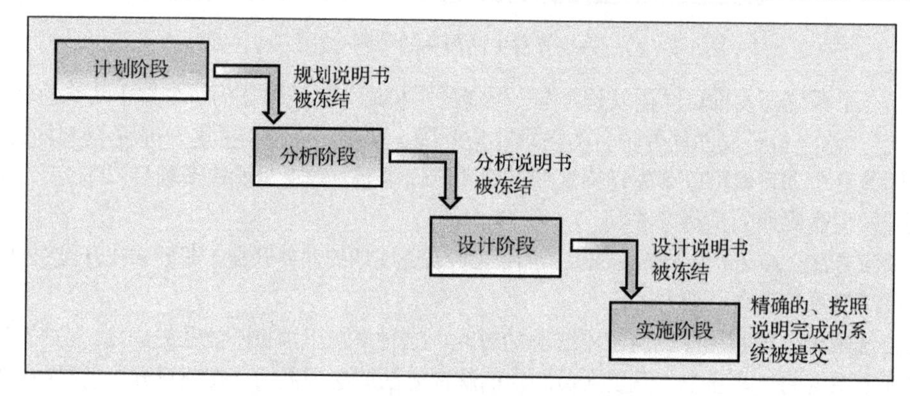

图 1-4（a） 系统开发生命周期的瀑布方法（中）

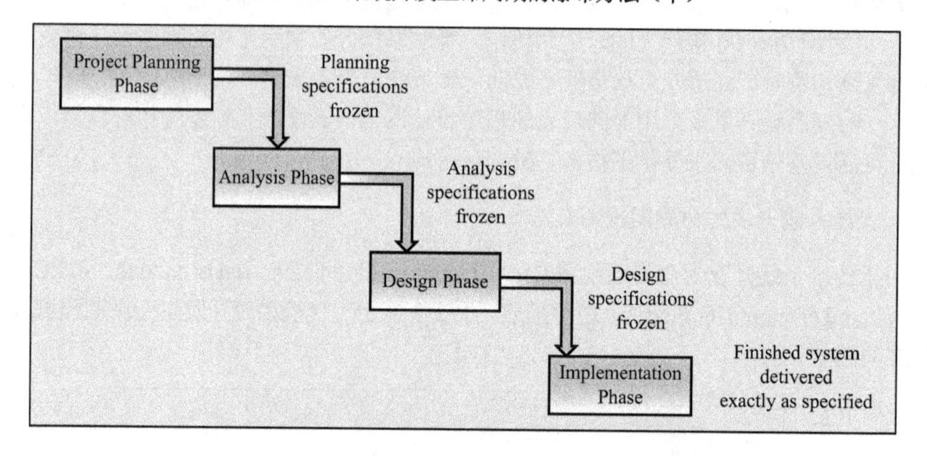

图 1-4（b） 系统开发生命周期的瀑布方法（英）

大家不难想到，我们很难严格按照瀑布法来开发系统，作为开发人员几乎不可能在完成一个阶段时不出现任何错误或遗留重要问题，因此实践中常使用的是改进的瀑布法。图 1-5 及其文字描述说明了改进瀑布方法的具体实践方式。

下面是关于图 1-5 的解释说明。

✓ 仍需要开发一个十分透彻的项目规划，但其他每个阶段相互重叠、影响和依赖。

✓ 在开始设计之前做一些分析，但在设计中会发现在需求方面需要更多的细节，或一些需求是原先没有想到的，因此要返回去附加一些分析。

✓ 出于效率原因，在分析需求时，可能考虑并设计各种报表或表格。

✓ 为帮助理解用户的需求，可能要提早实现最终系统的一部分。

✓ 各个阶段之间不能完全重叠，其部分原因是：相关依赖性。

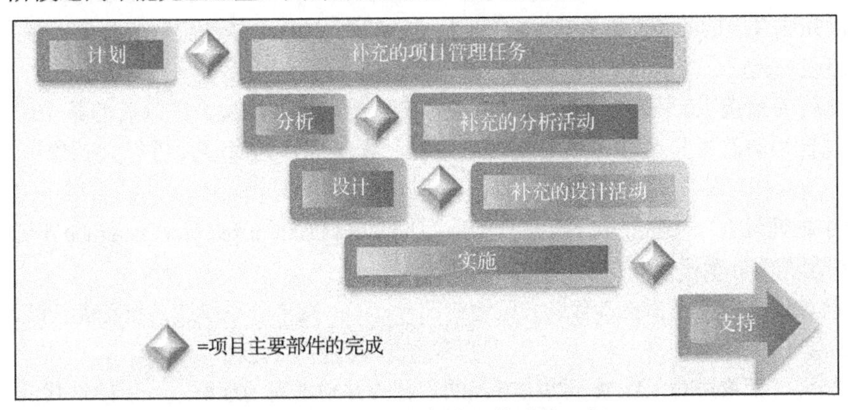

图 1-5（a） 系统开发阶段的重叠（中）

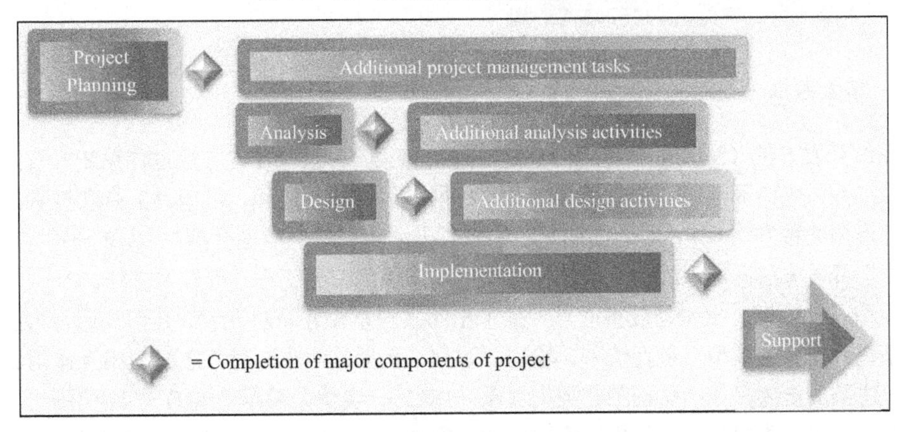

图 1-5（b） 系统开发阶段的重叠（英）

3. 新的系统开发生命周期适应方法

这种在系统开发过程中可动态改变计划和模型的 SDLC 适应方法的特点总结如下。

（1）螺旋式开发（Spiral Development）。其特点是：项目循环顺序经过所有的开发活动，即计划、分析、设计、构造、测试，反复进行这些活动直到项目完成；每次循环都会产生一个原型（Prototype）。螺旋式开发的生命周期模型如图 1-6 所示。

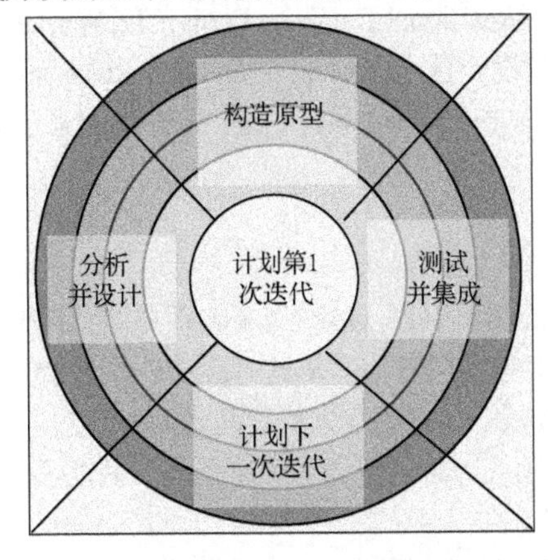

图 1-6（a） 螺旋式开发的生命周期模型（中）

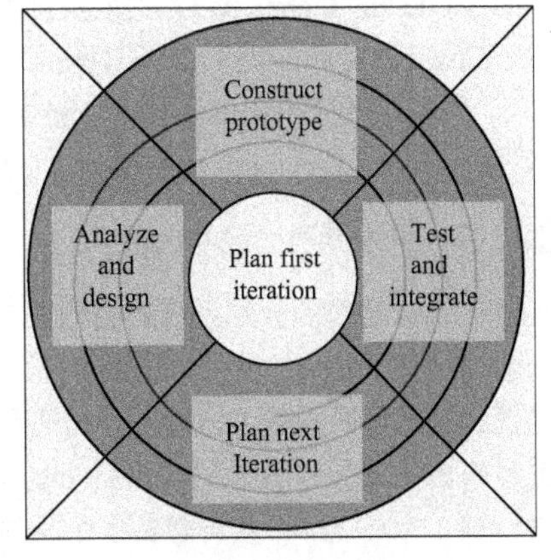

图 1-6（b） 螺旋式开发的生命周期模型（英）

（2）增量式/进化式开发（Incremental/Evolutionary Development）。增量式/进化式开发的特点就是逐步、分阶段完成系统的各个功能并交付给客户，这样客户通过系统的交付部分可以看到系统的开发进度，并提出改进建议。

如：在交付的系统 1.0 版本中，将包含最基本的、最重要的功能；在以后的某个时间，交付 1.1 版本，其中包含小的改进和对 1.0 版的错误更正等；再以后，当对整体进行大的修改后，交付 2.0 版本。

（3）"集中处理风险"的理念——减少了风险（The idea of centralized processing the risks——to reduce risk）。这一理念在软件系统开发中的具体应用如下。

- ✓ 第一次迭代确定系统那些具有最大风险的部分，如：某个子系统或系统功能；涉及新技术的可行性部分。
- ✓ 每次循环，都增进对问题域和解决方案的理解，并根据新的理解进行后续迭代开发。

1.1.3 软件系统开发方法与途径

1. 基本概念

（1）系统开发方法（System Development Methodology）。系统开发方法也称系统开发方法学，提供了完成系统开发生命周期每一步的详细指导，包括具体的开发过程、模型、工具和技术。一般企业开发软件都遵循某种方法，如：对于面向对象的软件开发可以按照后面介绍的 RUP 开发方法，也可以按照"敏捷"开发方法；对于结构化的软件开发可以按照"信息工程"等开发方法。

（2）模型（Model）。模型是现实世界中抽象出的某些重要方面的表示，其形式通常为图和表。其中一类是系统开发中的模型，包括输入、输出、过程、数据、对象、对象之间的相互作用、位置、网络和设备等方面的描述，如：流程图、数据流图（DFD）、实体关系图（ERD）、结构图、用例图、类图和顺序图等；另一类模型是项目规划模型，如：PERT 图、Gantt 图和组织层次图等。

（3）工具（Tool）。工具是指帮助生成项目中所需模型或其他组件的软件支持，比如：集成开发环境（IDE）、项目管理软件（Project Management Application）、制图软件（Drawing/Graphics Application）、计算机辅助系统工程（CASE）工具（Computer-Aided System Engineering Tool）、数据库管理软件（Database Management Application）、反向工程工具（Reverse-Engineering Tool）软件、代码生成工具（Code Generator Tool）软件即正向工程软件。

（4）技术（Technology）。技术指帮助分析员完成系统开发活动或任务的一组方法，如：数据建模技术（Data-Modeling Technique）、关系数据库设计技术（Ralational Database Design Technique）、软件测试技术（Software-Testing Technique）、面向对象的分析和设计技术（Object-oriented Analysis and Design Technique）、结构化的分析和设计技术（Structured Analysis Technique and Design Technique）、结构化的编程技术（Structured Programming Technique）。

2. 系统开发两类途径的比较

我们都知道，传统的软件系统的编程语言是结构化的编程语言，这对应着软件系统开发的传统途径（Approache）；而现代的软件系统的编程语言是面向对象的编程语言，这对应着软件系统开发的面向对象途径。需要说明的是"途径"对应的英文是 Approache，有些地方将其翻译为"方法"，我们是为了与更严格意义上的方法学（Methodology）相区别，因此，将其翻译为"途径"一词以区分。它可以理解为一类 "方法学"，其可包括多个具体"方法学"。

（1）传统开发途径（Traditional Development Approach）。传统开发途径也称为结构化系统开发途径，包括结构化分析、结构化设计和结构化编程技术，简称结构化分析和设计技术（SADT）。信息工程（IE）是其一种形式，其关注的是系统需处理的“过程”和“数据”这两个部分。

（2）面向对象开发途径（Object-Oriented Development Approach）。面向对象开发途径包括面向对象分析（OOA）、面向对象设计（OOD）和面向对象编程（OOP），它把信息系统看作是一起工作来完成某项任务的相互作用的对象的集合，其关注的是系统应具有的“对象”，“对象”是系统需处理的“过程”和“数据”的集合体。

3. 传统结构化程序开发简介

这里逆向说明一下传统的结构化程序开发的相关知识，即从编程、设计逆向到对分析进行说明。

（1）结构化编程（Structued Programming）。这一阶段的要求是：提高计算机程序的质量；编写其他程序员容易理解和修改的代码；每个程序模块只有一个开始和结束；程序由三种结构组成，即顺序（Sequence）、判断（Decision）和循环（Repetition）。

（2）结构化设计（Structured Design）。这一阶段的基本设计思想是：模块化、自顶向下的程序设计，即把复杂程序分解成模块层次，每个模块实现一个基本功能，通过在高层的模块调用、执行较低层的模块来实现一些功能。模块和模块之间的关系可以用一种叫结构图的模型来图形化地表示，如图 1-7 所示。

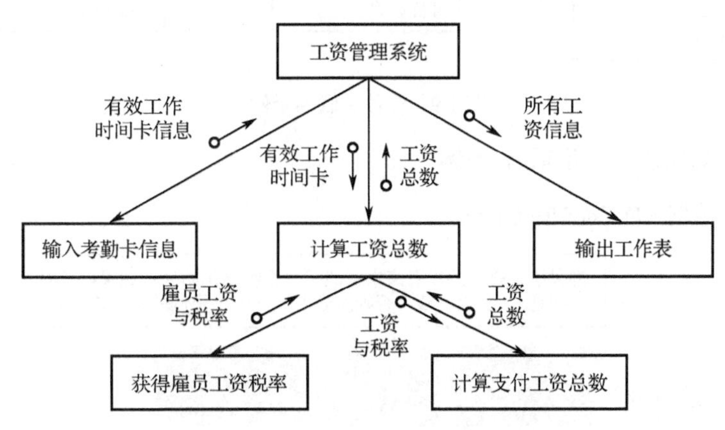

图 1-7　结构图形式表示模块间的关系

结构图（Structure Chart）是用结构化设计技术生成的显示程序模块层次的图示模型。

程序设计模块的两个原则是：松散耦合和高度内聚。松散耦合意味着每一个模块应尽可能地与其他模块保持相对独立，这使该模块在以后修改时不干扰其他模块的运行；高度内聚意味着每个模块实现一个清晰的任务，来明确每个模块的功能，避免以后修改时对其他模块的影响，也便于模块在其他程序的复用。

（3）结构化分析（Structured Analysis）。这一阶段需要定义系统需要做什么（处理需求）、系统需存储和处理的数据（数据需求）、输入和输出，以及它们如何在一起共同完成任务。结构化分析的结果一般用逻辑数据流图（Data Flow Diagram，DFD）和实体关联图（Entity Relationship Diagram，ERD）来显示和记录。图 1-8 和图 1-9 分别是它们的示例。

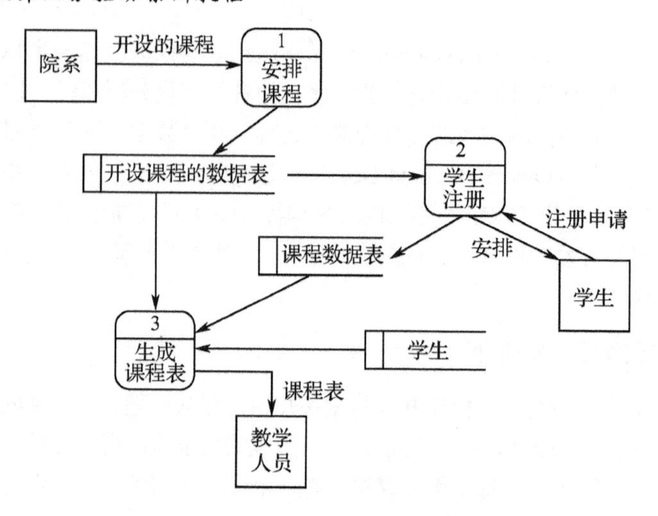

图 1-8　逻辑数据流图示例

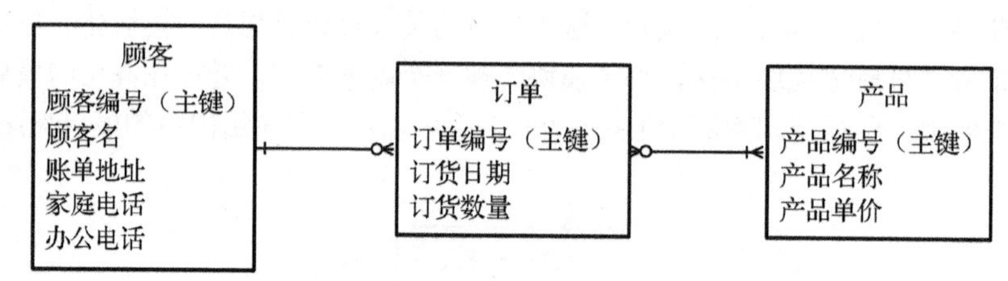

图 1-9　实体关联图示例

4．面向对象系统的分析与设计举例

（1）定义业务用例（Define Use Cases）。

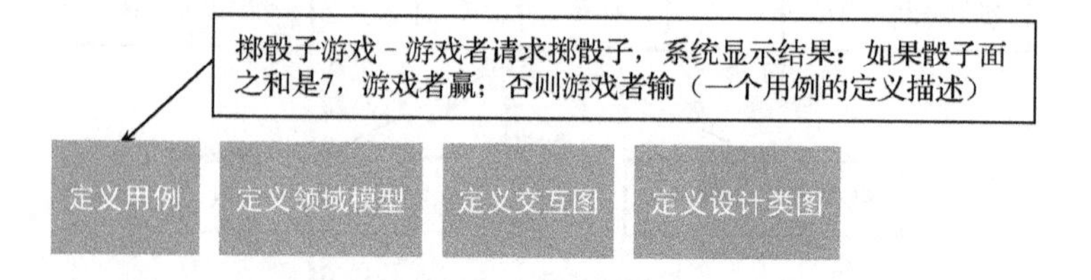

目前对于用例可以从下面两点理解，后面将给出这一概念的更系统的定义。

✓ 用例表达的是使用应用软件某个功能的场景、步骤。

✓ 定义业务用例就是进行系统需求分析。

（2）定义领域模型（Define Domain Model）。

面向对象的分析关注从对象角度描述问题领域，即定义领域模型，其显示所有值得注意的问题领域的概念。如“掷骰子游戏”的领域模型描述了其用例定义涉及的游戏者（Player）、骰子（Dice）和掷骰子游戏（DiceGame）这三个领域概念及其所具有的属性和相互联系

Define Use Cases　Define Domain Model　Define Interaction Diagram　Define Design Class Diagram

图 1-10 是根据前面“掷骰子游戏”的用例定义所确定的领域模型。

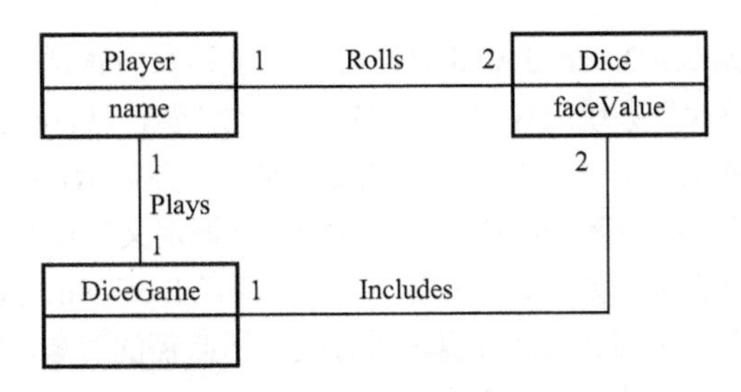

图 1-10 “掷骰子游戏”用例定义所确定领域模型

（3）确定对象的责任并绘制交互图（Assign Object Responsibility and Draw Interaction Diagram）。

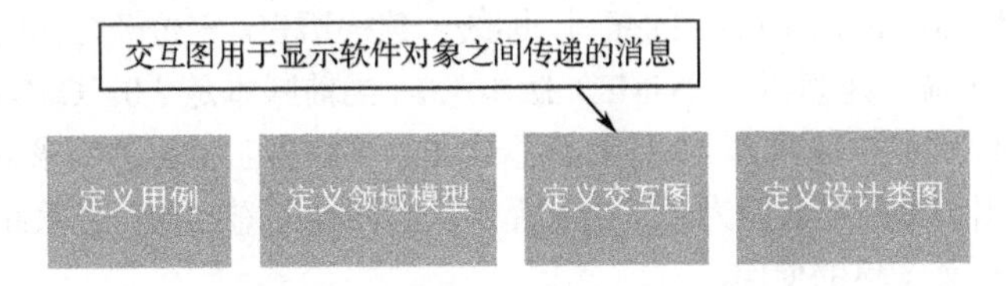

图 1-11 所示的顺序图（交互图的一种）描述了“掷骰子游戏”用例实现的软件对象间所传递的消息。

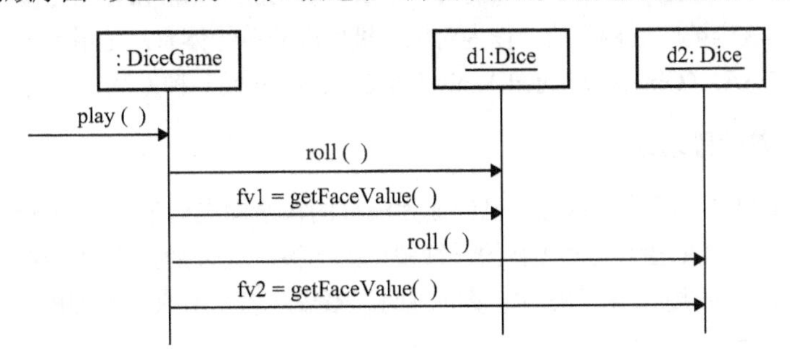

图 1-11 顺序图描述“掷骰子游戏”用例实现软件对象间的消息传递

（4）定义设计类图（Define Design Class Diagram）。

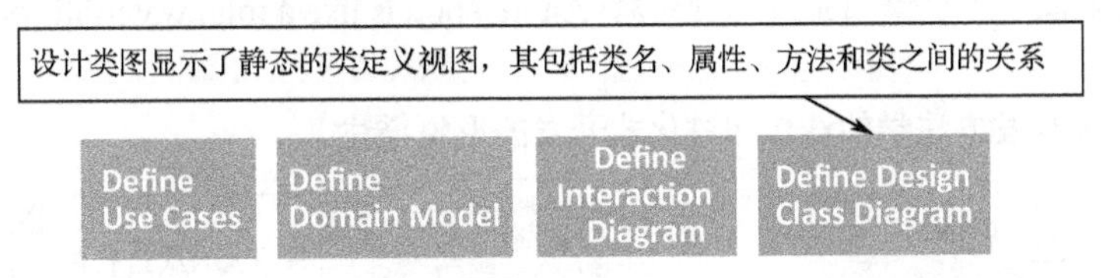

图 1-12 所示的设计类图反映了“掷骰子游戏”用例实现所确定的类名、属性名和其类型、方法名和返回值类型，以及类之间的关系。

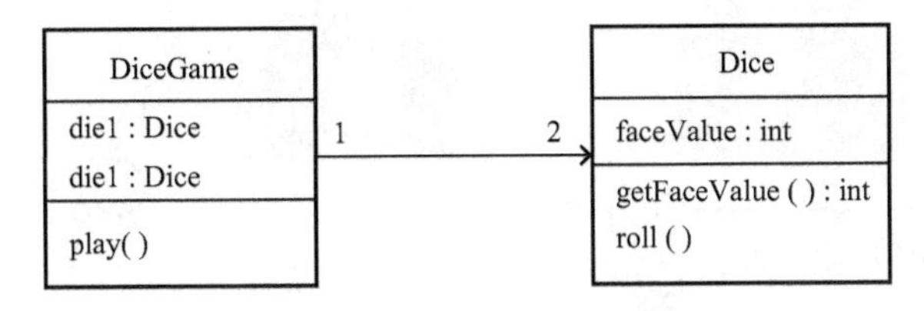

图 1-12 “掷骰子游戏”用例实现所确定设计类图

请观察图 1-11 描述用例实现的顺序图与图 1-12 用例实现的设计类图，分析、确定它们之间的联系。下面是对于面向对象软件系统开发的分析与设计过程的总结。

✓ 面向对象的分析（Object-Oriented Analysis）过程，强调在问题领域内发现和描述对象（概念）。如：确定“掷骰子游戏”系统应包含骰子（Dice）、游戏者（Player）等概念。其通常通过构造领域模型来定义在系统中工作的领域对象类及其属性，并显示这些对象类之间的关联关系。

✓ 面向对象的设计（Object-Oriented Design）过程，强调定义软件对象以及它们如何相互调用方法来协作以实现用户需求。如：软件对象 Dice 应具有 faceValue 属性和 getFaceValue()方法。因此需要创建设计类图来描述人和计算机进行交互所必需的对象，包括这些对象所应具有的属性和方法，以便用一种具体的语言来实现它。

5. 面向对象分析与设计工具-UML 模型图

UML 是 Unified Modeling Language 的缩写，即统一建模语言。三位著名的面向对象开发方法的专家于 1997 年共同发布了统一建模语言（UML）版本 1.0，当前版本是 2.0。OMG（Object Management Group，一个行业标准组织）在 1997 年 11 月采纳了 UML，并根据工业界的需求继续不断改进它。UML 2.0 提供了 13 种模型图，每种模型图为开发团队提供从不同视角看到的信息系统，随着教材内容的进行将讲解 UML 2.0 的一个子集的使用。

UML 的作用还有：它是一种用于详细说明、记录系统功能和如何设计的可视化语言，即标准的图形化表示法；目前已成为被广泛接受的、作为对象建模标准的符号体系，是用于记录系统分析和设计的符号；UML 不是 OOA/D（Object Oriented Analysis and Design）或一种方法，它仅仅是一组图形符号。

6. RUP 及其阶段划分

Unified Process（UP）即统一过程，已经成为流行的构造面向对象系统的迭代软件开发过程。而 Rational Unified Process（RUP）是对 UP 的详细精化，已被广泛采纳为面向对象的软件开发方法，其建议每次迭代时间在 2～6 周，最好采用定量的时间。RUP（以及所有其他 UP）对于软件系统开发阶段的划分方式如下。

✓ RUP 项目的生命周期由四个阶段组成（A RUP lifecycle consists of 4 phases）。

✓ 每个阶段有一次或多次迭代（Every phase has one or more iterations）。

✓ 每次迭代就像一个小瀑布完成开发周期（An iteration is like a mini waterfall complete development cycle）。

图 1-13 是这种开发方法学的迭代和进化式开发的形象描述。

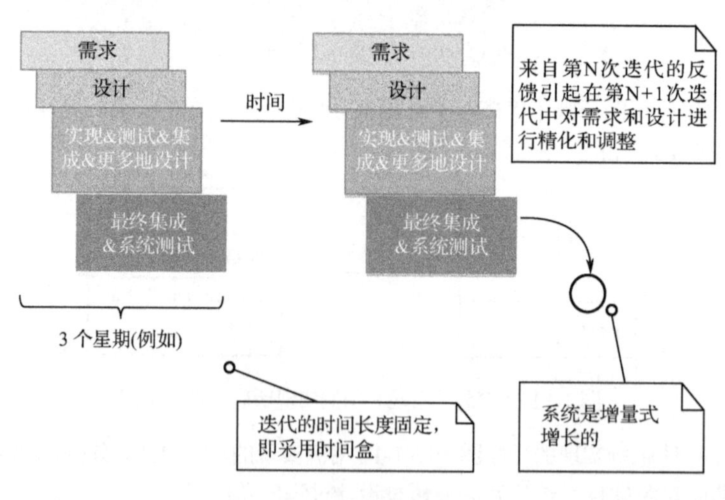

图 1-13 迭代和进化式开发

RUP（以及所有其他 UP）各个阶段的名称及完成的工作参见表 1-1。

表 1-1　RUP 各开发阶段及其任务

初始（Inception）	细化（Elaboration）	构建（Construction）	移交（Transition）
● 形成大体构想 ● 生成业务用例 ● 确定初步范围 ● 模糊评估和研究系统开发可行性	● 形成了更合理、明确构想 ● 迭代实现核心架构 ● 解决高风险问题 ● 确定大多数需求和范围 ● 形成更实际的评估	● 对风险较低和比较简单的元素进行迭代实现	● 测试 ● 部署

问题：请观察图 1-14，初始阶段通常是多次迭代实现的吗？

图 1-14 说明了按照 RUP（以及所有其他 UP）方式的软件开发中常用的面向进度表的术语。

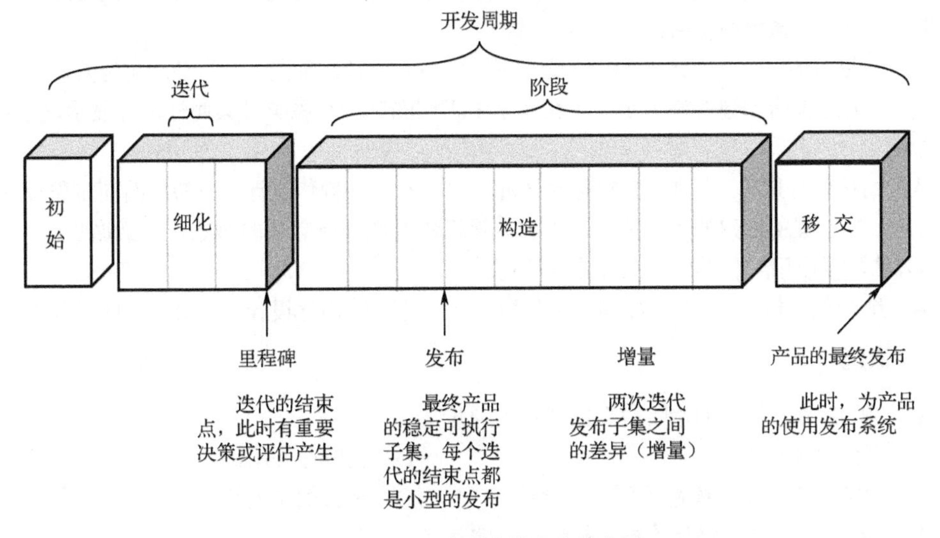

图 1-14　RUP 中面向进度表的术语

习题 1.1

一、填空题

1. ________是理解并详细说明信息系统应该做什么的过程。
2. ________是详细说明信息系统的许多组件在物理上怎样实施的过程。
3. 建立、部署、使用和更新一个信息系统的整个过程称为________。
4. ________是一种可以预先规划并组织的软件项目开发，它要求根据规划对新软件系统进行开发的系统开发生命周期方法。
5. ________是一种不能预先规划的软件开发，它要求在开发进展过程中进行调整的灵活的系统生命周期方法。
6. 开发项目的需求易懂、易定义且具有低技术风险，适合采用系统开发生命周期的________方法。
7. 开发项目的需求不确定且具有较高技术风险，适合采用系统开发生命周期的________方法。
8. 系统开发生命周期的传统预测方法分为五个阶段，即________、________、________、________和________。
9. 系统开发生命周期的传统预测方法的各个阶段之间不能完全重叠的部分原因是________。

10. ________提供完成系统开发生命周期每一步的详细指导，包括具体的________、________和________。

11. 根据编程语言的不同，软件系统开发的途径可以分为________和________这两大类。

12. RUP 开发方法定义的四个生命周期阶段分别是________、________、________和________。

二、单选题

1. 传统生命周期的预测方法的哪个阶段的目标是：确定新系统的作用域、确保项目的可行性、制订进度表和资源分配计划并进行项目其余部分的预算。（　　）

A. 计划阶段　　B. 分析阶段　　C. 设计阶段　　D. 实施阶段

2. 传统生命周期的预测方法的哪个阶段的目标是：理解、定义新系统的业务需求及其优先级，并确定系统实施的总体方案建议。（　　）

A. 计划阶段　　B. 分析阶段　　C. 设计阶段　　D. 实施阶段

3. 传统生命周期的预测方法的哪个阶段的目标是：建立、测试和安装可靠工作的软件系统，培训用户并使其受益于系统的使用。（　　）

A. 计划阶段　　B. 分析阶段　　C. 设计阶段　　D. 实施阶段

4.（　　）过程所创建的模型定义了在系统中工作的领域对象类及其属性，并显示这些对象之间的关联关系。

A. 结构化分析　　B. 面向对象分析　　C. 结构化设计　　D. 面向对象设计

5.（　　）过程所创建的模型描述了人和计算机进行交互所必需的对象，包括这些对象所应具有的属性和方法，以便用一种具体的语言来实现它。

A. 结构化分析　　B. 面向对象分析　　C. 结构化设计　　D. 面向对象设计

三、多选题

1. 对于 RUP 方法的“初始阶段”描述正确的是（　　）。

A. 确定大体构想　　B. 生成业务用例

C. 确定初步范围和模糊的可行性评估　　D. 进行简单的编程

2. 对于 RUP 方法的“细化阶段”描述正确的是（　　）。

A. 形成更合理、明确的构想　　B. 迭代实现核心架构

C. 解决高风险问题　　D. 确定大多数需求和范围

3. 对于 RUP 方法的“构造阶段”描述正确的是（　　）。

A. 对风险较低和较简单的元素进行迭代实现　　B. 对风险较高元素进行迭代实现

C. 开始进入编程实现阶段　　D. 边编程边部署

4. 对于传统的系统开发生命周期的预测方法，其计划阶段需要完成的任务有（　　）。

A. 设计系统的解决方案　　B. 确定新系统的作用域

C. 确定项目的可行性　　D. 制订项目进度表和资源分配表

5. 下面有关模型的描述正确的有（　　）。

A. 从现实世界中抽象出的某些方面　　B. 通常是图和表

C. 系统开发方法包含了模型的绘制规则　　D. 模型只能用特定的绘图软件绘制

四、判断题

1. 一个信息系统的开发仅需要编写程序。（　　）

2. 一个项目的生命周期只能包括预测的元素或者是适应的元素。（　　）

3. 采用传统的系统开发生命周期预测方法，只能将项目各阶段按顺序完成，不能相互重叠。（　　）

4. 采用传统的系统开发生命周期预测方法，允许从设计阶段返回到分析阶段补充分析活动。( )

5. 信息工程方法比传统的结构化方法更注重过程模型的构建。* ( )

6. 信息工程方法的第一步是：制订一个全面的战略规划，定义组织经营其业务所需的全部信息系统。* ( )

7. RUP 是一种面向过程的系统开发方法。( )

8. RUP 是一种面向对象的迭代开发方法。( )

9. RUP 加强了创建可视化模型。* ( )

10. RUP 加强了使用组件结构。* ( )

注：* 标注部分选做，需要自己查找资料来完成。( )

任务 1.2 初识建模工具软件

内容引入

前面提到软件系统的开发过程中在系统的分析与设计时要用到一些模型图，那么有哪些工具软件可以绘制这些模型图？这些工具软件又有哪些特点和怎样使用？这些问题可能有些同学已经想到，这个任务将帮助大家学习和掌握这些方面的知识和技能。

学习目标

- ✓ 理解有代表性的 UML 建模工具软件及各自的特点。
- ✓ 理解什么是 CASE。
- ✓ 理解建模工具软件 Rational Rose 的基本概念，了解其启动方式和各个窗口的功能。
- ✓ 重点掌握使用 Rose 创建类图、实现正向工程以辅助软件开发的方法。
- ✓ 掌握使用其他建模工具软件 StarUML 和 JUDE-Community 来创建类图、实现正向工程以辅助软件开发的方法。

1.2.1 常用 UML 建模工具软件

面向对象的软件建模工具可以对软件系统的模型进行可视化、构造和文档化。一套面向对象的软件建模工具应该具有特定的概念和表示方法。通过对建模人员进行过程性支持、辅助进行建模外，还需要安装规范生产相应的开发文档，尽可能多地生成代码。面向对象的软件建模工具应该具有的功能包括：绘图、存储、一致性检查、对模型进行组织、导航、写作支持、代码生成、逆向项目、集成、支持多种抽象层和开发过程、文档生成及脚本编程。

在 UML 的发展中有很多工具被使用，下面对其中有代表性的工具进行介绍。

1. Rational Rose

Rational Rose 是 Rational 公司出品的一种面向对象的统一建模语言的可视化建模工具，用于可视化建模和公司级软件应用的组件构造。Rose 是直接从 UML 发展而诞生的设计工具，它的出现就是为了对 UML 建模的支持。

Rational Rose 是一个完全的、具有能满足所有建模环境（Web 开发、数据建模、Visual Studio 和 C++）需求能力和灵活性的一套解决方案。它允许开发人员、项目经理、系统项目师和分析人员在软件开发周期内将需求和系统的体系架构转换成代码，提高编程的效率。另外，其支持进化式发展，把一次迭代的输出变成下一次迭代的输入，当调整部分模型时，会自动调整相关部分模型来保证代码的一致性。

Rational Rose 有很强的错误校验功能，支持多种语言的双向工程，特别是对当前比较流行的 Java 的支持非常好。其早期没有对数据库端建模的支持，但现在的版本中已经加入数据库建模的功能。它提供了一个叫 Data Modeler 的工具，利用它可将对象模型转换成数据模型，也可以将现有的数据模型转换成对象模型，从而实现两者的同步。

Rational Rose 包含多个版本，具体如下。

- ✓ Rose Enterprise：辅助创建模型，并支持将模型自动生成 C++、Java、Visual Basic 和 Oracle 的代码，支持逆向工程，将特定语言代码转换为模型。
- ✓ Rose Professional：辅助创建模型，支持将模型自动生成一种语言的代码。
- ✓ Rose Modeler：辅助创建模型，但不支持逆向工程，也不支持由模型生成代码的正向工程。

作为一种建模工具，Rational Rose 是影响面向对象应用程序开发领域发展的一个重要因素。其一经推出就受到业界的瞩目，并一直引领着可视化建模工具的发展。它是市场上第一个提供对基于 UML 的数据建模和 Web 建模支持的工具。其使软件的开发蓝图更清晰，内部结构更明朗，但对数据库的开发管理和数据库端的迭代不是很理想。目前 Rose 已经退出市场，不过仍有一些公司使用。IBM 推出了 Rational Software Architect 来替代 Rational Rose。

这个任务的实训将引导我们认识、掌握其主要功能，其他目前常用建模软件的使用与其类同。

2. Microsoft Visio

Microsoft Office Visio 是微软公司出品的软件，其提供了各类图形的模板，来帮助人们绘制各类模型图，如：网站图、电气工程图、机械设计图、建造设计图、业务流程图、数据库模型图和软件图等。我们可以用其绘制各类软件和数据模型。Visio 与微软的 Office 产品能够很好地兼容，能够把图形直接复制或内嵌到 Word 文档中。而且其他结构化模型图（流程图和数据流图等）和数据库模型图在该工具软件中都有其图形的模板，可方便地绘制。但该软件工具用于软件开发过程的迭代开发力不从心。

本书后续的实训将引导我们认识、掌握这一工具软件的主要功能。

3. PowerDesigner

PowerDesigner 是 Sysbase 公司的 CASE 工具软件，使用它可以方便地对管理信息系统进行分析与设计，其提供了数据流程图、概念数据模型、物理数据模型，可以生成多种客户端开发工具的应用程序，还可以为数据仓库制作结构模型。

PowerDesigner 开始是为数据库建模而发展起来的一种数据库建模工具，直到 7.0 版才开始支持面向对象的开发，后来又引入了对 UML 的支持。其对数据库建模的支持非常好，支持了 90% 左右的数据库，但对 UML 建模使用的各种模型图的支持不尽如人意，用它来进行 UML 建模的不是很多。

4. StarUML

StarUML（简称 SU），是一款开源代码的 UML 开发工具，是由韩国公司主导开发出来的产品，可以直接到其网站下载。其能辅助绘制常用的 UML 模型图、能实现双向工程、可导入 Rose 文件、支持 XMI 的 1.1、1.2 和 1.3 版的导入和导出及支持多种模式。其中 XMI 是一种以 XML 为基础的交换格式，用以交换不同开发工具所生成的 UML 模型。这款软件的基本功能比较容易掌握，只要掌握了 Rational Rose 的使用，就非常容易上手。这个任务的课后做一做将给出使用该工具建立模型的指导。

5. JUDE-Community

JUDE 是 Java and UML Developers’ Environment 的缩写，是由中日合作开发的一款免费的、小巧实用的 UML 建模软件，大小不到 2MB，可以绘制基本的 UML 模型图，可以导入 Java 源文件直接建模，也可以导入 Rose98 的 MDL 文件，还可以将模型导出成 Java 源文件、HTML 和文本格式。其虽然不可能具备 Rose 等大型软件的许多强大功能，但对于一般项目的开发是能够满足的。只要掌握了 Rational Rose 或 StarUML 的使用，该软件就容易上手。这个任务的课后做一做将给出该软件的使用指导。

1.2.2　面向对象建模软件 Rational Rose 基础概念

1. 什么是 CASE

CASE 是 Computer Aided Software Engineering 的缩写，即计算机辅助软件工程，其使用有助于保持模型和代码的一致。Rational Rose 软件是比较流行的面向对象软件开发的 CASE 工具，其支持 UML 模型的构建、正向和逆向工程等功能。

2. 模型元素和它的图标

Rose 区分一个模型元素和表示它的图标，并且一个给定的名字仅对应一个模型元素。请参看图 1-15，其可以说明以下两方面。

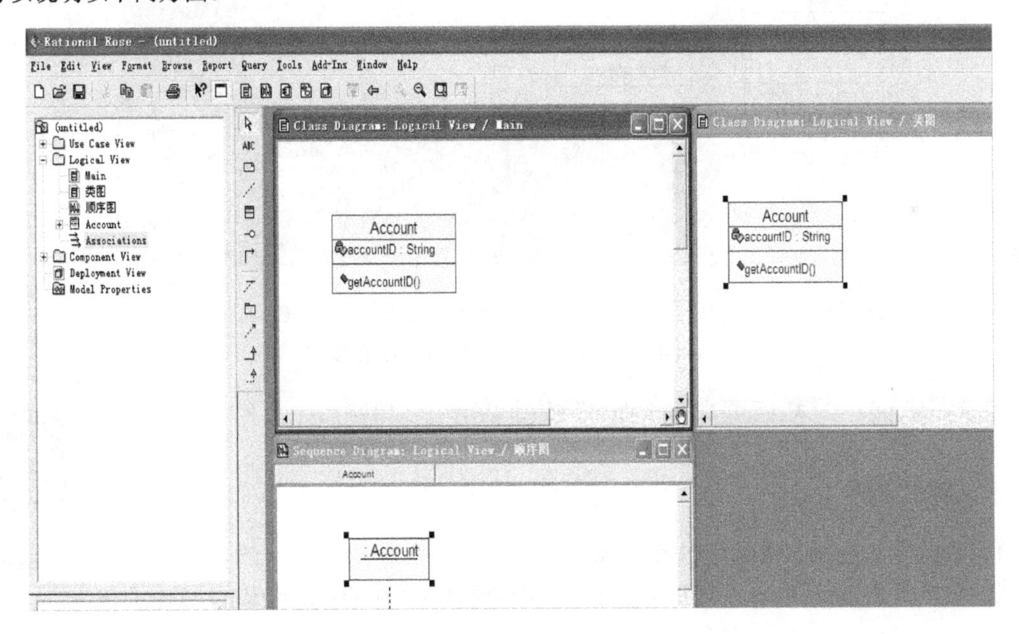

图 1-15　Rational Rose 的模型元素与图标

✓ 一个模型元素（如 Customer 类）在多个不同的绘图区里能由多个不同的图标表示。

✓ 从一个绘图区里删除一个图标并不删除其对应的模型元素。

3. Rational Rose 的启动和窗口功能划分

鼠标依次单击“开始”→“所有程序”→Rational Software→Rational Rose Enterprise Edition，Rational Rose 启动起来，得到启动的初始对话框如图 1-16 所示。

在图 1-16 所示的对话框中单击 Cancel 按钮后得到如图 1-17 所示的初始窗口。

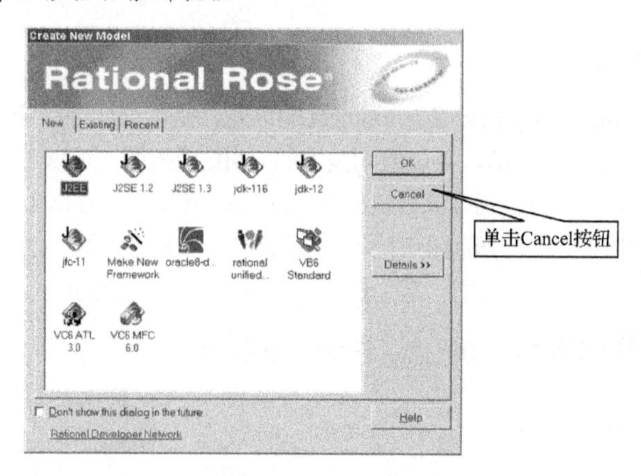

图 1-16 Rational Rose 启动的初始对话框

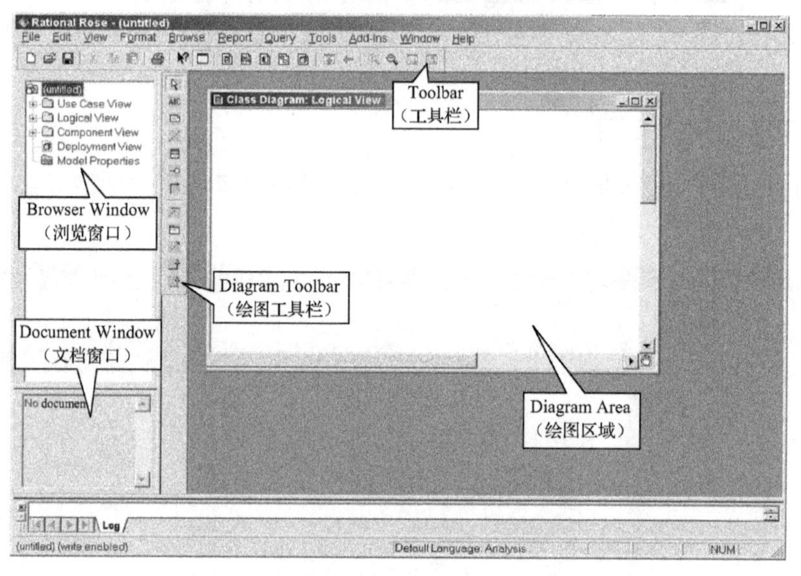

图 1-17 Rational Rose 启动后的初始窗口

1.2.3 实训一 初识面向对象建模软件 Rational Rose

视频 1

一、实训目的

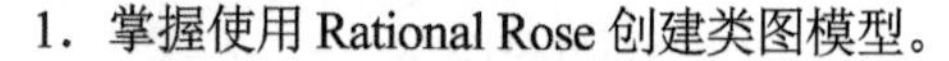

1. 掌握使用 Rational Rose 创建类图模型。
2. 掌握用 Rational Rose 实现正向工程，将类图转换为对应的特定代码来辅助软件开发。

二、实训内容与指导

请在 Rational Rose 环境中，按照要求创建包、绘制设计类图并根据设计类图生成对应的 Java 程序。请按照后面文字的要求和图示的步骤完成实训任务。

任务与指导 1. 创建一个包和属于包的类图及类

在图 1-18 所示的步骤 1（Step1）中，先单击 Logical View 左侧的“+”图标，将该文件夹内容展开，同时“+”图标变为“-”图标，再双击其中包含的 Main 图标，打开 Logical View 下的 Main 类图绘制区。然后按图 1-18 右侧 Step2 部分～图 1-28 所示进行操作。

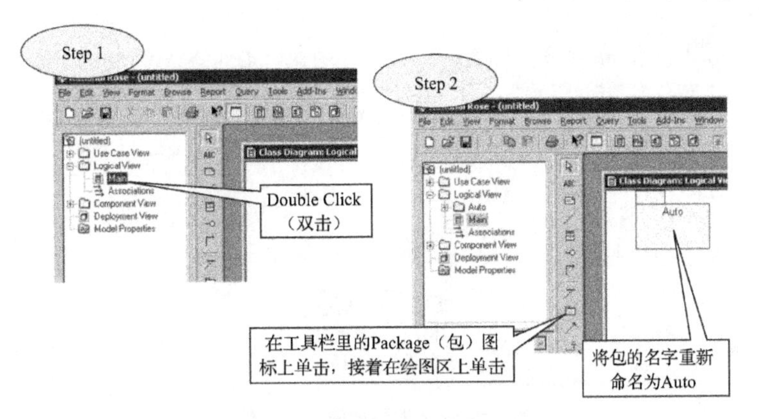

图 1-18　创建 Auto 包的方法

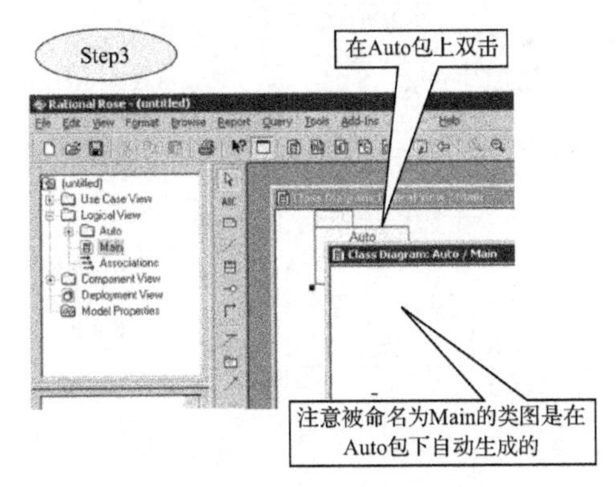

图 1-19　打开 Auto 包的方法

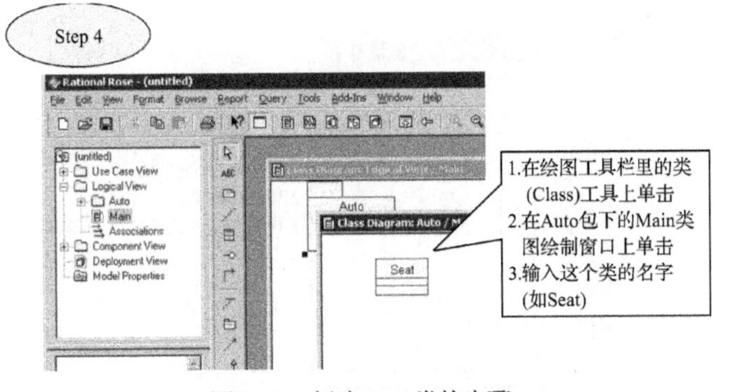

图 1-20　创建 Seat 类的步骤

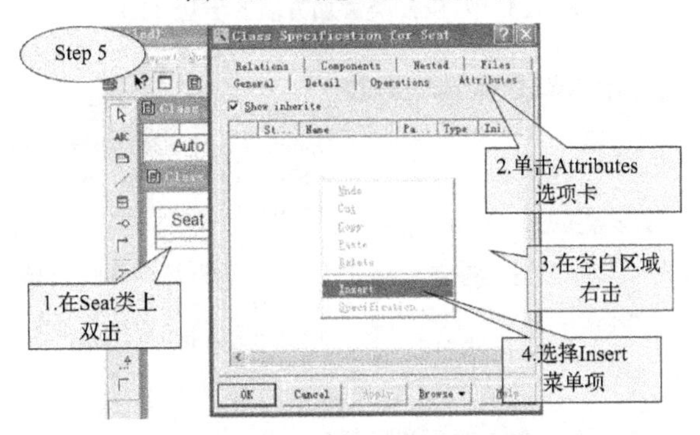

图 1-21　为 Seat 类添加属性的步骤（1）

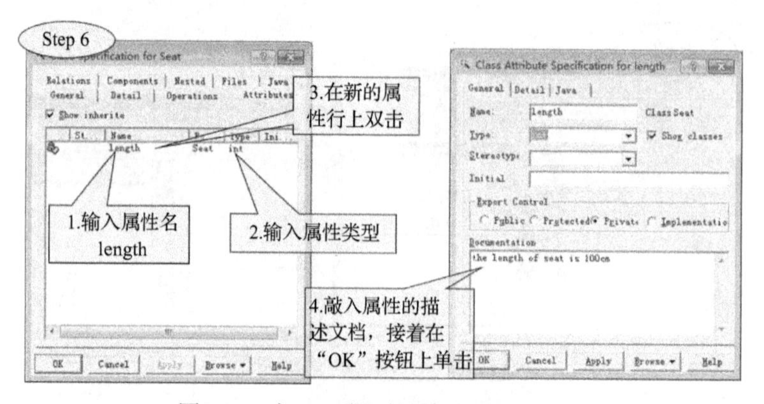

图 1-22　为 Seat 类添加属性的步骤（2）

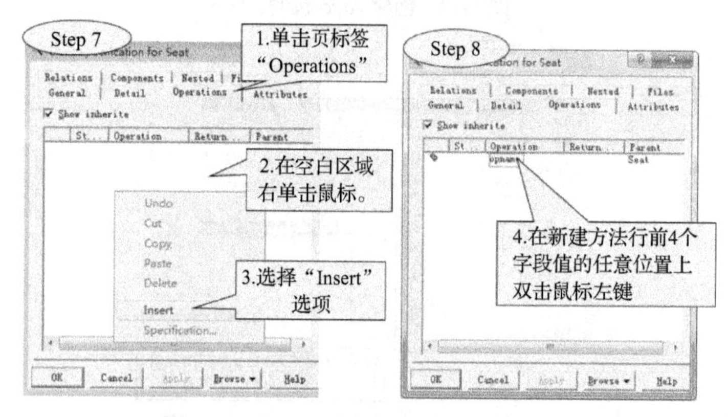

图 1-23　为 Seat 类添加方法的步骤（1）

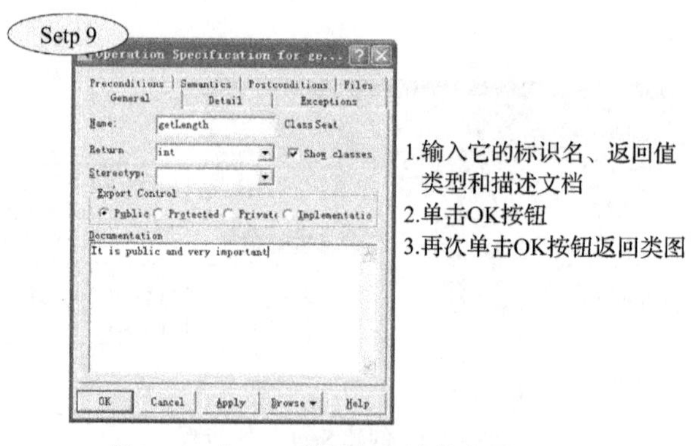

图 1-24　为 Seat 类添加方法的步骤（2）

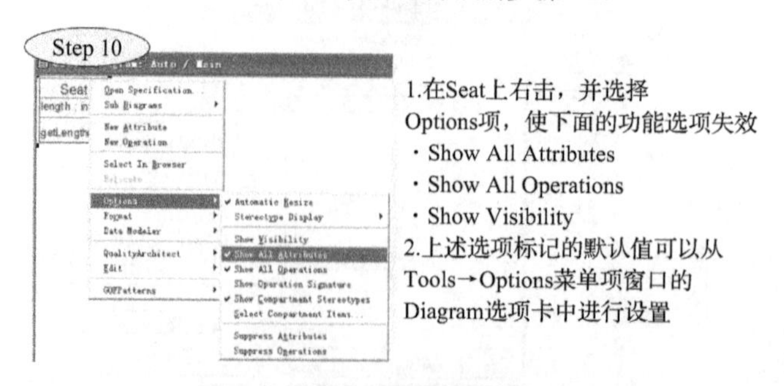

图 1-25　显示和隐藏 Seat 类特性的方式

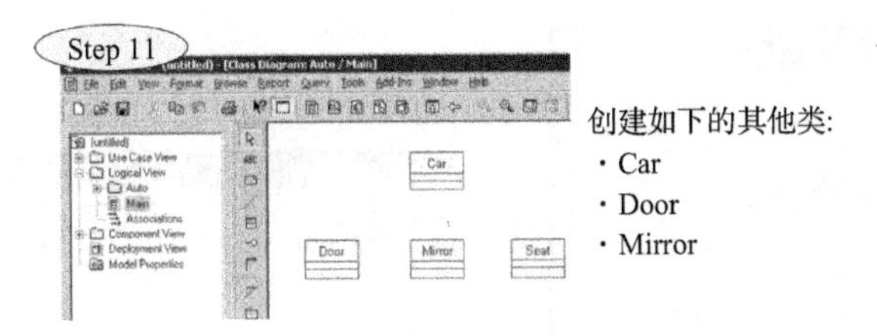

图 1-26　在 Auto 包创建更多的类

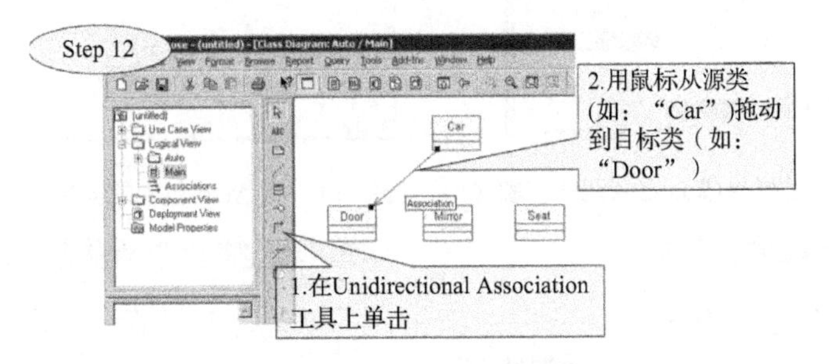

图 1-27　创建类之间的关联

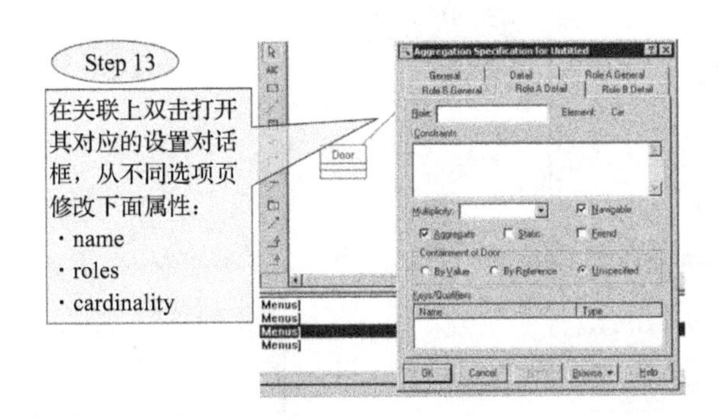

图 1-28　改变类之间关联的方式

请尝试完各种设置后，将关联线的设置还原到初始状态。

通过重复 Step 12 完成如图 1-29 所示三条关联线的绘制。

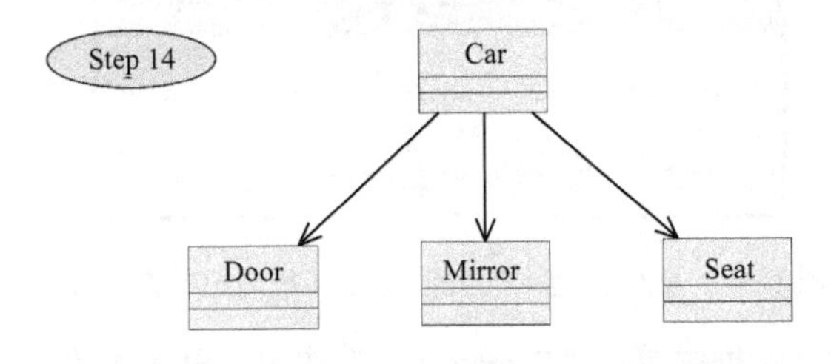

图 1-29　Auto 包中所有类及其之间的关联

任务与指导 2．将创建包和类图生成对应的 Java 代码

（1）图 1-30 中选择要生成代码的类及关联线，从菜单 Tools→Java/J2EE 中选择 Generate Code 选项。

（2）弹出如图 1-31 所示的对话框，其右侧“Packages and Components”列表处显示的内容会随使用计算机的环境有所不同，如果此列表中没有期望的代码生成位置，请单击该对话框中的 Edit 按钮，出现图 1-32 所示的对话框。

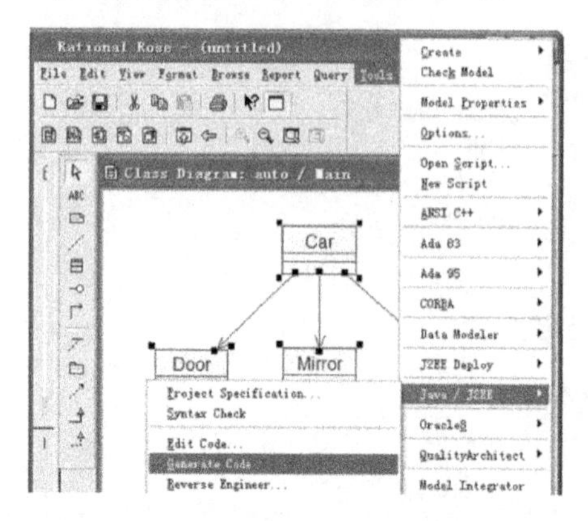

图 1-30　将 Auto 包中的类生成 Java 代码的步骤（1）

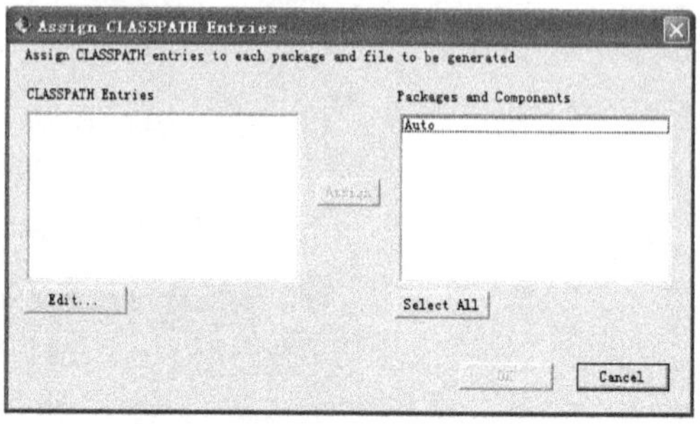

图 1-31　将 Auto 包中的类生成 Java 代码的步骤（2）

图 1-32　将 Auto 包中的类生成 Java 代码的步骤（3）

单击此处，弹出路径设置对话框

图 1-33　将 Auto 包中的类生成 Java 代码的步骤（4）

（3）在图 1-33 所示的对话框中，单击“...”按钮，弹出如图 1-34 所示的添加路径的对话框。

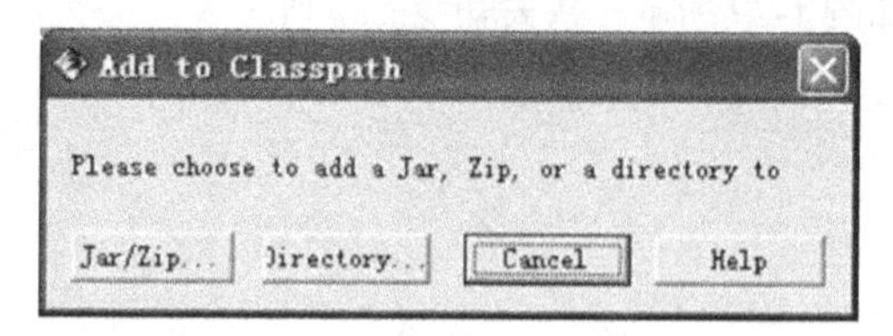

图 1-34　将 Auto 包中的类生成 Java 代码的步骤（5）

（4）在图 1-34 所示的对话框中单击“Directory…”按钮，出现如图 1-35 所示的选择路径对话框，在该对话框中选择存储自动生成代码的路径，如“C:\”，然后单击 OK 按钮，回到图 1-36 所示的对话框。

（5）回到图 1-36 所示的对话框后，单击“确定”按钮，则弹出如图 1-37 所示的对话框，用鼠标选中其左侧列表中的“C:\”项，以保证左右两侧的列表均处于选中状态，此时 OK 按钮被激活。

（6）单击图 1-37 中的 OK 按钮，如果类图绘制正确，则会出现如图 1-38 所示的代码生成成功的对话框。

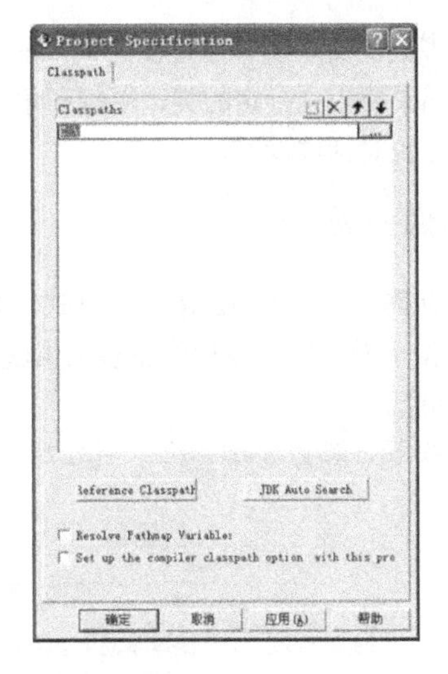

图 1-35 将 Auto 包中的类生成 Java 代码的步骤（6） 图 1-36 将 Auto 包中的类生成 Java 代码的步骤（7）

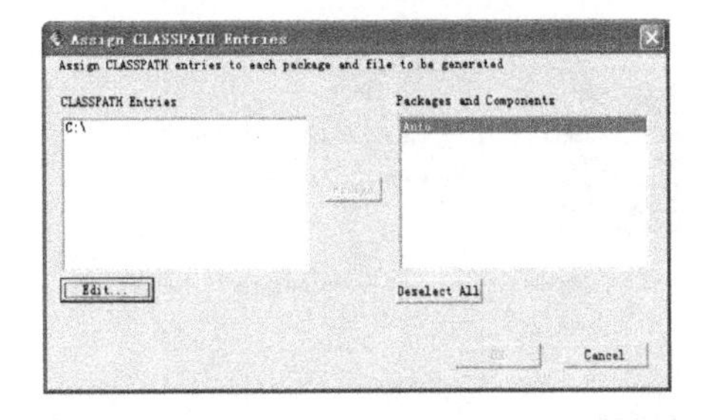

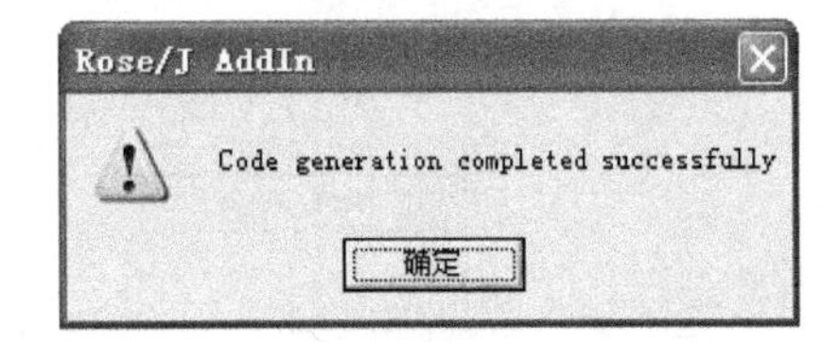

图 1-37 将 Auto 包中的类生成 Java 代码的步骤（8） 图 1-38 将 Auto 包中的类生成 Java 代码的步骤（9）

（7）接着单击图 1-38 中的“确定”按钮后，该对话框关闭，将类图中自动添加的对象名适当调整位置后可形成如图 1-39 所示的生成代码后的设计类图，且该类图是假设所有类的 Show Visibility 和 Show All Operations 选项没有被选中。

按照前面的步骤，系统自动生成的代码存储在“C:\Auto”文件夹，可以打开其中“Car 类”对应的 Car.java 文件，其内容如图 1-39 右侧所示。

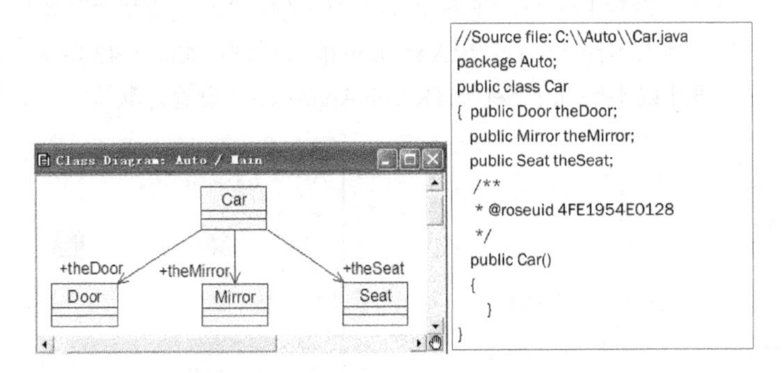

图 1-39 将 Auto 包中的类生成 Java 代码的步骤（10）

任务与指导 3. Rational Rose 操作要点说明

✓ 在 Rational Rose 中，整个模型元素的名字是唯一的，例如：一个角色和一个类不能有相同的名字，一个用例和一个类也不能有相同的名字。

✓ 多数的文本能够通过在它们上面双击来实现修改。

✓ 如果要设置特定的类、用例和角色等的特性，可以通过在它们相关联的图标上双击，以打开对应的对话框设置。

课后做一做

1．从网上下载 UML 建模工具软件 StarUML 和 JUDE-Community。

2．按下面给出的步骤用建模工具软件 StarUML 和 JUDE-Community 建立模型，初步了解这两个软件的功能。

1）安装、配置 StarUML，利用其绘制图 1-40 所示的类图，再正向工程。

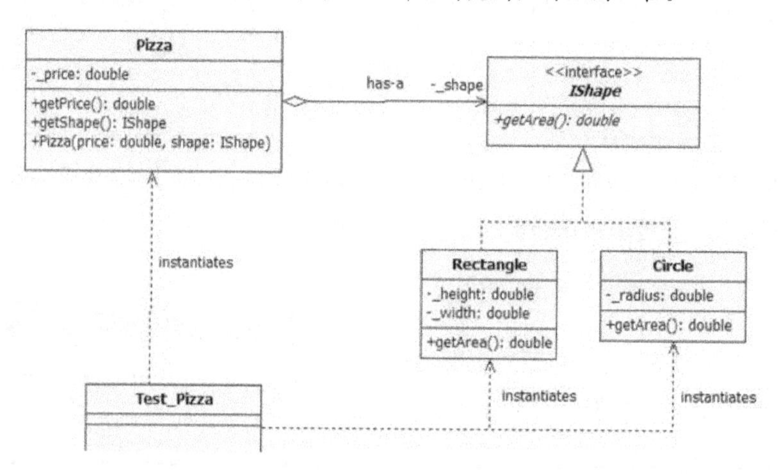

图 1-40　需要绘制的类图

（1）解压 StarUML 软件，运行其中的 staruml-5.0-with-cm.exe 文件，按照默认的设置安装该软件，在桌面设置启动的快捷方式，但是可暂不启动系统。

（2）运行各个模块配置文件。选择系统安装根路径，再选择其中的 modules 文件夹，其中包括如图 1-41 所示的文件夹，分别进入这些文件夹运行其中包含的 unreg.bat 文件，来配置系统所需要的各个模块。

（3）启动、创建项目，设置 Profile。在桌面双击系统的快捷方式或从“开始”→“所有程序”→StarUML 启动系统，弹出名为 New Project By Approach 的对话框，如图 1-42 所示。选择 Empty Project 并且单击 OK 按钮。这里建议不要选中 Set As Default Approach（设置为默认方法）复选框。

图 1-41　modules 文件夹中的内容

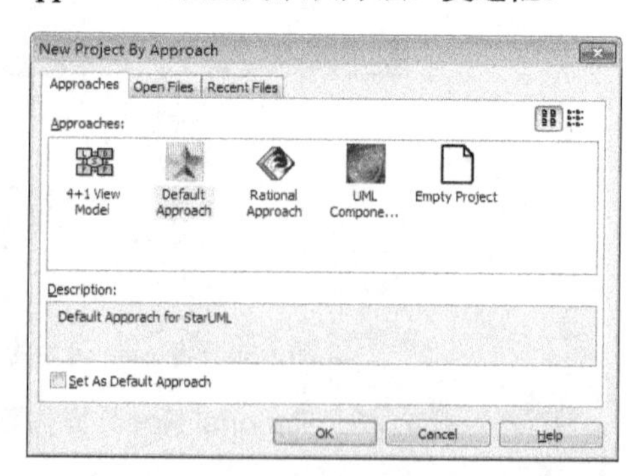

图 1-42　New Project By Approach 对话框

接着出现如图 1-43 所示的初始窗口，在该窗口中通过运行 Model→Profile 菜单项设置工程所需的 Profile，这决定了工程所使用的规则和约定，规则中一定要包含 Java Profile 这一项，设置对话框参见图 1-44。

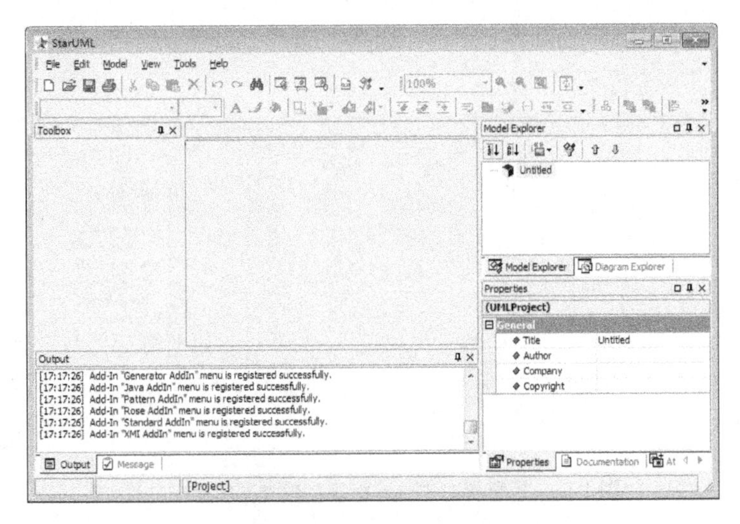

图 1-43 创建空项目的初始窗口

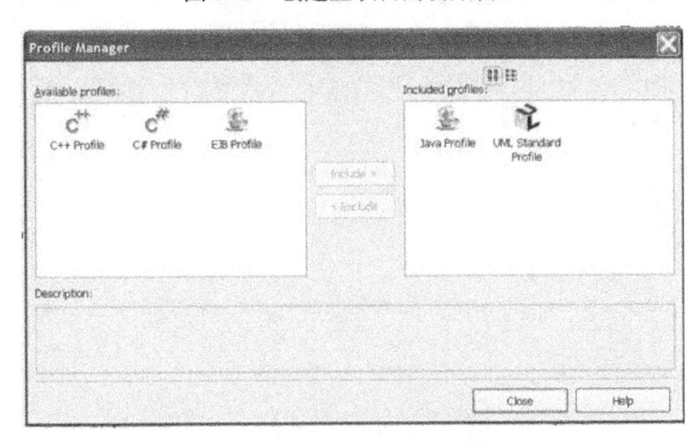

图 1-44 Profile Manager 对话框

（4）添加模块。在图 1-43 所示窗口右侧的 Model Explorer 框中选定 Untitled 模块，通过 Model 主菜单或鼠标右击这一选项，接着通过 Add→Design Model 来添加“设计模块”，通过 Model 主菜单的操作如图 1-45 所示，创建出一个默认名字的模块 Design Model1，这里不再更名。

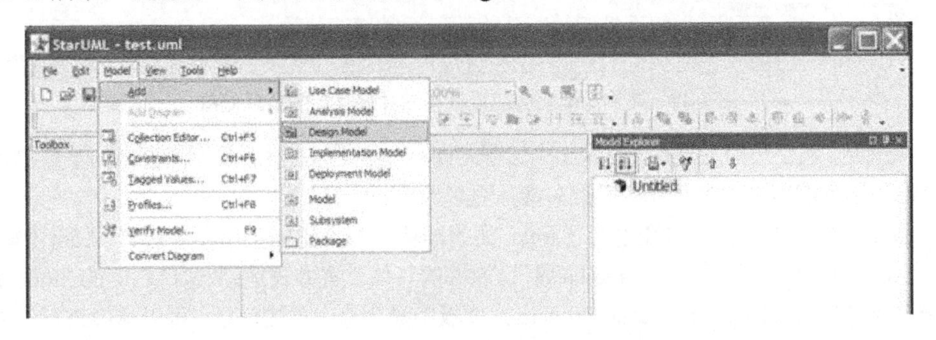

图 1-45 用菜单添加设计模块的方式

（5）添加类图。选择前面建立的 Design Model1，通过 Model 主菜单或用鼠标右击这一选项建立类图模型，后者是通过 Add Diagram→Class Diagram 来实现类图模型的创建，其操作界面如图 1-46 所示。创建出一个默认名字的类图 ClassDiagram1，这里不再更名。

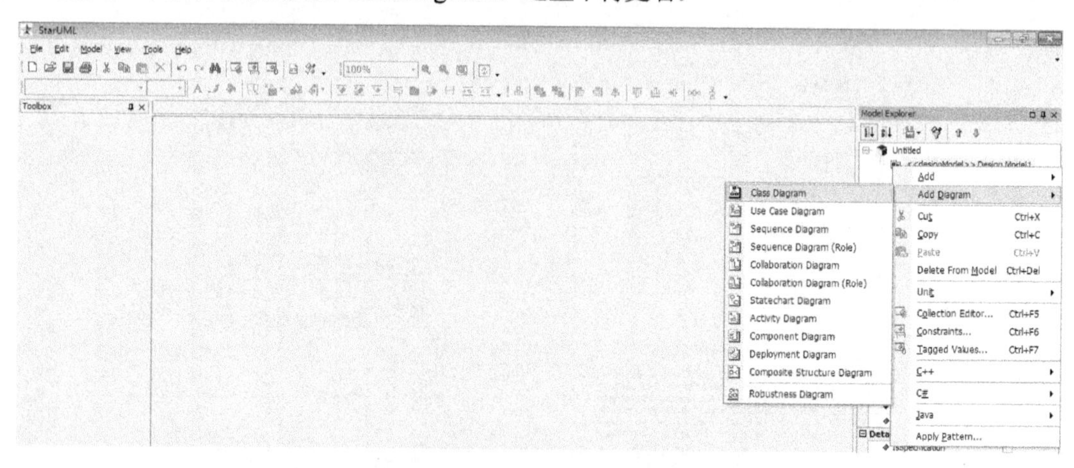

图 1-46　用鼠标右击选定模块创建类图的操作方式

（6）保存工程。单击 File 菜单并选择其中的 Save 项，在弹出的对话框中选择、设置保存项目的路径和项目名，然后保存项目，此时的 StarUML 项目形式如图 1-47 所示。

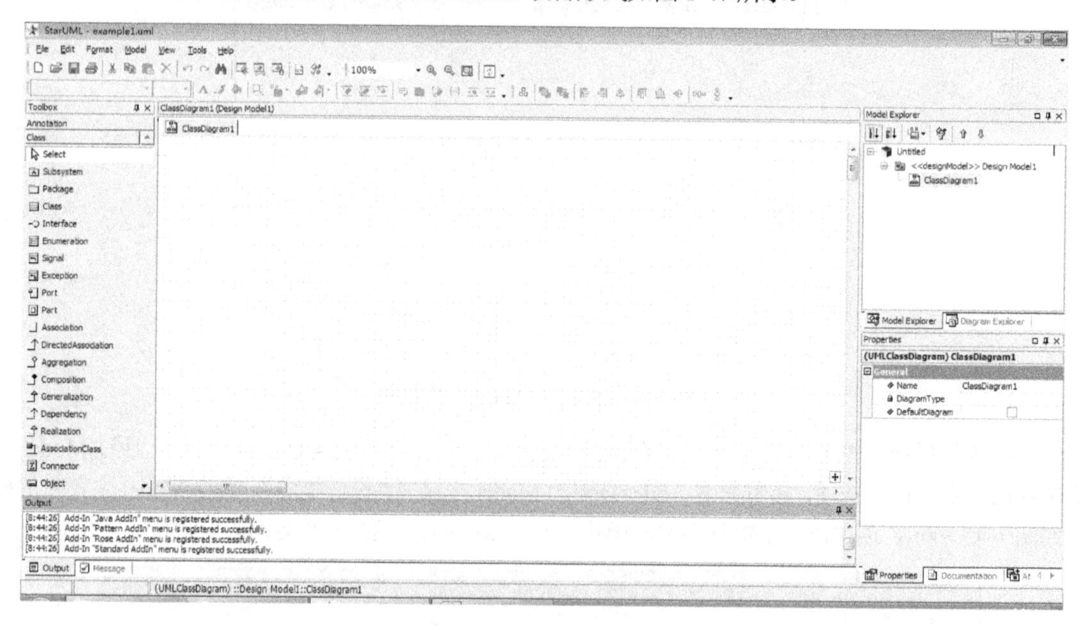

图 1-47　在设计模块创建设计类图并保存后的项目窗口

（7）创建类。从左边的工具栏 Toolbox 中选择 Class 的类图标，然后在绘图窗口的某处单击，就会出现一个通用名字的新类。接着双击该类，将其更名为 Circle。

（8）添加属性。用鼠标右击图中的 Circle 类的图标，在弹出的菜单项中选择 Add 菜单项中的 Attribute 子菜单项，为该类添加一个_radius 属性，属性的具体设置方式是：从窗口右侧的 Model Explorer 面板中选中要设置的属性_radius，此时 Properties 面板中显示选中项的信息，可以从中进行设置。如果设置数据类型，就找到 Type 项，在旁边的输入框中输入 double 作为其类型，或者单击旁边的“…”

按钮打开类型选择对话框选 double 类型。

类的内部数据（称为域变量或属性）通常是私有的，即由类内部使用的，此例中在 Properties 面板中将_radius 的 Visibility 项设置为“私有”，即 Private。

（9）继续进行设计。重复同样的过程，创建 Rectangle 类，为其添加 double 型的私有成员（属性）_width 和_height。

（10）创造 IShape 接口。首先从工具栏 Toolbox 中选择 Interface，并单击绘图区的任意处，将其命名为 IShape。其后用鼠标选中该图标。

接着在顶部工具栏，单击提示信息为 Stereotype Display 工具图标旁的下拉按钮，选择 None 选项。这将改变接口最初的圆形形状显示，使其变为长方形，其操作界面如图 1-48 所示。

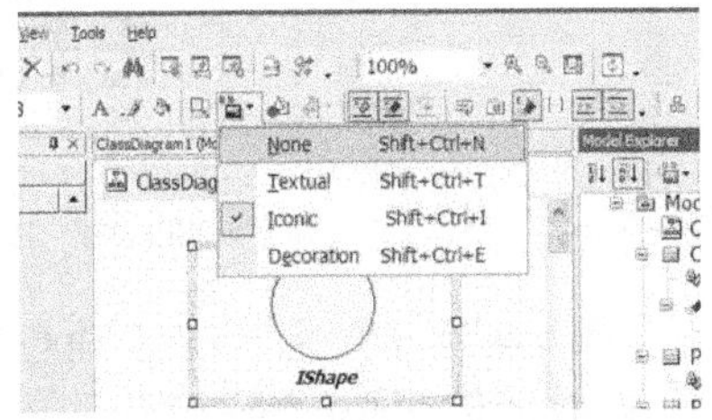

图 1-48　设置 IShape 接口的显示方式

在顶部工具栏中单击提示信息为 Suppress Operations 的图标，取消对方法显示的省略，这将使我们能够看到接口所拥有的方法。接着按照下面的操作步骤，为该接口添加返回值为 double 的 getArea 方法。

✓ 右击 IShape 接口的图标，在弹出的快捷菜单中选择 Add 菜单项，再选择其 Operation 子菜单项，然后将默认的方法更名为 getArea。

✓ 设定返回值类型。在 Model Explorer 中展开 IShape 节点，右击所创建的 getArea 方法，在弹出的快捷菜单中选择 Add 菜单项，接着选择其子菜单项 Parameter。在 Properties 面板中先将参数名称删除使其为空，再将 DirectionKind 变为 Return，将 Type 变为 double。

✓ 将 IShape 和 getArea 的 IsAbstract 属性框选中，使其出现对钩，它们在图标上的名字将变为斜体。这是 UML 的标准，表示这是接口或者其他纯虚实体。

✓ 如果此时没有显示所建立接口中的方法，则在该接口处右击，在弹出的快捷菜单中，选择 format，再在弹出的菜单栏中选择 Suppress Operations 项，则所建立的方法会显示出来。要显示所建立的属性的方法也是类似的操作方式。

（11）添加类和接口的关系。可以通过从 Toolbox 中选择表示实现关系的 Realization 工具，并从 Circle 拖曳向 IShape，表示 Circle 类实现接口 IShape。重复同样的过程，为 Rectangle 类和 IShape 添加实现关系。

如果想使连接线表现为直角的方式，右击连接线，在弹出的快捷菜单中选择 Format→Line Style→Rectilinear 菜单。通过这种方式使箭头重叠在一起，可以使图看起来更符合标准式样。

（12）添加类基于接口的行为。由于 Circle 和 Rectangle 类都实现了 IShape 接口，就必须有同样的行为（方法）。

在 Model Explorer 面板中，从 IShape 接口复制其 getArea 方法，粘贴到 Circle 和 Rectangle 类中。这些方法在 Circle 和 Rectangle 类中都应该是具体的。这是因为它们在具体形状中能够实现，即“为一个圆形和长方形分别计算面积”，所以取消对 IsAbstract 框的选中。

此时所绘制的设计类图效果如图 1-49 所示。

（13）添加 Pizza 类。首先向 Pizza 添加 double 型的私有域_price，然后添加返回 double 类型的共有操作 getPrice。

（14）为 Pizza 类添加 IShape 的引用。首先从 Toolbox 中选择 DirectedAssociation 工具，从 Pizza 类向接口 IShape 拖动，在之间生成一个带箭头的连接线。

然后选中此连线，在右边的 Properties 面板上将 Name 一栏改为 has-a，End1.Aggregation 一栏改为 Aggregate，这一设置说明 Pizza 和所有_shape 对象是“聚合”的关系。

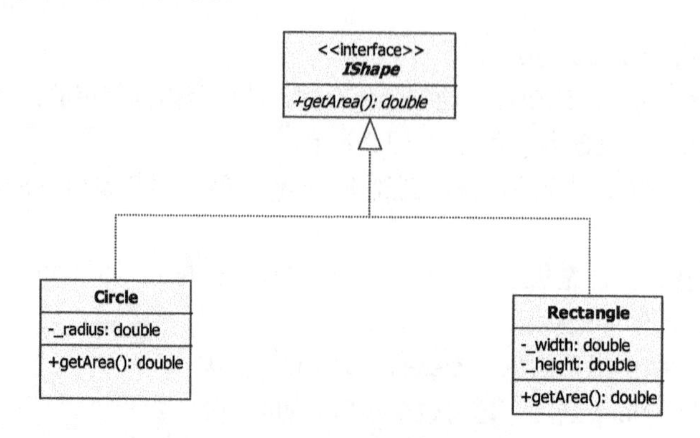

图 1-49　步骤（12）之后所绘制的接口和实现接口的类

将 End2.Name 一栏改为_shape，End2.Visibility 改为私有（Private），这样就为 Pizza 类添加了一个名为_shape 的 IShape 接口类型的私有域变量。

（15）为 Pizza 类创建一个名为 getShape 的方法，其返回类型为 IShape。

（16）为 Pizza 类添加构造函数。右击该类，在弹出的快捷菜单中选择 Add→Operation 子菜单项，输入 Pizza 作为方法名。

为该方法添加 double 型 price 参数和 IShape 类型 shape 参数。首先在 Model Explorer 中的该方法处右击，在弹出的快捷菜单中选 Add→Parameter，输入参数名 price，选中该参数后，从 Properties 面板上将 Type 一栏改为 double。另一参数的设置方式类同。

（17）为 Circle 增加一个带有 double 型的 radius 参数的构造函数。

（18）为 Rectangle 增加一个带有 double 型 width 和 height 参数的构造函数。此时，绘制的图的效果如图 1-50 所示。

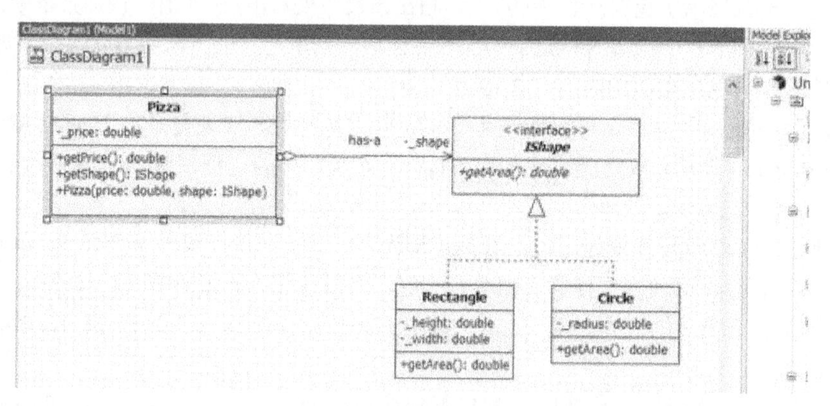

图 1-50　步骤（8）之后所绘制的类图

（19）添加 Test_Pizza 类，并参照图 1-40 添加对其他类的依赖线。

（20）保存项目。

（21）生成 Java 结构代码。从主菜单的 Tools→Java 菜单项选择 Generate Code 子项，操作界面如图 1-51 所示。

进入包（模块）选择对话框，从中选择要生成代码的模块，这里是 Design Model1，单击 Next 按钮；进入选择生成代码元素对话框，在其中选中要生成代码的类或接口，然后单击 Next 按钮；进入输出目录设置对话框，在其中选择一个有效的输出目录，然后单击 Next 按钮；进入选项设置对话框，这里可保持默认设置，然后单击 Next 按钮。

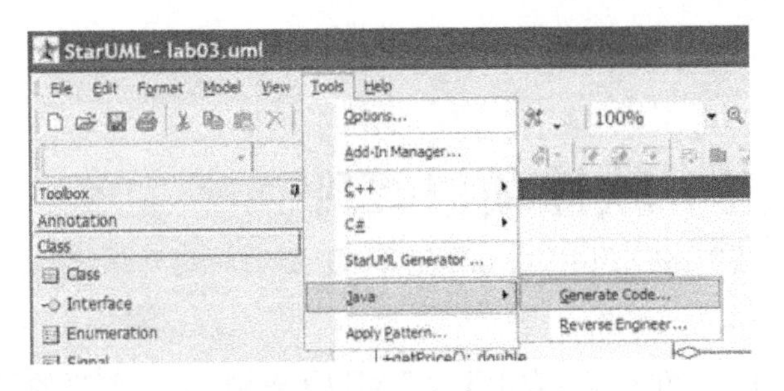

图 1-51 选择生成代码的菜单操作

这样 StarUML 将根据你的设计类图产生代码，给出成功提示对话框，单击 Finish 按钮退出。

此后就可以编辑生成的代码，以增加其他必要的应用。

2）配置 JUDE-Community，利用其绘制类图。

（1）解压下载的系统压缩文件，如 jude-community-5_5_2.7z，按照其中 readme.txt 的内容，并参照系统的 Java 开发包的安装路径，重新设置 jude.bat 文件，即修改其内容。通常 readme.txt 的内容为如下信息，其中，“JAVA_HOME”的值请设置为您当前系统 Java 的 JDK 安装路径。

如提示 Could not find the main class....
打开 jude.bat 文件把下面的 rem 去掉，并把类路径改成自己的路径

```
rem set JAVA_HOME=C:\j2sdk1.4.2_09
rem set PATH=%JAVA_HOME%\bin;%PATH%
```

如：

```
set JAVA_HOME=d:/j2sdk1.5
set PATH=%JAVA_HOME%\bin;%PATH%
```

（2）双击 jude.bat 文件来运行系统。

（3）创建项目，借鉴其他建模软件使用方式，探索在该项目中绘制图 1-40 中的类图。

（4）借鉴其他建模软件使用方式，试着将前一步所绘制的类图进行正向工程。

单元二 软件项目管理

由前一单元的图 1-1“软件系统开发上下文”可以了解到，项目经理的工作会和系统分析员一起贯穿整个软件项目的开发。

一方面，软件系统范围的确定、可行性的分析等系统分析的工作直接影响了项目经理的决策，项目经理的许多工作都需要分析员的帮助，分析员具有项目管理知识会更好地协助项目经理的工作；另一方面，一些分析和设计决策又受项目进度、资源等项目管理决策的限制，需要分析员了解项目管理知识以便与项目经理沟通；另外，一些分析员的进一步的职位很可能是项目经理，因此在这本为软件分析员写的书中设置了这个单元，简单介绍一下软件项目管理的知识以及项目管理软件的初步使用。

任务 2.1 认识项目与项目管理

内容引入

了解有关项目管理的要素和软件项目管理的主要工作是一个系统分析和设计人员需要具备的重要知识。这一任务就从相关知识入手进行介绍。

学习目标

- ✓ 理解什么是项目和项目管理。
- ✓ 了解项目管理的必要性和项目管理的知识领域。
- ✓ 理解采用适应方法软件开发项目中的项目管理。

2.1.1 项目

项目是为创建某一独特产品、服务或成果而临时进行的一次性努力。就是用有限的资源、有限的时间为特定客户完成特定目标的一次性工作。它包括了下面的四个要素。

- ✓ 资源：指完成项目所需要的人、财、物。
- ✓ 时间：指项目有明确的开始和结束时间。
- ✓ 客户：指提供资金、确定需求并拥有项目成果的组织或个人。
- ✓ 目标：满足要求的产品和服务，有时是不可见的。

因此，项目的特点如下。

- ✓ 临时性：指一个项目都具有明确的开始和结束时间，即历时总是有限的。
- ✓ 独特性：没有完全一样的项目。
- ✓ 渐进明细：是综合了临时性和独特性后的整体项目特性。因为项目的产品服务事先不可见，在项目前期只能粗略地进行项目定义，随着项目进行才能逐渐完善和精确。

渐进明细的特性意味着项目逐渐明细的过程中一定会进行很多修改，产生很多变更。因此，在项目执行过程中要注意对变更的控制，特别要确保在细化过程中尽量不要改变工作范围，否则对进度和成本会造成重大影响。

渐进明细也说明很多项目可能不会在规定时间内、按照规定预算和规定的人员完成。计划的本质是对未来的估计和假设进行的预测，因此项目管理中制订的计划应切实可行，并能根据变化动态调整。

每个项目都会在时间、成本和质量等方面受到约束，这些限制在项目管理中有时被称为项目成功的三约束。为取得项目成功，必须同时考虑时间、成本和质量三个因素，这三个因素经常存在冲突。项目的重要方面就是在三者之间进行权衡以保证项目的成功。

项目的另一种通俗的定义是，一个有始有终、有规划的任务，它能得到预先确定的结果或产品。其特点是：受到进度和资源的限制、有许多人和事必须组织和协调、每个项目有明确目标、每个项目是唯一的。如：生产的产品不同、有不同的活动和进度表、需要使用不同的资源。其中的唯一性使其较难控制，而需要有效的管理。

软件系统开发是一个十分困难的活动，需要十分仔细地计划、控制和执行。软件项目失败或只有部分成功的一些主要原因是：定义的系统需求不完整或发生变化、有限的用户参与、缺少行政支持、缺少技术支持、项目规划不够充分、缺少所需资源。

一些成功的主要原因是：清晰的系统需求定义；大量的用户参与；上层管理人员的支持；完整、详细的项目规划；符合实际的工作进度和里程碑。

以上也说明成功的项目是有效管理的项目，失败项目的重要原因是管理不当，项目需要有效的管理。

2.1.2 项目管理

项目管理（Project Management）指组织和指导其他人按照事先确定的进度和预算实现计划的结果。其要在控制项目成本的基础上保证项目质量，妥善处理用户需求变动。

通俗地讲软件项目管理就是，在指定时间内用最少的费用开发可接受系统的管理过程。

项目管理通过项目启动、计划、执行、监督与控制和收尾过程组织保证项目的完成。这五大过程被组织成九大项目管理的知识领域（Project Management Body of Knowledge），具体如下。

- ✓ 范围管理（Scope Management）：也称规模管理，定义和控制需要包含在系统中的功能及项目组要做工作的范围。
- ✓ 时间管理（Time Management）：建立一个所有项目任务的详细进度表，然后根据确定的里程碑监控项目进程。
- ✓ 成本管理（Cost Management）：计算初始的成本/收益分析，以及之后的更新和作为项目进程监控的支出费用。
- ✓ 质量管理（Quality Management）：为确保质量建立一个总的计划，包括项目的每一个阶段的质量控制活动。
- ✓ 人力资源管理（Human Resource Management）：补充和雇佣项目小组成员，也包括培训、激励小组成员，以及小组建立和举行相关活动，以保证小组成员工作愉快、有活力。
- ✓ 通信管理（Communication Management）：也称沟通管理，确定所有系统相关人员和小组间的主要通信，建立所有的通信机制和进度表。
- ✓ 风险管理（Risk Management）：确定和检查整个项目所有潜在的失败风险并制订减少这些风险的计划。
- ✓ 获取管理（Acquisition Management）：也称采购管理，制定提案请求、评价可选投标、签订合同和监控供应商服务性能。
- ✓ 集成管理（Integration Management）：也称整体管理，包括制定项目章程、初步项目范围说明书和项目管理计划，以及指导和管理项目执行、监督和控制项目工作、整体变更控制和项目收尾。

2.1.3 适应方法系统开发生命周期中的项目管理

在采用适应方法软件开发项目的项目管理中，开始的启动部分是一个整体项目规划，接着进入迭代周期，每个周期需详细周期计划、周期控制管理、周期执行管理和周期收尾。这一管理过程参见图 2-1。

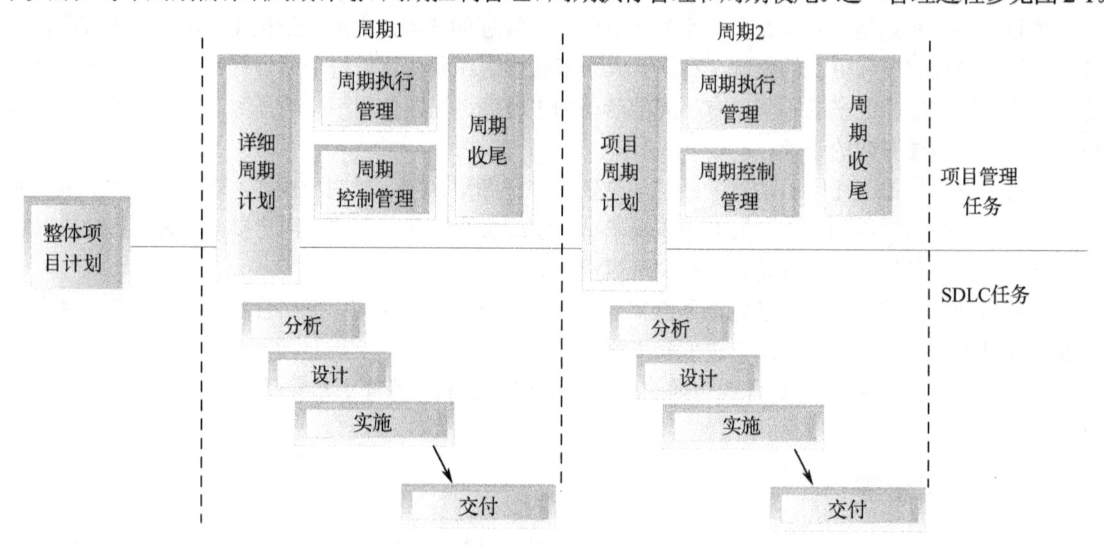

图 2-1（a） 适应方法项目的管理过程图（中）

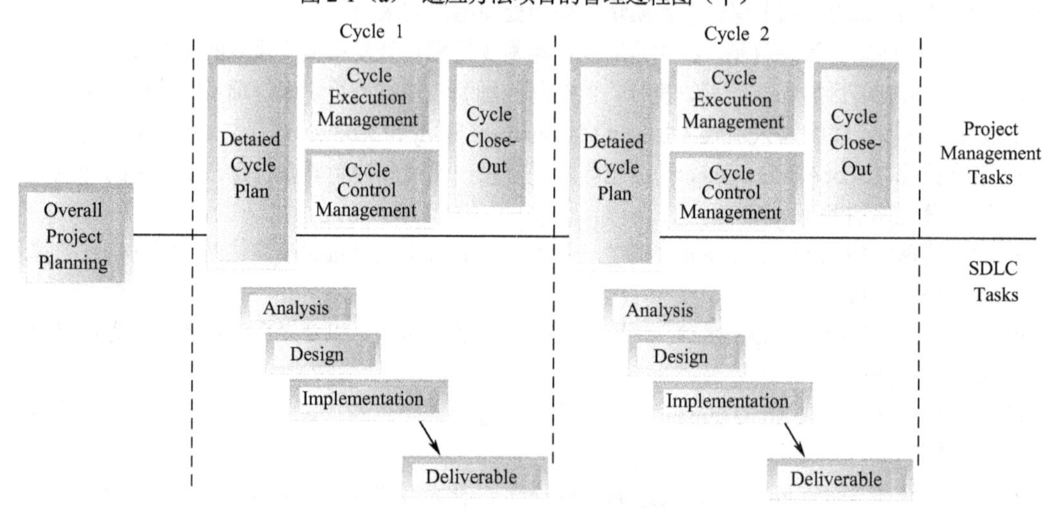

图 2-1（b） 适应方法项目的管理过程图（英）

通常，控制管理包括的任务有：确定进度、必要时采取正确行动、评估作用域变化是否必要和维护未定事件清单及待解决问题。

执行管理包括的任务有：依照进度表安排和协调项目组的工作，以及与所有项目系统相关者交流。

收尾指项目的光滑关闭，例如：解散其任务组成员，归结预算和支出，回顾或审计项目结果。

由图 2-1 大家不难发现，项目管理工作贯穿整个项目，并与分析、设计和实施相联系的 SDLC 活动同时发生。

习题 2.1

一、填空题

1. ________是组织和指导其他人按照事先确定的进度和预算实现计划的结果。

2. 对于一个适应方法系统开发生命周期中的项目管理，开始是一个________，接着进入迭代周期，每个周期需要________、________、________和________。

3. 通俗地讲，项目管理是指在________、用________开发________的管理过程。

4. 在项目管理中，确定进度、必要时采取正确行动、评估作用域变化是否必要和维护未定事件清单及待解决问题，称为项目的________。

5. 在项目管理中，解散其任务组成员，归结预算和支出，回顾或审计项目结果等工作，称为项目的________。

二、选择题

1. 下面哪些选项是项目的特征？（　　）

A. 有始有终、有计划的任务　　B. 有确定的结果或产品

C. 受到进度和资源的限制　　D. 每个项目是唯一的

2. 安排和协调项目组的工作，以及与所有项目系统相关者交流，称为项目的（　　）。

A. 规划　　B. 执行　　C. 控制　　D. 收尾

三、判断题

1. 在项目管理中，执行管理包括的任务有：确定进度、必要时采取正确行动、评估作用域变化是否必要和维护未定事件清单及待解决问题。（　　）

2. 在项目管理中，收尾指项目的光滑关闭，例如：解散其他任务的组员，归结预算和支出，回顾或审计项目结果。（　　）

3. 项目管理中的所有进度和质量问题都能够通过分配更多的人到项目团队来解决问题。（　　）

4. 对于适应方法系统开发生命周期中的项目管理，开始是一个整体规划，接着进入迭代开发，每个迭代开发周期都包括了这一周期的计划、执行、控制和收尾这些管理工作。（　　）

任务 2.2　典型项目管理技术和活动

内容引入

前一任务介绍了项目管理的五个过程，这一任务重点介绍这五个过程中包含的典型项目管理技术和活动，这对于项目管理的实施有着更切实的意义。

学习目标

- ✓ 理解什么是 PERT 图和 Gantt 图。
- ✓ 理解和掌握关键路径的确定技术。
- ✓ 理解预期管理矩阵的含义和使用。
- ✓ 了解指导团队工作、监督和控制进展与评估项目的结果和经验等典型项目管理活动。

2.2.1 PERT 图与 Gantt 图

1. PERT 图

PERT（Project Evaluation and Review Technique）图是一种图形化的网络模型，描述一个项目中的任务和任务之间的关系。图中的方框代表了项目任务；箭头指示了一个任务之间的依赖关系。图 2-2 是一个 PERT 图示例，请参照理解其画法和用途。其中任务结点的模板形式、构成可以有多种选择。

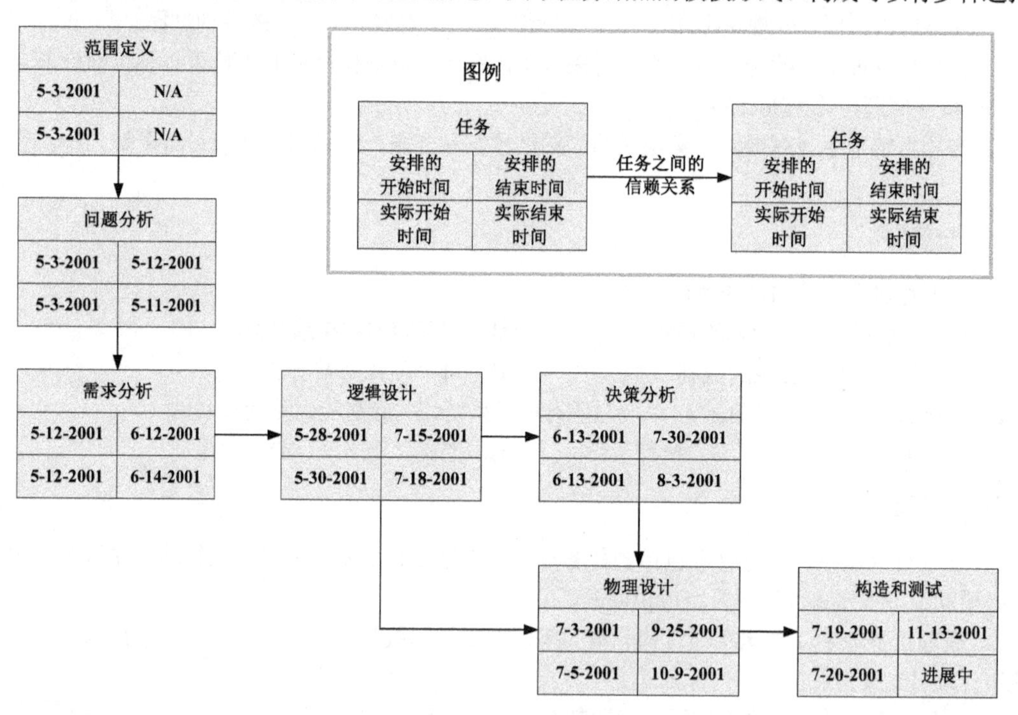

图 2-2　PERT 图示例

2. Gantt 图

Gantt 图（甘特图）是一种简单的水平条形图，它以一个日历为基准描述项目任务。每个条形表示一个命名的项目任务，水平轴是日历时间线。图 2-3 是一个甘特图示例，请参照理解其画法和用途。

其优点是：可清楚地显示出重叠任务，也就是说可同时执行的任务；图中的条形可以加阴影，以清楚地指示任务完成的百分比和项目进展情况。

对比两种模型不难发现，当交流项目的进度时甘特图更有效，当研究项目的任务之间关系时 PERT 图更有效。

3. Project 软件中绘制的 PERT 图与甘特图

Microsoft Project 是微软公司开发的项目管理的软件，其目的在于帮助项目经理为项目制订计划，为项目中的各个任务分配资源、跟踪进度、管理预算和分析工作量等。利用该软件输入项目的开始时间、其各个任务的名称、工期和相互依赖关系后，就可以自动生成其 PERT 图和甘特图。

图 2-4 是用 Microsoft Project 生成的 PERT 图示例，其按照星期一至星期五工作的“标准日历”安排各个任务。

图 2-5 给出了用 Microsoft Project 软件创建的甘特图示例，后面标注出该图各组成部分的作用。

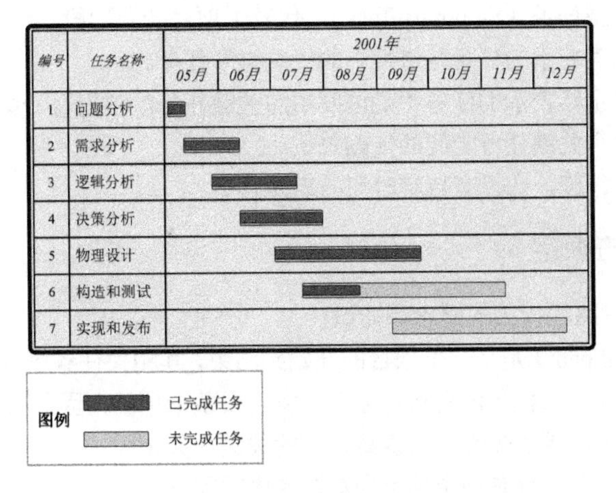

图 2-3 甘特图（Gantt）示例

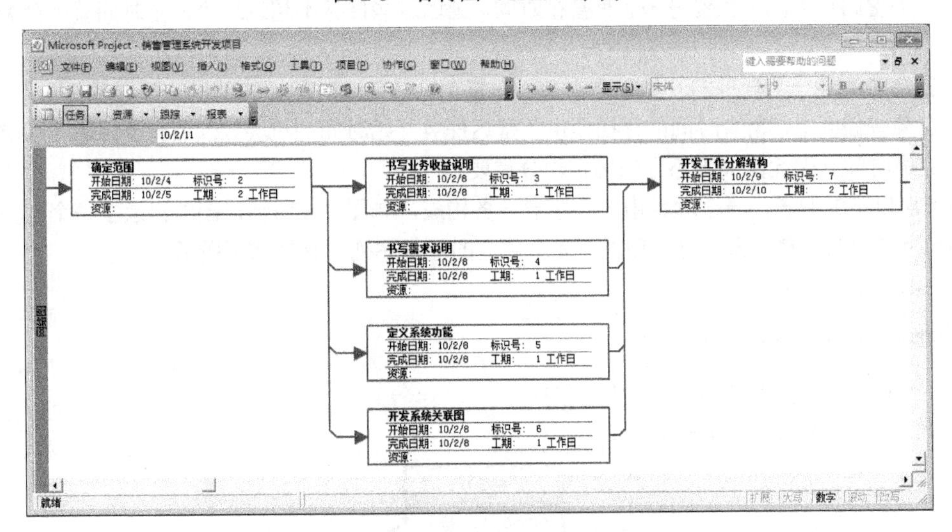

图 2-4 Microsoft Project 中绘制的 PERT 图

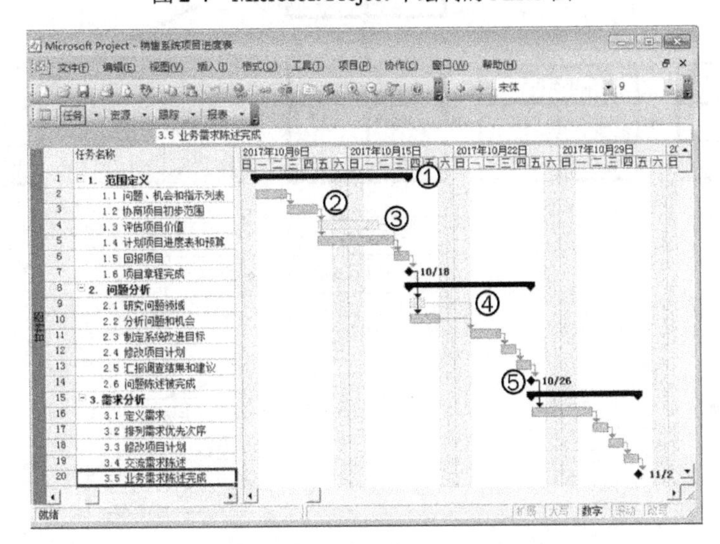

图 2-5 Microsoft Project 中绘制的甘特图

① 该线条表示总成型任务（Summary Task），代表了项目开发阶段。

② 该灰色条形指示其表示的任务是进度中的“关键”任务。

③ 该浅灰色条形指示其表示的任务不是进度中的关键任务，它们有一些富余时间。

④ 这个箭头指示两个关键任务之间的依赖关系。

⑤ 这个菱形表示里程碑，即没有持续时间的事件。

2.2.2 关键路径的确定

下面给出一组与关键路径相关的概念和知识。

✓ 关键路径（Critical path）是从一个项目的开始到结束，其相关任务序列的工期之和最长的路径。

✓ 关键路径上的任何一个任务没有按计划做，将延误整个项目，因此成为关键任务。

✓ 如果出现资源冲突，要优先考虑关键路径上的关键任务。

✓ 关键路径的周期，即长度是整个项目的最短完成时间。

✓ 非关键路径上的非关键任务，有富裕时间，延迟这些任务不超过这个富裕时间就不会影响整个项目的工期。

✓ 富余时间是一个任务的开始时间不会引起整个项目完成时间上的延误的延迟量。

✓ 在某些任务中，富余时间的存在提供了延迟任务开始时间的机会，以调配资源而不影响项目的完成时间。因此，关键路径的确定十分重要。

请考虑以下的例子，一个项目由 9 个主要任务构成，如图 2-6 所示，图中记录了每个任务最可能的工期和任务间的依赖关系。这个项目有 4 个独立的任务序列，具体如下所示。

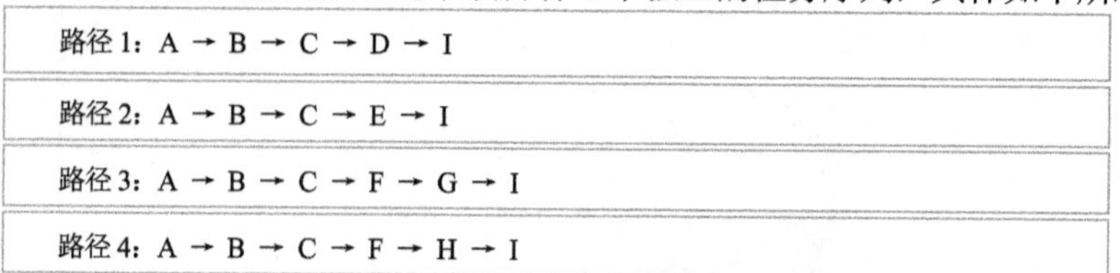

路径 1：A → B → C → D → I

路径 2：A → B → C → E → I

路径 3：A → B → C → F → G → I

路径 4：A → B → C → F → H → I

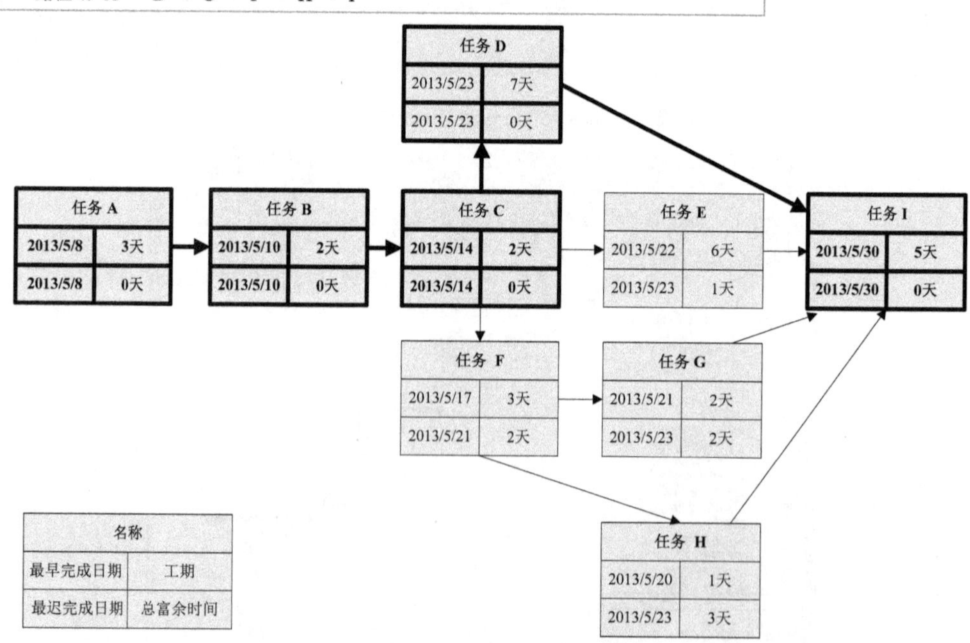

图 2-6 关键路径分析示意图

每条路径最可能的总工期计算如下。

路径 1：3+2+2+7+5 = 19　　路径 2：3+2+2+6+5 = 18

路径 3：3+2+2+3+2+5 =17　　路径 4：3+2+2+3+1+5 =16

在这个例子中，路径 1 是关键路径，共 19 天，在图 2-6 中关键路径中的任务用加重的线条标注出来了，这些任务称为关键任务。

大多数项目管理软件根据任务之间的依赖关系并结合任务工期自动地计算并加重显示关键路径，包括关键任务和其之间的连接线。

2.2.3 指导团队工作

指导团队工作是“执行”管理中的一部分活动，图 2-7 所示的团队成长阶段图可以作为指导团队的一个依据。

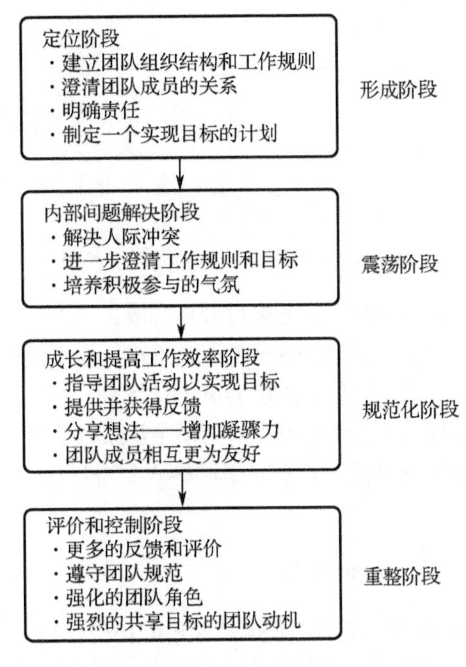

图 2-7　团队成长阶段图

2.2.4 监督和控制进展

监督和控制进展是“执行”和“控制”管理的综合，当项目执行时，项目经理必须监督、控制项目，就是说，监督项目的进展是否符合范围、进度和预算。他还必须汇报进展情况，并在需要时调整范围、进度和资源。

1. 汇报进展（Progress Reporting）

汇报进展应该足够频繁以便于管理，但又不能太频繁而成了项目开发工作的一种负担和阻碍。建议两周汇报一次。进展报告应汇报成功，但也应清楚地确定问题和担心，这样才能在它们发展成大问题或灾难之前将其解决。当任务完成时，项目进展情况可以记录在 Project 文档中，参见图 2-8。

请注意下面对于图 2-8 Project 中的甘特图中数字的注解，以辅助理解甘特图中进度表组成部分含义和设置方法。

① 第 1 个阶段的每个任务都被白色长条所覆盖，表示范围定义阶段的所有任务都已经完成。因为所有任务已经完成，不再是关键任务，因此将所有的任务条由浅色设为深色。

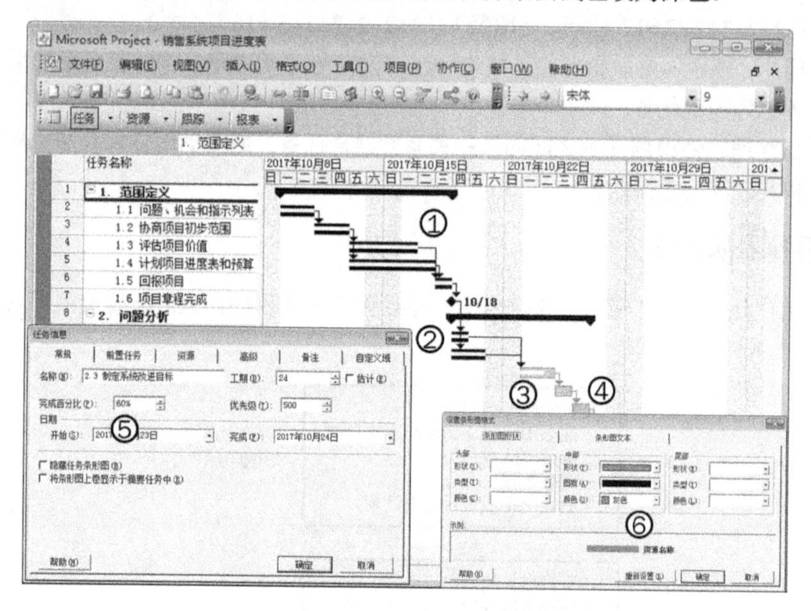

图 2-8　甘特图上的进展报告示意图

② 第 2 个阶段只有此处标出的前两个任务被百分百完成。

③ 此处任务条只有一部分白线，长度为任务条总长的 60%，由于没有完成，因此其颜色仍是浅色。

④ 此处开始的任务还没有开始，以后完成后会被记录下来。

⑤ 任务进展的百分比在此处的“任务信息”对话框中记录，这里记录的是 60%。

⑥ 双击任一任务条都会弹出此处的“设置条形图格式”对话框，可在其中修改条形的颜色、填充图案和形状等格式。

2．变化管理（Change Management）

变化管理包括一组程序来记录变化请求，并根据变化的预期影响定义需要考虑的步骤。

变化可能是各种事件和因素的结果，例如：定义初始范围时的疏忽；出现了产生新需求的外部事件，如政府规定；组织结构变化，如合并、收购和伙伴关系，其产生新的业务问题和机会；可以得到更好的技术；实现过程中偏离了规划技术，将导致不期望的和明显的企业组织结构、文化和/或过程的变化；管理层削减了项目的经费，或提出了更早的最后期限。

大多数变化管理要求项目关联人员填写一个变化请求表格来说明对项目变化的请求，变化管理重点在于管理客户的预期，即预期管理。

3．预期管理（Expectations Management）

每个项目都存在目标和约束，表现为费用、进度、范围和质量。现实情况是不可能优化所有这四个方面的参数，这就需要管理层事先做出决策，哪个参数是最重要的，哪个不重要。

预期管理矩阵（Expectations Management Matrix）是一个帮助明确、记录项目的费用、进度和范围/质量这三个参数不同重要性的表格。

预期管理矩阵表如表 2-1 所示。行对应项目的成功度量：费用、进度以及范围和/或质量；列对应优先权，即最大或最小（最重要的）成功度量、受限的（第二重要的）成功度量和可接受的（最不重要的）成功度量，表中从左到右优先级选项对成功度量的影响依次减少。

表 2-1　预期管理矩阵表

优先级（Priorities）→ ↓成功的度量（Measures of Success）	最大或最小 （Max or Min）	受限的 （Constrain）	可接受的 （Accept）
费用（Cost）			
进度（Schedule）			
范围和/或质量（Scope and/or Quality）			

经验表明三种度量会自然地趋于平衡。如增加范围或质量需求，就需要花费更多的时间和/或费用；想使工作做得更快，一般不得不削减范围或质量需求，或付更多的费用进行补偿。因此预期管理矩阵的填写必须遵守以下的规则：任何一行，即一个成功度量都必须填上一个×，并且每行的×必须填写在不同的列上，即三个成功的度量必须选择不同的优先级。

下面是一个预期管理矩阵使用的例子。

在 1961 年，美国总统肯尼迪启动了一个项目——要在十年内把人送到月球上并安全地返回。表 2-2 表示了这个项目最初的预期，后来历史表明 1969 年美国成功登月并返回，实际花费超过 300 亿。但由于费用的超支在预算矩阵中是可以接受的，因此这个项目依旧被认为取得了重大成功。

表 2-2　登月项目的预期管理矩阵

优先级（Priorities）→ ↓成功的度量（Measures of Success）	最大或最小 （Max or Min）	受限的 （Constrain）	可接受的 （Accept）
费用（Cost） ● $200 亿美元（预计）			×
进度（Schedule） ● 1969-12-31（期限时间）		×	
范围和/或质量（Scope and/or Quality） ● 载人在月球着陆 ● 载人安全返回地球	×		

表 2-3 是一个典型的预期矩阵的使用方式。

表 2-3　软件项目典型的预期矩阵

优先级（Priorities）→ ↓成功的度量（Measures of Success）	最大或最小 （Max or Min）	受限的 （Constrain）	可接受的 （Accept）
费用（Cost）		×	
进度（Schedule）			×
范围和/或质量（Scope and/or Quality）	×		

表 2-3 的含义如下。

- 项目的开始阶段将明确的需求和质量预期给予最高的优先权。
- 为项目建立一个固定的最大预算。
- 同意力争希望的最后期限，但如果必须把某些工作后延，可对它进行调度。

现假设在系统分析期间发现了重要的和未预料到的业务问题，对这些问题的分析将项目延迟到进度之后，且解决这些新需求最终扩展了对新系统的用户需求。

这时应该与系统所有者一起检查矩阵，使其知道哪个或哪些度量处于危险状态，及为什么处于危险状态。还应一起讨论解决办法，具体解决办法如下。

✓ 可重新分配资源（费用和/或进度）。系统所有者可从其他地方找到更多经费。所有的优先权将保持不变。

✓ 可以增加预算，但预算可被计划外的进度延误抹平。如通过项目延长到一个新财政年度，就可以分配额外的经费，而不必从现有的项目经费中调配。这个项目增加需求并获得更多资源后的预期管理矩阵参见表 2-4。

✓ 通过排列需求优先次序，并将某些需求推迟到系统的第 2 版实现，可减少用户需求。如果预算不能增加，这个方案是合适的。

✓ 可以改变度量的优先权，但只有系统所有者可以修改优先权。

如果系统所有者认为增加的需求值得投入额外的经费，则分配足够的经费来满足需求，但同时调整优先权，以最小的费用成为最高优先权，并把范围和/或质量准则调整到受限制列中，费用不能再增加，允许进度的延迟，那么这个项目预期请参见表 2-5。

表 2-4　项目增加需求并获得更多资源后的预期管理矩阵

优先级（Priorities）→ ↓成功的度量（Measures of Success）	最大或最小 （Max or Min）	受限的 （Constrain）	可接受的资源 （Accept）
费用（Cost） 调整预算		×+ 增加预算	
进度（Schedule） 调整最后期限			×- 延长最后期限
范围和/或质量（Scope and/or Quality） 调整项目范围	×+ 接受扩充的需求		

表 2-5　改变优先权后的预期管理矩阵

优先级（Priorities）→ ↓成功的度量（Measures of Success）	最大或最小 （Max or Min）	受限的 （Constrain）	可接受的 （Accept）
费用（Cost）	× ← 步骤 1	×	
进度（Schedule）			×
范围和/或质量（Scope and/or Quality）	×	步骤 2 → ×	

4．进度、资源的调整与关键路径分析

如前所述，关键路径上的任务称为关键任务。如果需要，资源可以临时地从具有富余时间的任务中转移出来，以帮助关键任务赶上进度。

2.2.5　评估项目结果和经验

这相当于项目的“收尾”，为回答以下基本问题，应该进行项目评审：

✓ 最终的项目产品是否满足或超过了用户预期？

✓ 项目是否符合进度要求以及原因。

✓ 项目是否在预算范围内？

项目经理总结的信息系统的开发方法和项目管理方法的改进建议可应用于未来自身管理的项目中，又可进一步交流到“优化中心”与其他团队共享想法和经验。

习题 2.2

一、填空题

1. ________是一种图形化的网络模型，描述一个项目中的任务和任务之间的关系，该图中的方框代表了项目任务，箭头指示了一个任务依赖于另一个任务的开始或完成。

2. ________是一种简单的水平条形图，它以一个日历为基准描述项目任务。每个条形表示一个命名的项目任务，水平轴是日历时间线。

3. ________是将项目层次化地分解成开发阶段、开发活动和开发任务。

4. ________是一个任务的开始时间不会引起整个项目完成时间上的延误的延迟量。

二、判断题

1. 关键路径的周期，即长度，是整个项目的最短完成时间。（　　）

2. 项目管理中，当交流进度时甘特图更有效，当研究任务之间的关系时 PERT 图更有效。（　　）

3. 关键路径上的任何一个任务如果延期，将延误整个项目。（　　）

三、回答问题

阅读表 2-6 完成以下任务。

（1）绘制一张类 PERT 图，表示任务之间的依赖关系。

（2）确定各任务相对于项目开始的最早完成时间和最迟完成时间。

（3）确定各任务的富余时间。

（4）确定关键路径和整个项目的最短工期。

表 2-6　项目任务、工期及其之间关系列表

任　务	前置任务	工　期
A	无	1 天
B	A	3 天
C	A	2 天
D	B，C	3 天
E	D，C	3 天
F	E	2 天

注：假定项目的开始时间为 2018 年 10 月 10 日，项目日历是在标准的行政日历的基础上设置周六、日为非默认工作时间。且前置任务刚完成，后继任务就立刻开始。

假设类 PERT 图中的每个任务结点的式样为

<table>
<tr><td colspan="2">任务名称</td></tr>
<tr><td>工期</td><td>是否为关键任务</td></tr>
<tr><td>开始时间</td><td>富余时间</td></tr>
</table>

任务 2.3 实训二 用项目管理软件 Microsoft Project 开发项目进度表

内容引入

掌握用工具软件制作软件项目开发进度表更便于团队间的交流，也方便项目任务的资源分配和完成进度的跟踪，因此它是进行软件项目管理的必备技能。下面一个任务的实训就是训练这方面技能的。

课上训练

视频 2

一、实训目的

1．了解 Microsoft Project 的基本功能。
2．掌握 Microsoft Project 环境下设置项目基本信息的方法。
3．掌握 Microsoft Project 环境下设置任务工期和任务间的各种依赖关系的方法。
4．掌握用 Microsoft Project 创建进度表的方法。

二、实训要求与指导

基于下面的活动使用 Microsoft Project 创建一个项目进度表，记录其对应的 PERT 图和甘特图。（设定项目的开始时间是 2018 年 10 月 10 日）

表 2-7 是一个学生的一组任务，这个学生具有国际学习经历。请你为这组任务的几个方案制订进度表。第一种方案，假设必须完成所有优先的任务，然后开始随后的任务。第二种方案，确定在先前任务结束之前的几天里可以启动的几个任务。第三种方案，修改第二种方案，这样在一个先前任务开始之后的几天里，一些任务可以启动。

表 2-7 某学生的任务列表

任务标识号	任务名称	持续时间（天）	先续任务（天）
1	从国际交流办公室获取表格	1	无
2	填写并提交外国大学申请	3	1
3	收到外国大学的批准	21	2
4	申请奖学金	3	2
5	收到奖学金批准的通知	30	4
6	安排筹措资金	5	3，5
7	安排宿舍住宿	25	6
8	获取护照和必需的签证	35	6
9	递交学校预登记表	2	8
10	制订旅行安排	1	7，9
11	确定服装需求和购物	10	10
12	打包并做最后的出发安排	3	11

续表

任务标识号	任务名称	持续时间（天）	先续任务（天）
13	旅行	1	12
14	搬入宿舍	1	13
15	完成班级登记和其他大学文书工作	2	14
16	开始上课	1	15

注：上述项目执行期间周六、日均算为工作时间。

任务与指导 1）创建新的“项目日历1”的日历，再将周六、日均设为工作日。

（1）单击菜单栏的“工具”菜单，选择“更改工作时间”菜单项，得到图2-9的“更改工作时间”对话框。

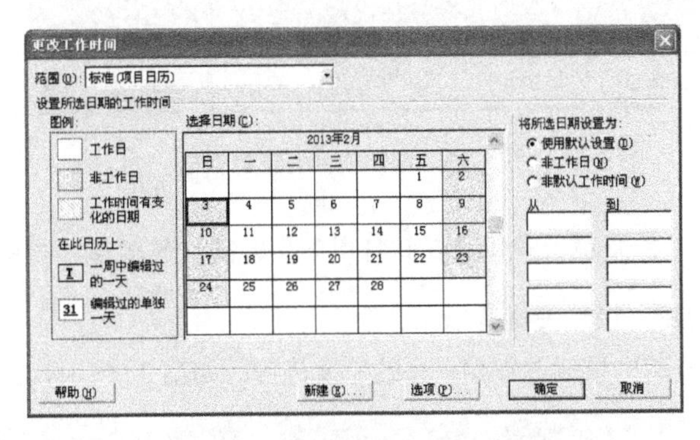

图2-9 “更改工作时间”对话框

（2）单击图2-9的“新建”按钮，弹出“新建基准日历”对话框，在其“名称”文本框中输入“项目日历1”，其以“标准日历”为基础创建形式如图2-10所示。

（3）单击图2-10对话框的“确定”按钮，出现图2-11的设置“项目日历1”的对话框，在其中将2018年的10、11和12月以及2019年的1、2月的周六、日设置为“非默认工作时间”。

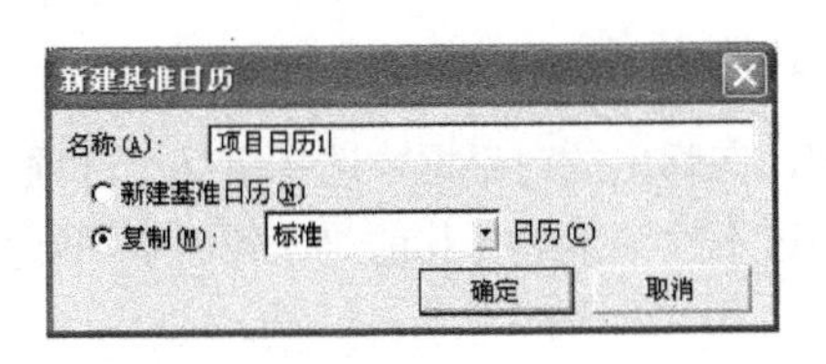

图2-10 “新建基准日历”对话框

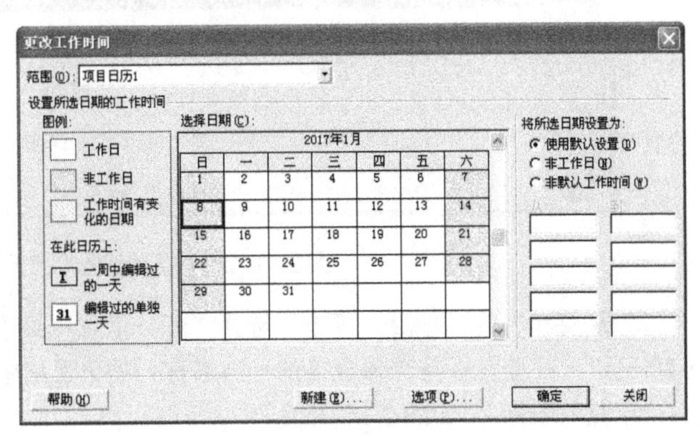

图2-11 设置“项目日历1”对话框

任务与指导 2）填写“项目信息”对话框，设置项目开始时间是“2018 年 10 月 10 日”，设定项目日历为“项目日历 1”的日历。

单击菜单栏的“项目”菜单，选择“项目信息”菜单项，打开项目信息设置对话框，如图 2-12 所示，在其中设置此项目的开始时间，并将日历设置为“项目日历 1”

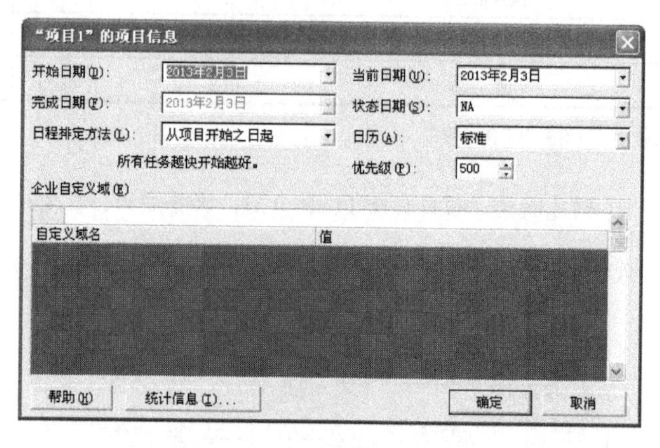

图 2-12　设置项目信息对话框

任务与指导 3）按照第一种假设在甘特图下安排项目的进度，并确定该项目的最早完成时间。再转到“网络图”视图，确定关键路径。

（1）如图 2-13 所示，选中要设置依赖关系的后续任务，如第 2 个任务。

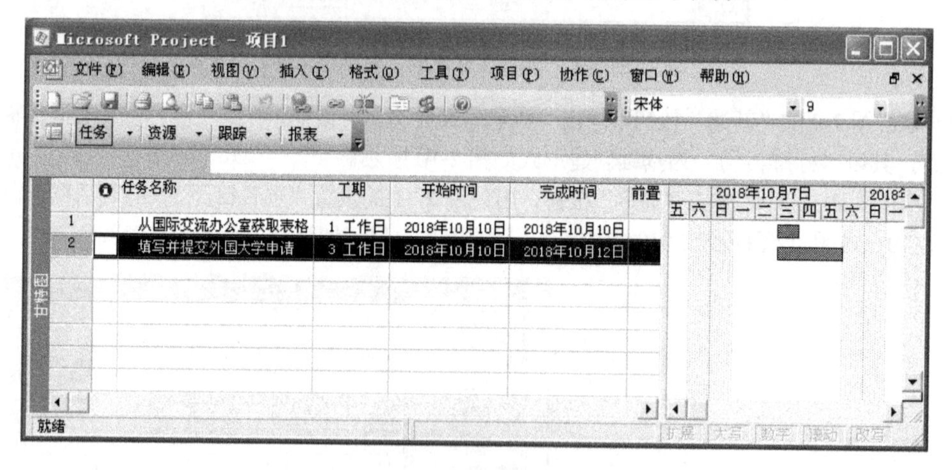

图 2-13　选中要设置依赖关系的后续任务

（2）从菜单栏的“项目”菜单中选择“任务信息”菜单项，在弹出的对话框中选择第 2 个选项卡“前置任务”，在前置任务选择表格的任务名称列的单元格中通过下拉菜单选择其前置任务“从国际交流办公室获取表格”，如图 2-14 所示。

（3）按第一种假设，各任务之间的依赖关系采用默认的“完成-开始”的关系，任务之间的间隔为 0，设置后的对话框如图 2-15 所示。

任务与指导 4）按照第二种假设在甘特图下安排项目的进度，并确定该项目的最早完成时间。再转到“网络图”视图，确定关键路径。（假设 2 号任务结束前的 1 天就可以开始 3 号任务）

选中要设置依赖关系的后续任务，如第 3 个任务，调出其“任务信息”设置对话框，并选择第 2 个选项卡“前置任务”；假设第 2 个任务结束前的 1 天第 3 个任务开始，第 3 个任务的前置任务设置如图 2-16 所示，类型设置为“完成—开始”，延隔时间设置为“-1d”。

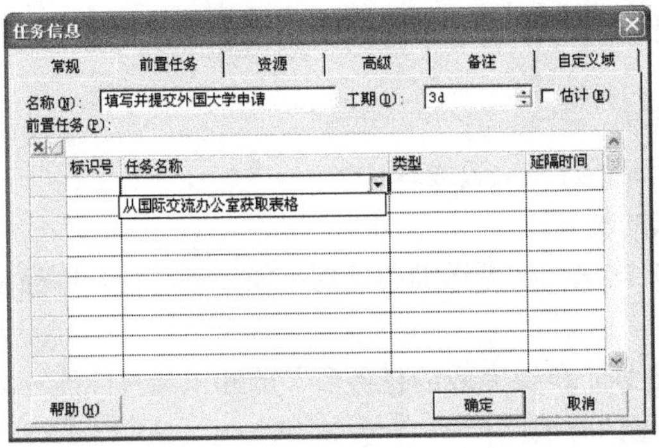

图 2-14　从下拉菜单中选择前置任务

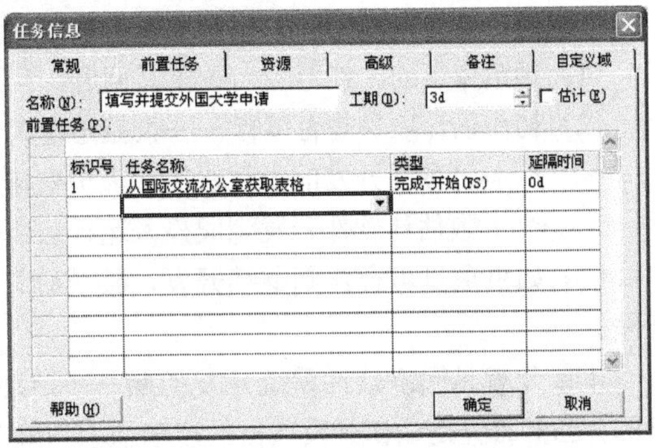

图 2-15　完成-开始 0 间隔的前置任务设置

任务与指导 5）按照第三种假设在甘特图下安排项目的进度，并确定该项目的最早完成时间。再转到“网络图”视图，确定关键路径。（假设 2 号任务开始 2 天，3 号任务就可以开始）

选中要设置依赖关系的后续任务，如第 3 个任务，调出其“任务信息”设置对话框，并选择第 2 个选项卡“前置任务”；假设第 2 个任务开始 2 天第 3 个任务开始，第 3 个任务的前置任务设置如图 2-17 所示，类型设置为“开始—开始”，延隔时间设置为“2d”。

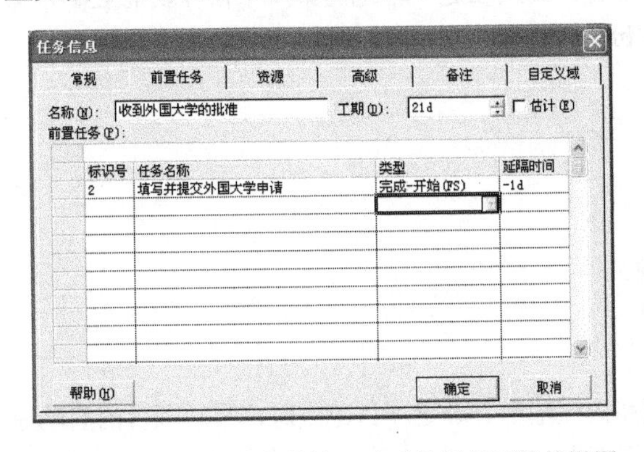

图 2-16　前置任务结束前的 1 天后继任务开始的设置

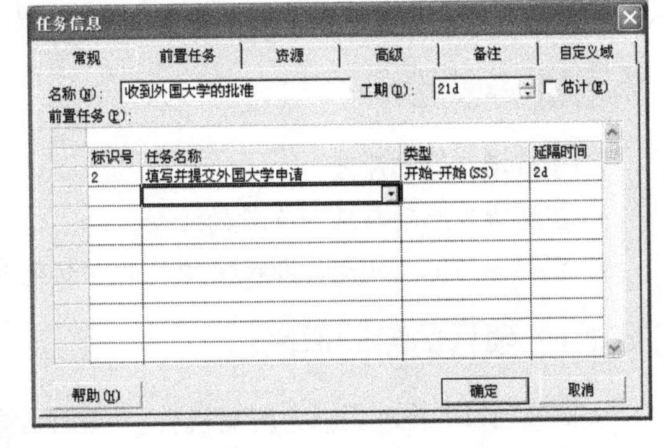

图 2-17　前置任务开始 2 天后后继任务开始的设置

课后做一做

请用 Microsoft Project 为自己设定的项目制作进度表，建议自己设置工作日历，周一至周六工作，只有周日休息。

单元三　软件项目的启动与规划

如果我们要开发一个“罚单管理系统”的软件系统，那么在初期应该做些什么呢？

（1）确定系统的大致范围——定义问题。

（2）初步估计项目是否可行——收益是否大于成本。

- ✓ 制订项目开发的大致进度和人员安排，从而估计出大致成本。
- ✓ 大致估计软件开发完成投入运行后所带来的收益。

（3）如果项目可行，则继续开发，接着制订第 1 次迭代的更详细的计划；如果不可行，则结束开发。

本单元就是围绕软件系统开发初期——启动与规划阶段要完成的任务所需的知识和技能展开教学的。当然首先是认识开发项目的启动原因与确定范围的方法。

任务 3.1　项目启动原因与初始范围定义

内容引入

在一个软件项目启动之初，了解项目的启动原因，可以明确后续需求获取、范围定义的依据，初始范围定义是其开发之初的启动与规划阶段（有时也称初始阶段）的起点，只有确定了项目的初始范围，才能初步确定项目进度、所需资源和项目是否可行。因此在这一单元的第一个任务我们主要介绍项目的启动原因和项目初始范围的定义，为后续的初步判断项目可行性和进一步的需求获取做准备。

学习目标

- ✓ 理解项目启动原因。
- ✓ 理解项目启动与规划阶段的活动。
- ✓ 理解如何定义问题，即确定项目的初始范围。

3.1.1　项目的启动原因

大部分项目的推动力源自应对机会、解决问题和依照指示。确定项目范围时，了解项目的启动原因是十分必要的。启动项目的原因大致可以分为以下三类。

（1）公司为增加市场份额或打开新的市场，他们创造“机会”的一种方法是通过短期和长期的决策计划来制订项目。随着决策计划的制订、项目的确认、区分优先次序，在整个计划内安排进度逐步开发。这类项目称“自顶向下的项目”。

（2）项目也会因解决一个业务问题而启动。这种项目往往是管理人员为解决公司在运行中遇到的难题而提出。如：销售系统响应客户订单时间过长，影响了销售额的“问题”。

（3）为响应外界的动向（“指示”）而启动项目。如：税法和劳动法的变化；电信行业规则的变化，比如 Internet 访问和个性化娱乐的变化等。

通常，将这些引发项目的机会、问题和指示统称为“问题”。

3.1.2 项目规划阶段的活动

这一阶段是由组织和启动项目所需的各种活动组成，具体包括定义问题、制订项目的进度表、确认项目的可行性、为项目安排人员和启动项目等活动。这些活动需要系统分析员与项目经理共同完成。

本单元将详细介绍这些活动的内容和涉及的技术。项目规划阶段的活动及项目开发各个阶段之间的关系参见图 3-1。

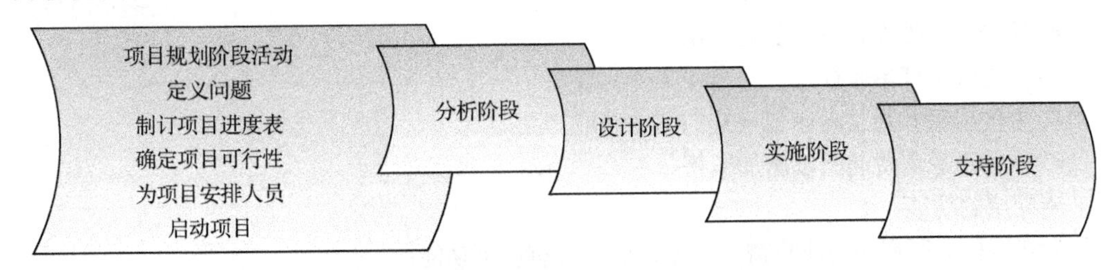

图 3-1（a） 项目规划阶段的活动及项目开发各个阶段之间关系（中）

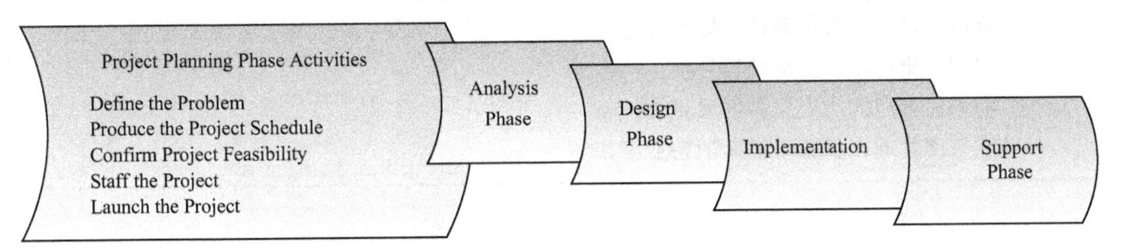

图 3-1（b） 项目规划阶段的活动及项目开发各个阶段之间关系（英）

3.1.3 确定项目的初始范围——定义问题

定义问题（Define the Problem）就是确定项目的初始范围。其目标是：初步定义要解决的业务问题，从而确定新系统的作用域。具体的步骤如下。

（1）检查启动项目的业务问题。

✓ 如果是由战略规划启动的项目，即是由机会引发的项目，则需要检查计划文件。

✓ 如果是由部门要求启动的项目，即是由问题引发的项目，则需要与主要用户商议。

（2）从能解决问题的系统需求角度定义问题域。在系统规划阶段定义问题的系统需求表述可以是：系统作用域文档、系统关联图和用例清单。下面将就规划阶段定义问题的不同方式详细描述。

1. 系统作用域文档

系统作用域文档是包含问题描述、业务收益和系统功能的文档，它有助于定义新系统的作用域。

另外还需要说明的是，当要推出的系统是基于新技术的解决方案时，可能不能被很好地接受或理解，就可以做一个概念原型检验作为验证概念的依据。

所谓概念原型检验（Proof of Concept Prototype）就是一个初始原型，用于论证业务需求解决方案的可行性。

下面给出送餐服务公司的“客户服务信息系统”的系统作用域文档示例。

问题描述

送餐服务公司的宗旨是为全城范围所有需要上门服务的用餐者以及所有提供外卖的餐馆提供完善的中介服务，目的是用餐者能方便地得到自己想要的菜肴。为此，公司需要开发客户服务信息系统来方便得到客户订单，并能迅速和全城知名餐馆联系，以便组织送餐业务，最终在这一领域取得领先地位。

期望的收益

所开发的信息系统应该能取得以下收益：

✓ 减少人工处理订单引起的错误；

✓ 实现快速订单履行；

✓ 方便用餐者通过高速交互式的网站获取产品；

✓ 能够跟踪消费动向以增加销售。

所期望的功能

为获得如上所列的商业收益，该系统应该具有以下功能：

✓ 能够方便实现在线客户的订单、订单撤销和反馈信息；

✓ 方便满足电话客户的订单处理业务；

✓ 保留历史记录，支持销售分析；

✓ 能满足客户的历史交易信息查询；

✓ 能方便管理人员随时掌握销售业绩。

2．系统关联图

在规划阶段（也称初始阶段）还可根据系统的信息流入与流出绘制图表，以描述系统的作用域，即系统关联图。

系统关联图（Context Diagram）也称上下文数据流图，反映了系统与各参与者之间的信息流入和流出。该图的示例参见图 3-2。

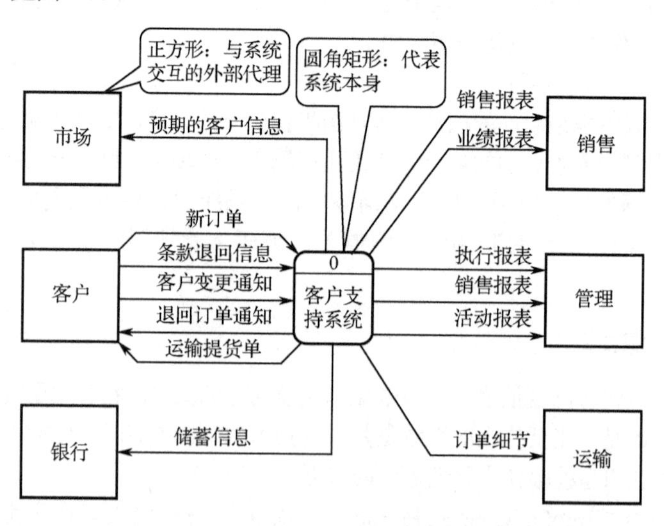

图 3-2 “客户支持系统”系统关联图

系统关联图的开发方法如下。

✓ 将整个系统的名称放入中间的圆角矩形，看成“顶层处理过程”，此矩形顶部的数字是过程编号。

- ✓ 将向系统提供数据、提出要求或获取数据来完成业务功能的外部实体放入四周的正方形，看成“外部代理”。
- ✓ 在“外部代理”和“顶层处理过程”之间添加标注名称的输入流、输出流，表示为完成业务功能系统接收的数据、请求和提供的数据，如果输入、输出流太多，无法全部画出，可以将其适当合并，只要在流名称全部标识即可。

需要注意，对于系统要访问的数据实体（即数据表）如果是系统内部的，则不用画出，如果要从此系统之外的其他系统数据库访问，则需要画在圆角矩形之外，并标出访问的数据流。绘制系统关联图是在系统开发初期较为传统的记录系统大致范围和功能的方法，它比用文字记录更准确、简捷。

例 3.1 根据下列叙述性描述，为描述的内容开发一个系统关联图。

校园书店“课本库存系统”的目的是向学生提供本地大学课程的课本。大学的教学部门通过一个“课本主清单”向书店提交初始数据，包括课程、教师、课本和预计注册人数。书店生成一个“购买订单”，“购买订单”被送到供应课本的出版公司。图书随着一个“包装清单”到达书店，它被接收的部门检查和验证。学生填写包含课程信息的“购书要求”，当他们付了书款之后就得到一个“销售单据”。假设“书店”使用“课本库存系统”辅助完成其职能。

解：根据系统关联图的开发方法，得到如图 3-3 所示的系统关联图。

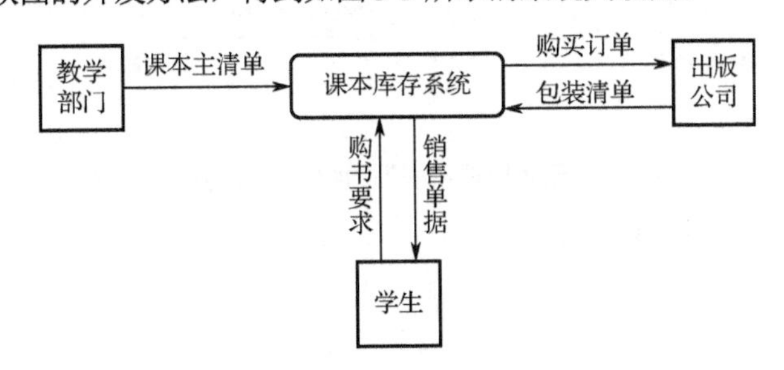

图 3-3 课本库存系统系统关联图

3. 用例清单记录项目初始范围

1）用例的确定与事件分解技术

所谓用例可以理解为用户使用系统的一个案例。用例的确定最常用的是事件分解技术，即确定系统需要响应的事件，每个需要响应的事件对应一个用例。

分析员必须在合适的事件响应的粒度级别确定用例。如：将“客户名字显示于表格中”的响应作为一个用例，则粒度太小，而不是非常有用；将“增加一个新客户的整个过程”的响应作为一个用例，则定义了一个完整的用户目标，是合适的用例分析级别；将“客户一整天的工作”的响应作为一个用例，包括增加新客户、更新客户记录等，则太过宽泛，不十分有效。

因此，可以总结出：确定用例时的一种合适的事件响应的粒度级别是——基本业务流程（the Elementary Business Process，EBP）。

EBP 是由一个人在特定地点为响应交易事件所执行的一项任务，它增加可度量的业务价值，使得系统和数据保持在一致状态，如创建新订单、产生特价商品等都是基本业务流程。

图 3-4 展示了一个系统由各个事件分解为不同的用例，该系统的需求是基于 6 个事件分解为 6 个用例，具体如下。

- ✓ 客户触发 3 个事件：花费、付账或变更住址，系统用 3 个用例响应。
- ✓ 系统内部根据如下时刻触发 3 个事件：发出月报清单的时刻、发出过期通知的时刻及生成周末汇总报表的时刻，系统则用 3 个用例分别响应。

在实际应用中常使用事件/响应列表来粗略地记录事件，如：

事件：客户支付了账单；

响应：记录账单支付；

事件：发送月报清单的时刻到来；

响应：生成月报清单；

……

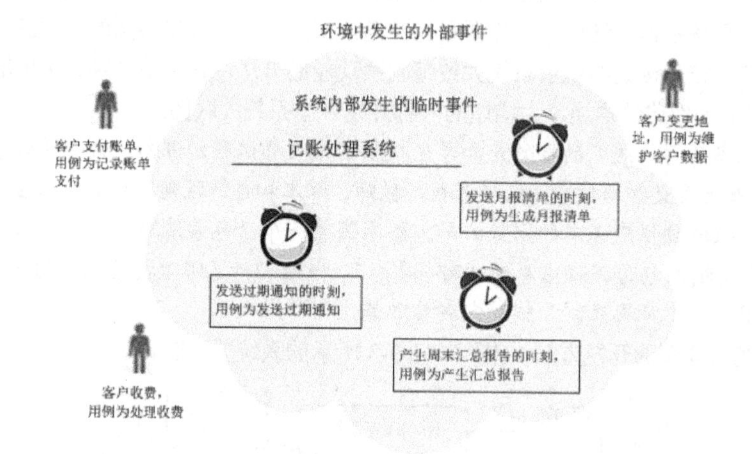

图 3-4 “记账处理系统”的响应事件与用例生成

由此，可确定该系统的用例列表为：

记录账单支付；

生成月报清单；

……

注意：一般为每个事件的响应对应一个用例。常见的例外是，将分散的 CRUD（创建、提取、更新、删除）用例合成一个 CRUD 用例，并习惯地称为“管理<X>”。如将创建客户信息、读取客户信息、更新客户信息和删除客户信息的用例合并成“管理客户信息”的用例。

2）事件类型划分（Type of Event）

利用事件分解技术确定用例时要考虑三种类型的事件：外部事件（External Event）、临时事件（Temporal Event）和状态事件（Status Event），大家提取系统应该响应的事件时不要忘记其中的一类。

（1）外部事件：是系统之外发生的事件，通常由系统外部的实体或动作参与者触发的事件。要首先确定所有可能需要从系统获取信息的外部实体，再查找其引发的事件处理。比如，外部实体（客户）想要订购商品，就会引起“客户下订单”的事件；又比如，一个老客户通知他的地址、电话号码或雇主发生了变动，就会引起“客户更新账户信息”的事件。

（2）临时事件：由于达到某一时刻所发生的事件，也称时序事件。比如，公司要求系统每隔两周生成工资单，就对应着“每两周生成工资单”临时事件；又比如，公司管理人员要求每个月末查看汇总报表，就对应着“该生成月末销售汇总报表”的临时事件；再比如，如果销售人员要求给客户发出账单后的 15 天，客户还没有支付就需自动通知客户，就对应着“该发过期通知”的临时事件。

（3）状态事件：当系统内部发生了需要处理的情况时所引发的事件。比如，库存管理部门要求当销售导致库存数量降到了需重新订货点之下时，系统能自动订货，就对应“库存该重新订货了”的事件。

3）确定事件进一步说明（Identifying Events）

下面对确定影响系统的事件应注意的问题做进一步说明。

（1）有时很难区分事件和一系列导致该事件发生的条件。以一个客户从一家零售商店买衬衫为例，从客户的角度看，这个购买过程包括了一系列事件：第一个事件可能是客户要穿一件衣服，接着客户可能要穿一件条纹衬衫，然后他发现条纹衬衫已经穿旧了，所以他开车进入一家商店，在那里试穿了一件条格衬衫，接着离开又进入另一家商店试穿衬衫，最后决定购买衬衫。

分析员必须考虑诸如此类的一连串事件，然后确定直接影响系统的事件。在本例中，客户在商店里对售货员说“我要买这件衬衫”时系统才开始接受影响。

（2）有时又很难区分是外部事件还是响应系统的行为。例如，当客户购买衬衫时，系统需要信用卡号码，客户就提供。那提供信用卡的行为是一个事件吗？在本例中不是，它只是在处理原始交易时发生的一部分交互行为。

要区分事件和随事件发生的一部分交互行为，还可以看两者之间是否有较长的停顿或间隔。如一旦客户想购买衬衫，处理过程会持续下去直到交易完成为止。交易一开始中间就没有明显的停顿。一旦交易结束，系统就暂时终止，重新等待下一次交易的开始。

引起一个基本业务处理过程（EBP）的事件是应该记录的系统事件，它与此处介绍的注意点一致。

（3）可通过跟踪针对某一外部实体或参与者的活动，而发现一系列事件。分析员可以考虑由于增加一个新客户所引发的所有可能的事务。这一事件先导致数据库中记录了这一客户信息，接着，客户想要一本商品的目录或询问其中一些商品的情况是否有效。也许他将来想修改订单，比如改变衬衫的尺寸或者买另一件衬衫。接着，客户也许想查询订单的状态，以获得发货时间。最后，客户也许想退回某一种商品。研究此类过程有助于定义事件。

只有确定了项目的大致范围，才可能对整个项目进行规划，如：安排进度、估计成本效益、估计可行性和初期安排人员等。

为完成定义问题活动还需要一个补充的任务。项目组要进行可选方案的初步调查，以假设一个软件开发方法和技术实现方向，在此基础上才能对项目剩余部分进行安排和预算，并得到一个大致可行性评估。在系统分析后期重新评价此时项目启动时所做的假设。

习题 3.1

一、填空题

1. 项目规划阶段包括的活动有：定义问题、________、________、________、________。
2. 定义问题的两个任务是：__________________________、________________________________。
3. 系统作用域文档是包含________、________和系统功能的文档，有助于定义新系统的作用域。
4. 反映了系统与各参与者之间的信息流入和流出的图形也称________。
5. ________图可用来辅助说明项目的范围。

二、回答问题

1. 根据下列叙述性描述，为描述的内容绘制一个系统关联图，并列出事件/响应清单。

“种植科学信息系统”的目的是记录对所选择的植物进行的大量实验研究结果。研究人员以提交“研究建议”的方式发起一项研究。经一个科学家小组评审团检查后，研究人员需要提交一份“研究计划和进度”。一个“FDA 研究许可请求”被送到食品和药品管理委员会，由委员会发出一个“研究许可”。随着实验的进展，研究人员填写并提交“实验笔记”。在项目结束时，研究人员通过一个“实验柱状图”对其结果进行汇报。假设提交信息的目的地和发送请求的来源均是“种植科学信息系统”。

2. 根据一个系统功能的下列叙述性描述，绘制系统的系统关联图。

“航班售票管理系统”的设计目的是为某航空公司的售票工作提供服务。它可以响应乘客、售票服务部门和管理部门要求提供航班信息查询的请求；可以响应乘客的订票请求以及取消订票的请求；可以响应售票服务部门的售票请求以及退票请求；可以为售票服务部门提供系统维护；可以从应收账部门获得客户的信用状况；可以向售票服务部门提供送票信息。

任务 3.2　实训三　开发“罚单处理系统”的用例清单与系统关联图（Visio 绘制）

内容引入

前面介绍了软件系统开发之初的定义初始范围的几种方式，下面就安排实训来完成我们前面提到的“罚单处理系统”初始范围的提取，以帮助大家深入理解、掌握这部分的知识和相关建模工具软件的使用方式。还需要说明的是，后续有关“罚单处理系统”分析与设计实训的案例资料不再给出，请参照这个实训的案例背景资料。

课上训练

视频 3

一、实验目的

1．理解、掌握使用系统关联图来记录系统初始范围的方法。
2．掌握使用 Microsoft Visio 绘制系统关联图的方法。
3．理解、掌握使用事件/响应列表来记录业务需求。
4．理解、掌握事件/响应列表与用例清单的对应关系。

二、“罚单处理系统”案例资料

“罚单处理系统”的目的是记录驾驶员的违规情况，保存驾驶员支付的罚款记录，并将不能及时支付罚款的违章人员信息通知执法部门。

此系统需要记录的事物有：驾驶员、罚单、警察和法官。需记录“驾驶员”的驾照号码、名字、地址、出生日期和驾照批准日期这些数据，以备对其进行管理；需记录“罚单”的罚单编号（每一个号码都是唯一的，并且预先打印在警察罚单本的每一张表单上）、位置、罚款类型、罚款日期、罚款时间、申诉、审判日期、判决、罚款数量和支付日期这些数据，以备生成必要的信息；需记录“法官”的数据是：名字、电话、e-mail、法院地址；需记录“警察”的数据是：名字、电话、所属派出所名称、联系地址。每一个驾驶员也许有 0 个或多个罚单，而一张罚单只能是对一个驾驶员的一次惩罚的记录；同样，警察可以开出多个罚单，……

警察向驾驶员开出罚单的同时，一张罚单的副本被上交并输入系统，在数据库中生成一张新的罚单记录，并建立与相应的驾驶员和警察的数据之间的关系。如果驾驶员认罚，在预先打印好的信封里装入罚单规定的罚款数目，然后寄给巡查管理部门，巡查部门将其记入系统。如果驾驶员在信封寄回时没有寄罚款，并在申诉请求框内写了一个“X”，那么系统在罚单记录上写下请求，并寻找对应的驾驶员、罚单和警察信息以生成其罚单详细表，然后向相应法庭发送这张罚单详细表，同时生成申诉日期调查表并邮寄给驾驶员。调查表上指明驾驶员要填入方便的日期并把调查表直接邮寄给法庭。一旦收到这些信息，法院就安排下一次审讯的法官、日期，并将日期和时间通知给驾驶员。

审讯结束，法庭向系统发送判决结果，并在罚单上记录下判决内容和审讯日期，以及负责审理的法官。如果判决驾驶员无过错，则删除罚单；如果证明有罪，给驾驶员另一个写明罚款数目的信封，以便驾驶员以后邮寄罚款。

如果驾驶员不能在要求的期限内支付罚款，系统生成一张请求授权通知寄给法庭，此后的事情由法庭决定。有时法庭要求吊销驾驶员驾照，然后处理驾驶员驾照的系统负责吊销事务。

三、实训要求与指导

任务与指导 1．确定“罚单处理系统”的事件/响应列表

这个任务就是确定系统可响应的事件及如何响应的列表。

事件（Event）是发生在某一特定的时间和地点、可描述、并且系统应该记录下来的事情。系统的所有处理过程都是由事件驱动或触发的。提取系统事件列表时应记录触发基本业务过程（EBP）的事件。

提取事件时应注意的点等详细内容参看前面本节的内容。

以下是此系统已经确定的事件/响应列表的示例，请在其基础上继续完成这个实训任务。

事件：警察向驾驶员开出一张罚单；

响应：记录这个新的罚单信息；

事件：驾驶员已将罚款寄到；

响应：记录罚款已支付的信息；

……

任务与指导 2．依据“罚单处理系统”的事件/响应列表确定该案例的用例清单，以此记录系统的初始范围

每个事件/响应对应一个用例；用例清单中的用例名称基本与事件/响应列表中的响应内容一致。

以下是此系统已经确定用例清单示例，请在其基础上继续完成这个实训任务。

记录新罚单；

记录罚款已支付信息；

……

任务与指导 3．使用 Microsoft Visio 绘制“罚单处理系统”的系统关联图，以此记录系统的初始范围

系统关联图的示例参见前面的图 3-3。

1）符号说明

- ✓ 正方形：表示外部实体。
- ✓ 圆角矩形：表示处理过程，整个系统可以看成是顶层处理过程，因此系统名应放入表示处理过程的圆角矩阵中。

2）系统关联图的开发方法

可以参见前面 3.1.3 节系统关联图给出的方法来创建系统关联图，也可以采用下面给出的由事件/响应列表开发系统关联图的方法。

- ✓ 将整个系统的名称放入中间的圆角矩形，看成“顶层处理过程”；
- ✓ 从事件/响应列表的每行确定其事件发起的来源和数据输出的目的地，来源和目的地即画在正方形中的“外部代理”；
- ✓ 从事件/响应列表的每行确定其“外部代理”向系统输入或从系统输出的数据。

3）使用 Visio 绘制系统关联图的方法

假设计算机上安装了 Microsoft Office Visio 2003，下面以图 3-3 的部分内容绘制过程来说明用其绘制系统关联图的方法。

（1）从“开始”—“所有程序”—“Microsoft Office”—“Microsoft Office Visio 2003”启动 Microsoft Office Visio 2003 绘图工具软件，得到如下图 3-5 所示的初始启动界面。

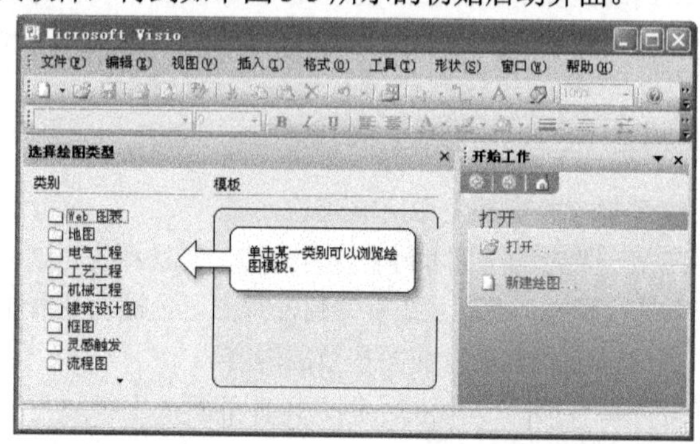

图 3-5 “Microsoft Office Visio 2003”初始启动界面

（2）接着，从菜单“文件”—“新建”—“软件”—“数据流模型图”，创建一个方便绘制数据流图的绘图文件，窗口中显示该文件的绘图区和对应的工具栏，建议绘图区缩放大小为 75%～100%，其界面如图 3-6 所示。需要说明的是，系统关联图就是一种顶层的数据流图。

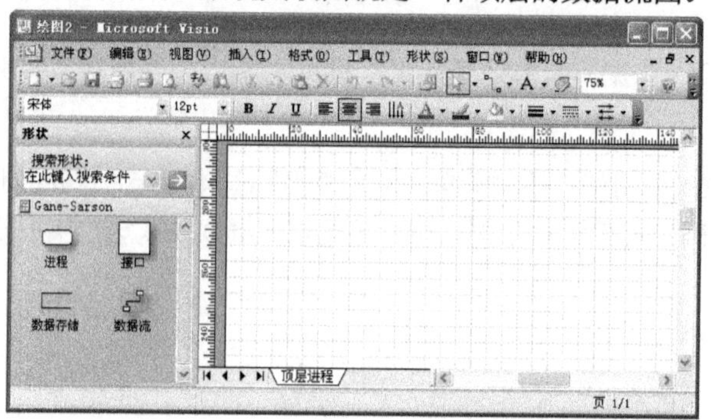

图 3-6 “Microsoft Office Visio 2003”绘制数据流图初始界面

（3）用鼠标将“Gane-Sarson”工具栏的“接口”工具拖动到绘图区，双击绘图区的该图标，将其命名为“教学部门”，字号设为 12，在“教学”后按回车将“部门”放到第 2 行；再用鼠标将“Gane-Sarson”工具栏的“进程”工具拖动到绘图区，再双击绘图区的该图标，将其命名为“课本库存系统”，字号设为 18，最后的效果如图 3-7 所示。

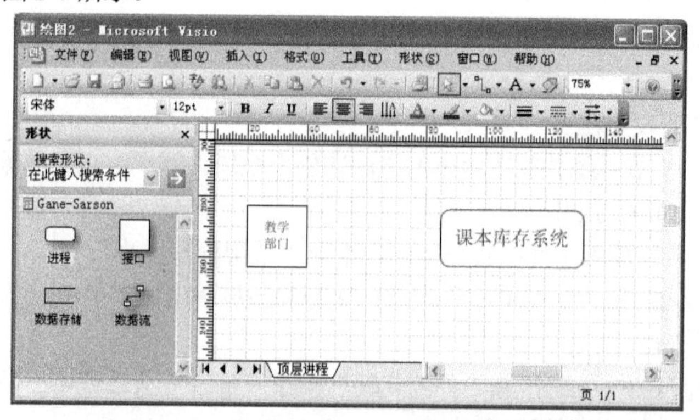

图 3-7 添加了过程和一个外部代理的绘图界面

（4）用鼠标将Gane-Sarson工具栏的“数据流”工具拖动到绘图区，用鼠标拖动数据流线的两端，使其水平，长度适合，再拖动到已经绘制的两个图标的两端并进一步调整其长度和位置，还可以选中该数据流线，利用窗口上面工具栏的“线条粗细”功能图标来重新设置其粗细。

（5）单击窗口上面工具栏的“文本工具”功能图标旁的下拉箭头，在弹出的菜单中选择“文本块工具”，其后把鼠标放到数据流线上方，用鼠标拖动出一个输入文本的矩形区，效果如图3-8所示。

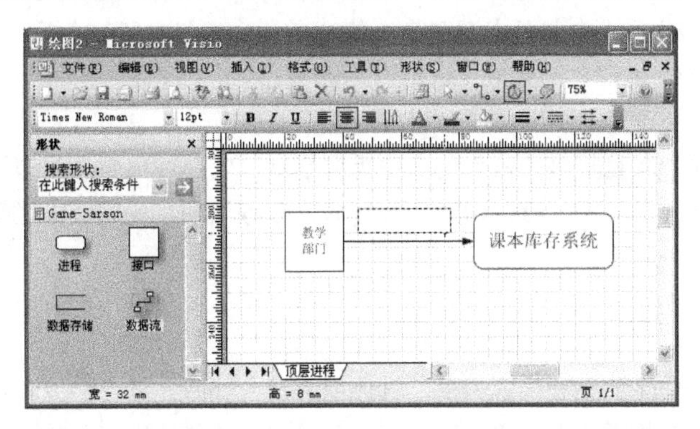

图3-8 文本块工具使用过程

（6）在输入文本的矩形区中输入“课本主清单”，此时可以改变文本的字号和字颜色，可以选择窗口上面的“指针工具”功能图标，此时可以用鼠标或键盘的方向键来改变文本的位置，其效果如图3-9所示。

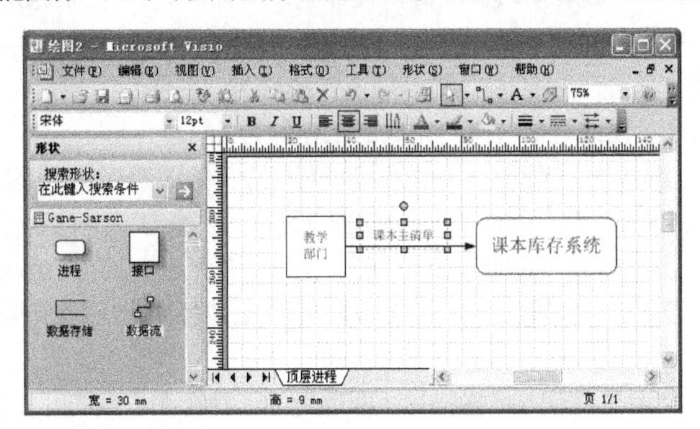

图3-9 添加了数据流及其名称标识的绘图窗口

4）模仿上面的方法，用Microsoft Visio绘制所开发的“罚单处理系统”的系统关联图。

课后做一做

请用Microsoft Visio继续完善绘制“罚单处理系统”的系统关联图，尝试设置两种及以上的字号、字体，为各个组成部分设置不同的颜色，尽量恰当、美观。

任务3.3 项目进度表的制订

内容引入

对于“罚单处理系统”开发的项目案例，在前一个任务的实训中，已经用“用例清单”和“系统关联图”两种方式记录了其初始范围。接着需要为该项目案例根据其确定的初始范围来制订其“进度表”。本任务将讲解相关的知识和方法。

学习目标

- 了解制订项目进度表活动包含的各任务。
- 理解确定项目任务的方法，包括工作分解结构和里程碑任务概念。
- 理解估计工期的方法，包括总成型任务、基本任务和实耗时间概念等。
- 理解项目调度和资源调配的方法。
- 掌握手工确定项目富余时间和确定工期的方法。

制订项目进度表是“项目规划阶段”的一项重要活动，它是在确定项目范围（定义问题）的基础上开展的活动，其包含的具体任务有：确定任务、估计任务工期、说明任务之间的依赖关系、项目调度和分配资源。

3.3.1 确定任务

这个工作是由自顶向下的纲要形式定义。具体的分解方式是：软件开发项目是由一组相关的阶段组成；阶段是由一组相关的活动组成的；活动是由一组相关的任务组成。其中的“任务”是可以识别和安排的最小的一项工作。

关于任务的进一步说明：开发阶段对于计划和调度一个项目来说太大也太复杂，就需要将其分解成开发活动和开发任务。如在设计阶段，要确定设计用户界面、设计并统一数据库和完成应用程序设计这样的活动。在设计用户界面活动时，要确定如设计客户登录形式和设计订单登录形式的任务。

某些时候，人们将“阶段”、“活动”和“任务”统称为“任务”，一些专家提倡分解任务直至开发任务表示了可以在两个星期或更短时间内完成的工作量为止。

将项目层次化地分解成开发阶段、开发活动和开发任务的表示方法称工作分解结构（Work Breakdown Structure，WBS），可以用如下三种形式表示。

（1）可绘制成类似于组织结构图的自顶向下的层次图，形式参见图3-10。该图形象化地表示出一个软件项目可以分解为若干开发阶段，一个开发阶段可以分解为若干开发活动，一个开发活动可以分解为若干开发任务。

（2）在Project中，使用简单纲要风格描述，即项目的“甘特图”中的开发任务相对于开发活动的缩排，开发活动相对于开发阶段的缩排。其操作可用“降级”和“升级”的功能按钮。缩排后的形式请参见图3-11。

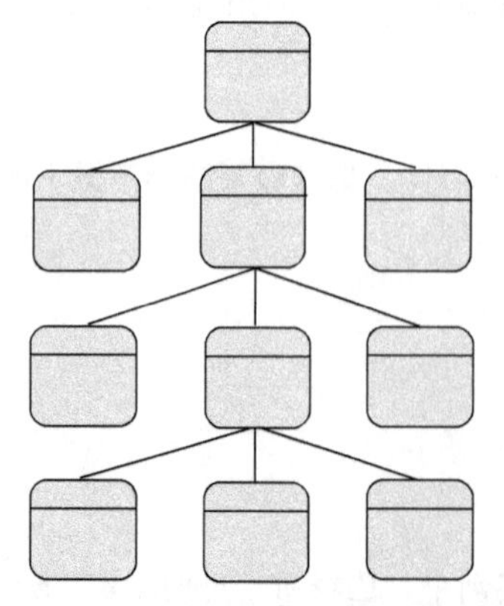

图3-10　图形化的工作分解结构（WBS）

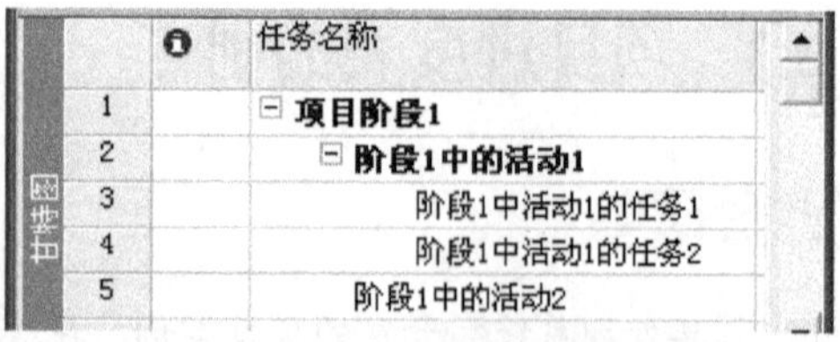

图3-11　Microsoft Project中甘特图缩排表示的工作分解结构

（3）还可以使用如下的编号方案，表示项目层次分解。

1　项目阶段 1
　1.1　阶段 1 中的活动 1
　　1.1.1　阶段 1 中活动 1 的任务 1
　　1.1.2　阶段 1 中活动 1 的任务 2
　1.2　阶段 1 中的活动 2
2　项目阶段 2

图 3-12 给出一个具体项目的部分工作分解结构的示例。

阶段、活动和任务	持续天数	资源数	前置任务
1　项目规划阶段			
1.1　定义问题			
1.1.1　会见用户	2	2	
1.1.2　确定规模	1	2	1.1.1
1.1.3　书写业务收益说明	1	1/2	1.1.2
1.1.4　书写需求说明	1	1/2	1.1.2
1.1.5　定义系统性能说明	1	1/2	1.1.2
1.1.6　制定关联图	1	1/2	1.1.2
1.2　制订项目进度表			
1.2.1　制订工作分解结构	2	3	1.1.3，1.1.4 1.1.5，1.1.6
1.2.2　估计资源、周期和前置任务	1	2	1.2.1
1.2.3　制作 PERT 图和甘特图	2	2	1.2.2
1.3　确认项目可行性			
1.3.1　确认无形成本和收益	1	2	1.2.3
1.3.2　估算有形成本	1	2	1.2.3
1.3.3　估算有形收益和计算成本/收益	2	2	1.3.1，1.3.2
1.3.4　评价组织和文化可行性	1	1	1.3.3
1.3.5　评价技术可行性	2	1	1.3.3
1.3.6　评价进度可行性	1	2	1.3.3
1.3.7　评价经济可行性	1	1	1.3.3
1.4　安排项目人员			
1.4.1　制定项目资源计划	1	2	1.3.4，1.3.5 1.3.6，1.3.7
1.4.2　确认和邀请技术人员	1	1	1.4.1
1.4.3　与用户见面，确认工作人员	1	1	1.4.1
1.4.4　组织项目小组	1	1	1.4.2，1.4.3
1.4.5　实施小组磨合训练	3	2	1.4.4，1.4.5
1.5　启动项目			
1.5.1　准备汇报材料	1	1	1.3.7
1.5.2　进行汇报	1	1	1.5.1
1.5.3　配备项目设备和支持资源	3	2	1.5.2
1.5.4　召开正式的启动会议	1	1	1.4.4，1.5.3

图 3-12　“网上销售系统”规划阶段的工作分解结构

在 WBS 中可包含特殊的称为里程碑的任务。里程碑（Milestone）是标志项目开发期间主要交付成果完成的事件。在 Project 中，里程碑通过设置工期为零来表示。最后要说明的是，软件项目开发任务分解的具体内容与开发方法有关。

3.3.2　估计任务工期

项目规划阶段的需求之一是要提供完成这个项目的预估时间和总成本。由于项目成本中主要因素之一是对项目组成员支付工资，因此，完成项目的时间预估变得十分重要。

任务所需资源和持续时间的确定有以下两种方法。

（1）基于标准的 WBS：就是基于标准计划制订。大部分的系统开发方法学提供任务工期的基线估计，项目经理必须把这些基线估计调整成对每个特定项目合理的实际估计。

（2）基于类推的 WBS：就是基于另外类似的项目制订。即根据以前项目的经验，制订一个新的 WBS。

还必须要说明的是，估计任务工期时理解实耗时间的概念是很重要的，其考虑了以下两个重要的人员因素。

- ✓ 效率：没有人能以百分之百的效率工作。专家和普通工人的差别就在工作效率上，通常的效率值是 75%。
- ✓ 中断：人们都经历过接电话、接待来访者和其他计划外的事情的打断，这增加了项目开发工作所需的实际时间。

假定一个任务以百分之百的效率和在没有中断的情况下可以在 10 小时内完成，并且假定一个工作人员是 75%的效率和 15%的中断，则可以计算出的任务工期不能少于 15.7 小时，其计算方法如下：

10 小时/0.75 效率<13.3 小时/（1.00−0.15 中断）<15.7 小时

3.3.3 说明任务之间的依赖关系

为制订项目进度表，就必须确定任务之间的依赖关系，共有四类依赖关系。

（1）完成到开始（FS）：后序任务的开始依赖于前导任务的完成，其一般只用于正向调度的项目。

（2）开始到开始（SS）：后序任务的开始依赖于前导任务的开始。

（3）完成到完成（FF）：后序任务的完成依赖于前导任务的完成。

（4）开始到完成（SF）：后序任务的完成依赖于前导任务的开始，其一般只用于逆向调度的项目。

图 3-13 是在 Microsoft Project 中设置任务之间的依赖关系和设置效果的示意图。

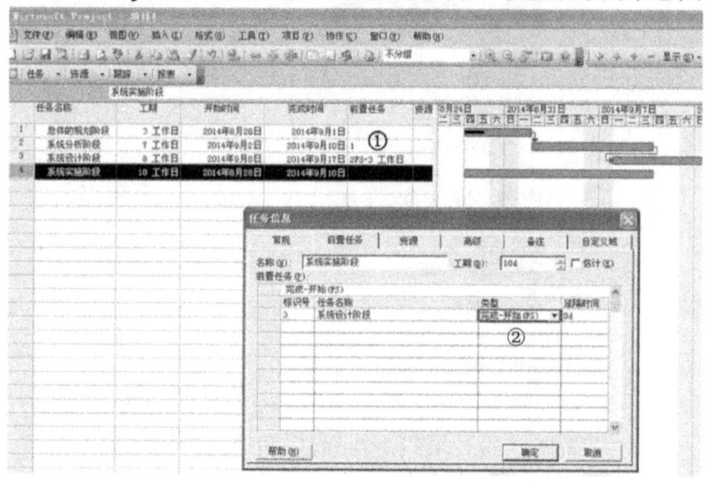

图 3-13 Microsoft Project 中设置任务之间的依赖关系

关于图 3-13 的说明如下。.

① 甘特图中，任务之间的依赖关系的输入是将依赖的任务行号输入到“前置任务”（Predecessor）列中。注意：一个任务可以有零个、一个或多个前置任务。

② 任务之间的依赖关系也可通过打开一个给定任务的“任务信息”（Task Information）对话框输入（或修改）。在这个对话框中，可使用下拉列表指定依赖关系类型。

3.3.4 项目调度

给定一个项目的开始或结束时间、需要完成的任务、任务工期和任务之间的依赖关系后，就可以调度项目了。有如下两种方法进行调度安排。

（1）正向调度（Forward Scheduling）：是建立项目的开始日期，然后从这个日期开始向前安排进度。根据任务的计划工期、任务间的相互关系以及可使用的资源，计算一个计划的项目完成日期。

(2) 反向调度（Reverse Scheduling）：是建立项目的最后期限，然后从这个日期开始向后安排进度。任务、工期、相互关系和资源必须被考虑，以确保项目可按照最终期限完成。

还需要说明的是，Microsoft Project 也可以生成最终的进度表的一个传统日历视图，其效果如图 3-14 所示。

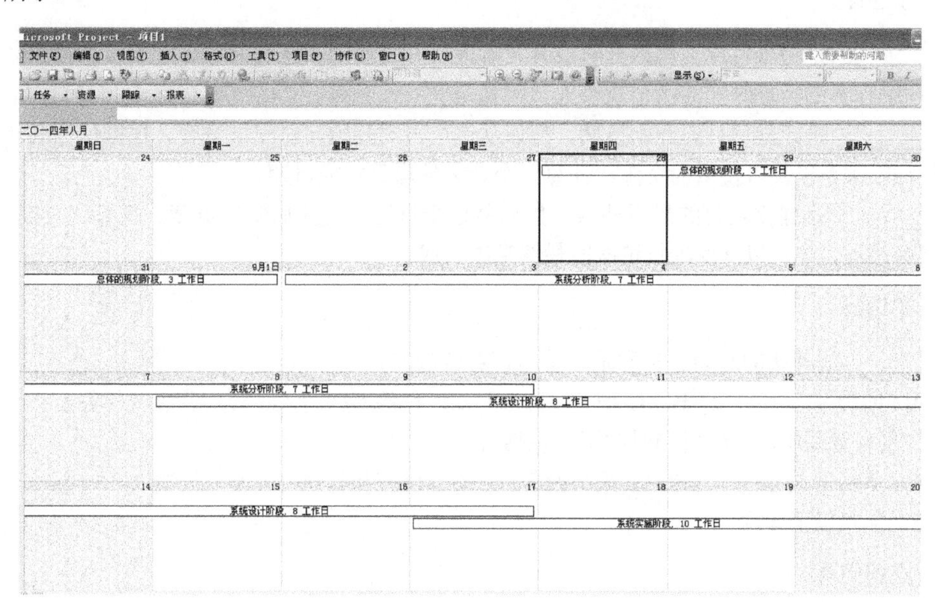

图 3-14　Microsoft Project 创建的日历视图的进度表

3.3.5　分配资源

1. 资源内容

在制订一个完整的项目进度表时，还需要进一步考虑对项目的资源分配。其中的资源包括以下内容。

(1) 人：所有将以任何形式参与该项目的系统所有者、用户、分析员、设计人员、构造人员、外部代理和办事员。

(2) 工具和设备：完成项目需要的所有房间和技术等。

(3) 供应和材料：铅笔、纸张、笔记本和灯座等。

(4) 经费：所有上述内容都翻译成一种财务语言，即预算的钱。

2. 资源调配

如果在项目的一个特定时期，分配一个人干多项任务，而加起来超过了这个人在那个时期可以工作的时间，这时就称出现了资源过度分配的问题。

而资源调配是一种改正资源过度分配问题的策略，常用的方法是延迟任务或分解任务。

在延迟任务时，就要尽量延迟有富余时间的任务，以尽量避免延误整个工期。

3. 项目进度表与预算

项目进度表和预算是相互影响的。从一个方面看，首先要制订出基于调配资源之后的进度表，然后确定每个资源的费用，如一个系统分析员或程序员每小时的费用，之后就能估计项目费用；反过来，如果某个财政年度预算不足，则可能会影响项目进度。

习题 3.3

一、填空题

1. ________是将项目层次化地分解成开发阶段、开发活动和开发任务。

2. 理解任务的实耗时间的两个重要人员因素是________和________。

3. ________是建立项目的开始日期，然后从这个日期开始向前安排进度。根据任务的计划工期、任务间的相互关系以及可使用的资源，计算一个计划的项目完成日期。

4. ________是建立项目的最后期限，然后从这个日期开始向后安排进度。任务、工期、相互关系和资源必须被考虑，以确保项目可按照最终期限完成。

二、单选题

1. （　　）所花费的时间、资源是由基本任务合成的？

A. 阶段　　B. 活动　　C. 任务　　D. 总成型任务

2. 在项目管理中，分配资源时的资源包括（　　）。

A. 人　　B. 工具和设备　　C. 供应和材料　　D. 经费

E. 包括以上 4 项

三、回答问题

1. 简述里程碑的概念、示例和表示格式。

2. 假定一个任务以百分之百的效率和在没有中断的情况下可以在 12 小时内完成，并且假定一个工作人员是 75%的效率和 15%的中断，请计算任务的真正完成时间为多少？

3. 请解释资源过度分配问题，并指出相应的两种资源调配方式。

任务 3.4　实训四　用 Microsoft Project 开发“罚单处理系统”有资源配置的进度表

内容引入

前一任务已经介绍了为项目制作进度表和资源分配、调配的方法，在这一任务中设置了实训，引导大家用 Microsoft Project 开发“罚单处理系统”的整体进度表，并为其各个任务分配资源，借此大家能进一步掌握用 Microsoft Project 创建进度表和进行资源分配来管理软件项目开发的方式。这些技能可以有效地帮助项目经理的工作，使大家将来能更好地胜任软件行业的分析员和项目经理的工作岗位。

课上训练

一、实训目的

视频 4

1. 理解、掌握 Microsoft Project 中在资源工作表中建立所有资源列表的方法。

2. 理解、掌握运用 Microsoft Project 创建具有资源配置的项目进度表的方法。

3. 巩固项目日历的创建方法。

二、“罚单处理系统”案例的资源和进度安排

“罚单处理系统”的阶段/迭代及资源划分情况如表3-1所示，假设系统采用RUP的迭代开发方式。

假设整个项目计划于2018年10月10日开始，且采用自定义的项目日历——软件开发日历，它是在原来的标准日历的基础上将2018年10、11和12月的周六设置为非默认工作日。整体规划阶段与第1次迭代之间延隔时间为0，每次迭代之间延隔时间为1天，第5次迭代与移交阶段之间的延隔时间为0。

表3-1　“罚单处理系统”RUP迭代开发的各次迭代的资源与时间分配表

阶段名	资源名	数量	天数
整体规划阶段	分析员	4名	2天
	项目经理	1名	2天
第1次迭代	分析员	4名	9天
	项目经理	1名	2天
	程序员	5名	5天
第2次迭代	分析员	4名	9天
	项目经理	1名	1天
	程序员	3名	4天
第3次迭代	分析员	3名	9天
	项目经理	1名	1天
	程序员	3名	3天
第4次迭代	分析员	3名	9天
	项目经理	1名	1天
	程序员	3名	3天
第5次迭代	分析员	2名	9天
	项目经理	1名	1天
	程序员	3名	3天
移交阶段	分析员	1名	1天
	项目经理	1名	1天
	程序员	1名	1天

注：由于各次迭代中分析员的工作贯穿了整个开发过程的各个阶段/迭代，其工作天数为各阶段/迭代的最长天数。

三、实训要求与指导

任务与指导 1．使用Microsoft Project制作“罚单处理系统”开发整体的带资源配置的进度表

具体为：在Microsoft Project的资源视图中输入“罚单处理系统”所需的人力资源；再在甘特图中建立该项目整体进度表，各个阶段/迭代为其任务；接着为各任务分配资源视图中的人力资源，这样各任务名旁标识出所分配的人力资源名和数量。要求依据案例资料中表3-1所列的阶段/迭代和分配的资源完成实训。

（1）自定义项目日历“软件开发日历”和项目信息的设置参照实训二的任务指导完成。

（2）从菜单栏上单击“视图”菜单，选择其中的“资源工作表”菜单项，就进入此视图，在此视

图中输入该项目需要的人力资源的信息，形式如图 3-15 所示。

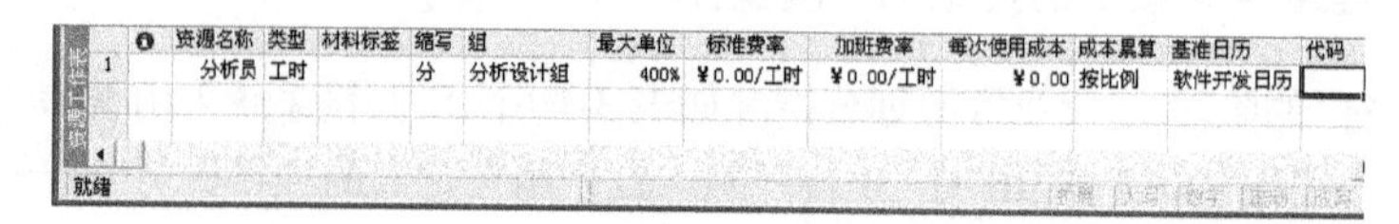

图 3-15 在“资源工作表”视图中输入资源

需要注意的是，“最大单位”是这一资源在一天内可提供的最多单位数，如分析员在所有阶段/迭代中可提供的最多人数是 4 人，则“最大单位”至少 400%，否则分配资源时系统会报错，并提示选择增大“最大单位”的值，或者延长任务工期来减少对“最大单位”数的要求。如果要系统辅助计算资源的成本，则要填写标准费率、加班费率、每次使用“成本”和“成本累算”这些列。

（3）从菜单栏上单击“视图”菜单，选择其中的“甘特图”视图，就进入甘特图，在此视图下，可按照案例的资源和进度安排的 1 和 2 两点给出的信息制订项目整体有资源配置的进度表。对其制作方法说明如下。

✓ 甘特图中输入各阶段/迭代名、工期和相关依赖的关系等操作参照实训二的任务指导完成。

✓ 制作完成基本的进度表后，在甘特图左侧列表中双击“整体规划阶段”任务所在行，弹出“任务信息”对话框，选择“资源”选项卡。

✓ 单击“资源名称”下的第 1 行单元格右边的向下箭头，在弹出的下拉菜单中选择“分析员”，由于有 4 名分析员在这一阶段工作，所以其旁边的“单位”列设置为 400%；同样的方法和道理，在“资源名称”下的第 2 行单元格选择“项目经理”，其旁边的“单位”列设置为 100%。设置后的效果如图 3-16 所示。

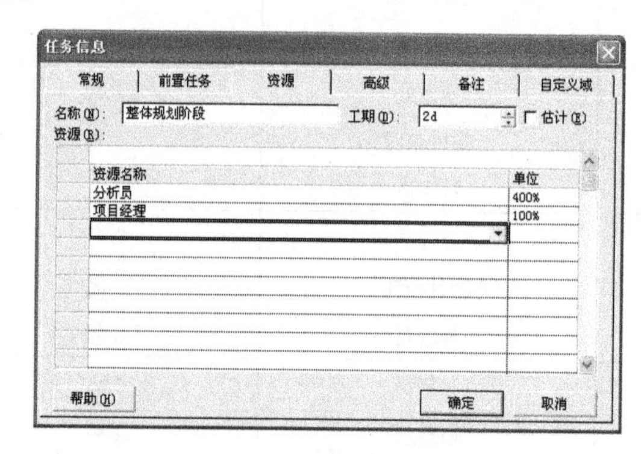

图 3-16 “任务信息”对话框中的资源设置

任务与指导 **2. 根据前面所制作的甘特图说明整个项目的最早完成日期和项目工期**

项目的最早完成时间和工期可以通过观察该甘特视图下的项目进度表得到。

课后做一做

假设第 1 次迭代各任务的名称、花费时间、所需资源和相互关系如表 3-2 所示。

表 3-2 第一次迭代项目的任务、工期、依赖相关性及资源分配列表

任务名称	花费时间	所需资源名	所需资源数量及时间分配	任务间的相互关系
第 1 次迭代的详细计划	2 天	分析员 项目经理	每天 2 名分析员共同工作； 每天 1 名项目经理工作 50%时间	项目的整体规划结束后，立刻开始

续表

任务名称	花费时间	所需资源名	所需资源数量及时间分配	任务间的相互关系
分析	3天	分析员 项目经理	每天1名分析员全天为此任务工作，另1名分析员半天为此任务工作； 每天1名项目经理的40%的时间为此项目工作	此次迭代的“详细计划”开始1天，即开始
设计	天	分析员 项目经理	每天1名分析员全天为此工作，另一名分析员20%的时间为此工作； 每天1名项目经理30%的时间为此工作	距“分析”任务还差1天结束，即开始
实施	4天	程序员 分析员 项目经理	每天4名程序员全天为此工作，另一名程序员一半的时间为此工作； 每天1名分析员一半时间为此工作； 每天1名项目经理30%时间为此工作	“设计”任务开始1天，即开始
交付	1天	程序员 分析员 项目经理	1名程序员一半的时间为此工作； 1名分析员一半的时间为此工作； 1名项目经理全天为此工作	“实施”任务完成后立即开始

请参照软件项目开发的整体有资源配置的进度表的制作，用Microsoft Office Project制作该软件开发第1次迭代的有资源配置的进度表。

任务3.5　项目可行性的确认

内容引入

对于“罚单处理系统”开发的项目案例，在前两个实训中，已经用“用例清单”和“系统关联图”两种方式记录了其初始范围，并且为该项目案例制订了“项目进度表”，接着就要以项目的范围和计划进度为依据预估一下项目是否可行。本任务将介绍与此相关的可行性的评价准则和一些实践经验。

学习目标

✓ 理解什么是项目的可行性和可行性分析。
✓ 理解可行性的评价准则。

3.5.1　什么是可行性和可行性分析

可行性（Feasibility）是对组织将要开发的信息系统的价值和实用性的度量。

可行性分析是度量可行性的过程。

在规划启动阶段是对项目初步的可行性评估，是在假设的实现方案基础上，按照下面几个可行性评价准则的初步可行性评价。对于传统的开发方法，全面的可行性评价将在分析阶段的后期进行；对于面向对象的迭代开发方法，每次迭代的分析阶段结束时将进行可行性评价，在细化阶段结束时，即最初的几次迭代后能给出较实际的可行性评价。

3.5.2 可行性评价准则

1. 运行可行性

运行可行性（Operational Feasibility）是对方案在组织中的适合程度的度量。可以通过如下两个问题的肯定回答确定运行可行性。

（1）问题是否值得解决，或者确定的方案是否解决了？

（2）用户和管理人员对问题（方案）的感觉如何？

另外在系统分析后期确定运行可行性时，常被建议以系统原型为基础进行可用性分析。这种分析一般是对系统用户界面的测试，其常用的评估准则有：容易学习、容易使用和满意度方面。

2. 技术可行性

技术可行性（Technical Feasibility）是对一种技术方案的实现性以及技术资源和专家的可用性的度量。这种可行性主要考虑技术是否实际和合理，可通过如下问题的肯定回答确定技术可行性。

（1）建议的技术或方案实际吗？也就是技术是否足够成熟，能够方便地应用到问题解决上。

（2）我们目前拥有所需的技术吗？

（3）我们拥有所需的技术专家吗？

3. 进度可行性

进度可行性（Schedule Feasibility）是对项目时间表的合理性度量。判断项目的最后期限是否合理，要确定最后期限是强制的还是期望的。如果不是绝对强制的，必要时可以推迟进度。一般常将预期时间短的方案的进度可行性给较高分。

4. 经济可行性

经济可行性（Economic Feasibility）是对一个项目或方案的成本效益的度量。分析阶段的后期可以权衡每个可选方案的成本和效益，这称为成本效益分析，在后面的“可行性分析和系统方案建议”单元我们将介绍这方面的知识。

5. 文化（或政治）可行性

文化（或政治）可行性是人们对方案的感觉以及方案在给定的企业文化下被接受程度的度量。

6. 法律可行性

法律可行性是对方案能否在现有的法律和合同义务内实现的度量。

在项目的启动规划阶段只是对可行性的粗略估计，在各迭代开发的分析阶段的后期才进行较完整的可行性分析，因此我们将在后面的“可行性分析和系统方案建议”单元讲解成本效益分析技术、系统方案呈现的矩阵和可行性分析矩阵等可行性分析技术。

单元四　系统功能需求建模

对于“罚单处理系统”开发的项目案例，在前面介绍“软件项目的启动与规划”单元的实训部分，已经通过包含“记录新罚单”用例、“记录罚款已支付信息”等用例的“用例清单”初步记录了系统的大致范围。

在这一单元，将围绕该项目案例如何进一步记录和分析用户对系统的功能需求，重点介绍对“用例清单”的各个用例进行更详细建模的相关知识和技能，如用例详细描述、用例实现过程中的活动图和系统顺序图等。

任务 4.1　分析阶段的活动与系统需求

内容引入

由于这一“系统功能需求建模”的单元是属于“系统分析”阶段的活动，因此，单元开始的第 1 个任务将介绍前导知识。其围绕分析阶段的活动和系统需求展开，如：需求的定义、分类，Zachman 框架中不同类别的相关人员对需求的不同关注点，不同层次的用户对需求的不同关注点等。

学习目标

✓ 理解分析阶段的六项活动及其包含的任务;
✓ 理解业务流程重构和 ZACHMAN 框架的意义;
✓ 理解系统需求的分类。

系统分析阶段工作的两个主要方面：调查寻找事实以初步了解系统需求；为业务过程建模以定义和分析系统需求。

4.1.1　分析阶段的活动

系统分析阶段的活动有：收集信息、定义系统需求、划分需求的优先级、构造原型以确定可行性和探索需求、创建和评估候选方案以及和管理人员一起检查建议。

上面六项活动之间基本是环环相扣，但有时又是互补的，可能同时完成。如：总体上的逻辑是只有收集了信息才能定义系统需求，只有定义了需求才能划分优先级；具体实施时可能是重叠进行的，如收集信息的同时可能就用模型定义部分系统需求，定义系统需要辅助了信息收集，有些需求定义的同时就确定了其优先级。

下面就这些活动的功能做一简单介绍。

1. 收集信息（Gather Information）

这一活动应回答的关键问题：是否已经有了全部的信息来定义系统所必须完成的工作？

在这个活动中信息的获取渠道有：与用户交谈或观察他们的工作；回顾计划文档和方案说明；研究现有系统的文档；参考其他公司类似问题的处理；区分未来和现在用户的活动、活动地点等。

2．定义系统需求（Define System Requirements）

这一活动应回答的关键问题：需要系统做什么（在细节上）？

收集了必要的信息，记录下来非常重要。其中一部分信息是描述技术需求的，如所需的系统性能或可满足的交易数目等；另一部分信息包含了功能需求的，即需要系统完成什么样的工作。而功能需求的定义常需要许多不同类型的模型，使定义更容易、清晰。

软件系统的分析与设计模型可以分为以下两种。

（1）逻辑模型（Logical Model）：能够展示系统需要完成哪些功能，而不依赖于任何技术。

（2）物理模型（Physical Model）：表明系统将如何真正实现，包括形式上和技术上的细节。

系统分析可能创建详细的逻辑模型，系统设计可能创建详细的物理模型，分析阶段也会创建表示各种设计方案是物理模型，但它们不需很详细。

3．划分需求优先级（Prioritize Requirements）

这一活动应回答的关键问题：系统要完成的最重要的事是什么？

回答了这个问题就解决了需求优先级的划分问题。

4．构造原型以确定可行性和探索需求（Prototype for Feasibility and Discovery）

这一活动应回答的两个关键问题如下。

（1）可证明这种技术能够实现想让它完成的那些功能吗？

（2）是否已经构建出一些原型，可以使用户完全理解新系统的潜在功能？

所谓原型是不完整的、但可工作的系统。

构造原型的原因是一些用户只有看到工作的系统，才知道希望系统做什么。

5．创建和评估候选方案（Generate and Evaluate Alternatives）

这一活动应回答的关键问题是：创建系统的最好方案是什么？

可以从系统将采用什么技术架构和编程语言，是自己开发还是让其他公司开发，或是购买现成软件包等大的框架方面来区分不同的方案。

每一种方案都需要在一个高的层次上进行描述或建模，对每一种方案可以从经济、运行和技术可行性等方面进行分析、比较。

6．和管理人员一起检查建议（Review Recommendations With Management）

这一活动应回答的关键问题是：应不应该继续设计和实现我们提出的系统 ？

它是系统分析的最后一项活动，通常是在所有分析活动已经完成或将要完成时进行的。这时项目经理需要提交一份推荐的解决方案，并从管理人员那里获得最终的决定，继续、修改或终止。如果继续或修改，就按照最后确定的方案制订该项目后续所需预算和进度表。

4.1.2 业务过程重构与 Zachman 框架

业务过程重构也称业务流程重组，简称 BPR，是 Business Process Reengineering 的缩写。它已成为一种提高企业效率的基本战略方法，通过它可合理安排公司内部的处理过程，尽量减少冗余，使之高效运转。IT 技术使得一些高效的业务流程可以实现，系统分析员熟悉 IT 技术和企业的业务，因此可能成为 BPR 的实施者。任何的项目都可能包括 BPR 的成分。

Zachman 框架的开发是 20 世纪 90 年代的一个重要成果，由 John Zachman 在 IBM 公司开发的一个全面的信息系统结构。使用“架构”的概念将信息系统分解成不同的基本构件和不同层次的视角，使不同的人可从不同的视角关注不同的构件，以此方便了信息系统开发的分工、协作。

图 4-1 给出了 Zachman 框架图，包括有知识、过程和通信这三个方面的构件，其中，知识是指帮助管理者做出决策的业务知识；过程是指执行企业任务的活动，也包括管理活动； 通信是指系统如何与其用户以及其他系统交互。

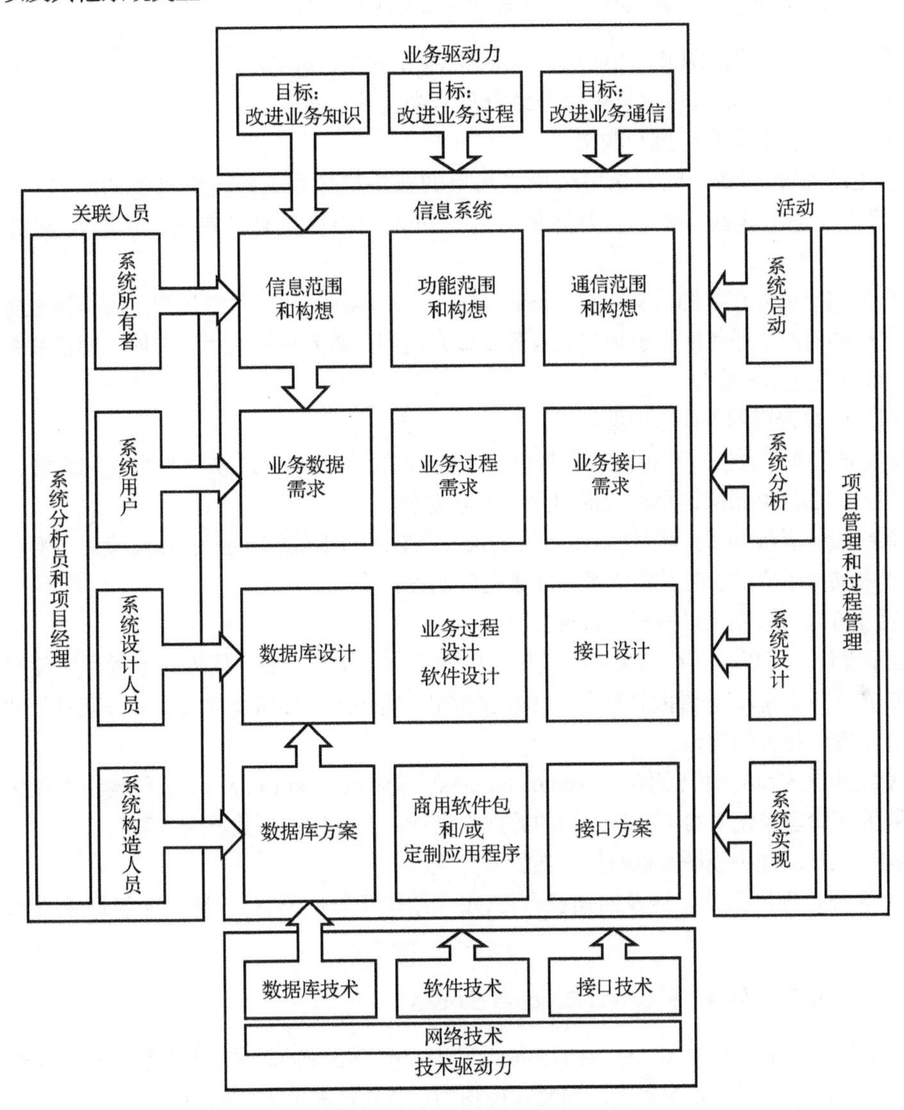

图 4-1 Zachman 框架图

下面对 Zachman 框架的业务目标和不同人员的不同视角做进一步说明。

✓ 系统所有者和用户更关心三个方面的公共业务目标，这就是他们的视角，即：改进业务知识的目标，而知识是信息和数据的产品；改进业务过程和服务的目标；改进业务通信和人际协作的目标。

✓ 系统设计人员和构造人员倾向于关注为实现业务目标系统所使用的技术，其视角是：支持企业积累和使用业务知识的数据库技术；自动化业务过程和服务的软件技术；支持业务通信和协作的接口技术。

如图 4-1 所示，纵向标注的业务目标、实现的相关技术和横向标注的不同关联人员的交叉定义了信息系统的构件。

这样就明确了不同的开发阶段、不同的关联人员对系统要实现的业务目标应该关注的点，为复杂系统开发的任务分解提供了框架。

1. “知识”构件块（Knowledge Building Blocks）

（1）系统所有者的知识视图（System Owners' View of Knowledge）。系统所有者只对新增业务知识的信息感兴趣，因为知识和信息可以帮助管理者做出明智的决策。

他们的知识视图是信息范围和构想。

对“信息范围和构想”的记录可采用“简单的业务实体和业务规则列表的形式 ”。如：“客户”“产品”“设备”这些实体，以及诸如“客户可以发出订单且订单只能由客户发出”这样的规则。

（2）系统用户的知识视图（System Users' View of Knowledge）。系统用户了解描述业务知识的详细数据，它拓展前面由系统所有者确定的业务实体和规则，将其拓展为“以实体、属性和关系的形式表述”，也称为“数据需求”。

系统用户的知识视图是业务数据需求。

“业务数据需求”应按照某种独立于具体技术的格式表示，专业人员常使用被称为数据模型（也就是 E-R 图）的图形格式来记录和验证用户的数据需求。

（3）系统设计者的知识视图（System Designers' View of Knowledge）。系统设计者更关注如何使用数据库技术支持用户的业务数据需求，即数据库的设计。

系统设计者知识视图可以概括为数据库设计。

“数据库设计”可以包括存储实体的具体文件的名称、实体中每个属性的编程时所使用名称、其类型、其取值范围（域）、是否按照某个属性建立索引、实体之间如何建立关联等与某种具体的数据库系统实现技术密切相关的设计。

（4）系统构造人员的知识视图（System Builders' View of Knowledge）。系统构造人员关注如何使用具体的数据库管理系统来实际实施上述的数据库设计，即具体的“数据库方案”。

系统构造人员的知识视图可以概括为数据库方案。

要具体实现数据库方案，涉及的知识有 SQL（结构化查询语言）、数据库管理系统和其他数据库技术。

2. “过程”构件块（Process Building Blocks）

（1）系统所有者的过程视图（System Owners' View of Process）。系统所有者只对系统需要完成哪些业务功能和粗略的实现方式感兴趣，因此其视图为业务功能的范围和构想。

业务功能是指支持业务的相关过程的集合，如：销售功能、售后服务功能、发货功能。

专业人员常使用“简单的事件以及对那些事件的响应列表”来记录业务功能。如：

事件：客户提交订单

响应：客户收到订购的产品

事件：月末到达

响应：按照账目给客户开发票

（2）系统用户的“过程”视图（System Users' View of Process）。系统用户非常了解、关心系统为支持业务功能而响应业务事件时应该执行的“工作”，他们知道这些“工作”的细节，而这些就称为业务过程的需求。因此系统用户的过程视图可以概括为业务过程需求。

业务过程需求通常以策略和规程的形式定义。其表示方式可以是“工作流”，而“工作流”的图形化表示可以是数据流图或者活动图。

（3）系统设计人员的“过程”视图（System Designers' View of Process）。系统设计人员关心哪个过程需要由所开发的系统自动地完成以及如何使用恰当的技术实现，这就是要设计业务过程。这里设计的业务过程的图形化表示就是“物理数据流图”和“交互图”等。

如果是购买现成软件的方式，就必须说明如何将软件包集成到企业中。

如果是内部开发软件的方式，就必须具有软件规格说明。后面要讲的记录用例实现的交互图、标识对象状态的状态图和设计类图等可以作为软件规格说明的模型图。

所以系统设计人员的过程视图可以概括为业务过程设计和软件设计。

（4）系统构造人员的过程视图（System Builders' View of Process）。系统构造人员关注于使用某种具体的程序设计语言来定制、构造应用程序，从而自动化业务过程。因此其过程视图可以概括为商用软件包和/或定制应用程序。

3. “通信”构件块（Communication Building Blocks）

（1）系统所有者的通信视图（System Owners' View of Communication）。系统所有者在系统的开发早期需要说明：

✓ 新系统需要为哪些企业部门、雇员、客户和外部企业提供接口？

✓ 这些企业部门、雇员、客户和外部企业位于何处？

✓ 系统是否需要同其他的信息系统、计算机或自动化系统交互？

因此其通信视图可以概括为通信范围和构想。具体形式可通过上述三部分列表表示。

（2）系统用户的通信视图（System Users' View of Communication）。系统用户关心系统输入和输出哪些数据、其取值的范围和表现形式等。因此其通信视图可概括为业务接口需求。

（3）系统设计者的“通信”视图（System Designers' View of Communication）。系统设计者关心如何使用具体的技术设计业务接口。因此其通信视图可以概括为接口设计。也就是在接口设计时要具体关注用户界面的一致性、兼容性、完整性和用户会话。

所谓的用户会话描述了用户如何在窗口之间移动，以同应用程序交互来完成有用的工作。

（4）系统构造人员的“通信”视图（System Builders' View of Communication）。系统构造人员关心如何使用具体的技术来实现、构造用户接口和系统间的接口。因此其通信视图可以概括为接口方案。

4. 网络技术和信息系统构件块（Network Technologies and the Information System Building Blocks）

图 4-2 给出了信息系统构件对网络技术的依赖，下面是对图 4-2 的进一步说明。

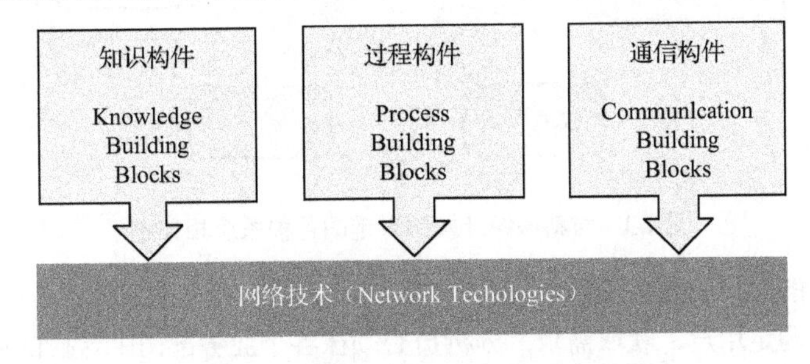

图 4-2　网络技术和信息系统构件关系

✓ 信息系统的现代层次划分是：“知识”“过程”“通信”构件建立在“网络”构件之上。
✓ 设计优良的信息系统往往将这些层次分离出来，并让它们通过网络通信。
✓ 这种清晰分层方法使得替换任何一个构件，都不会影响到或者很少影响到其他构件。

4.1.3 系统需求

1. 功能需求和非功能需求

系统需求（System Requirements）是系统所提供的功能的详细定义，包括系统必须完成的功能及制约条件。它可以分为功能需求和非功能需求。

（1）功能需求（Functional Requirements）：是系统必须完成的活动或过程的一种需求，其根据业务过程和规则确定，并可用模型记录、分析。

（2）非功能需求（Nonfunctional Requirements）：是系统的技术环境和性能目标特性，它不同于系统必须完成或支持的行为，包括技术需求、性能需求、可用性需求、可靠性需求和安全需求。

✓ 技术需求：是与组织的环境、硬件和软件相关的操作特征，如新系统客户端组件要求 Windows 操作系统，服务器组件要求必须用 Java 编写。
✓ 性能需求：是与工作方式相关的操作特征，如吞吐量、响应时间、准确性。
✓ 可用性需求：是与用户相关的操作特征，包括人性化因素、帮助等，如基于 Web 的界面设计、菜单布局和格式、色彩设计和组织标志的使用。
✓ 可靠性需求：是故障频率、可恢复性、可预测性等方面的需求。
✓ 安全需求：是用户对特定功能的访问及访问的条件方面的需求。

2. 系统关联人员——获取需求的来源

系统关联人员（Stakeholders）是对系统的成功实现感兴趣的人。主要有三组系统关联人员，即用户、客户和技术人员。用户（Users）是使用系统处理日常事务的人；客户（Clients）是购买和拥有系统的人；技术人员（Technical staff）是开发系统并确保其运行的人。

分析员要确定各类系统相关者，从恰当的人员获取恰当的需求信息。图 4-3 展示了各种系统相关者。

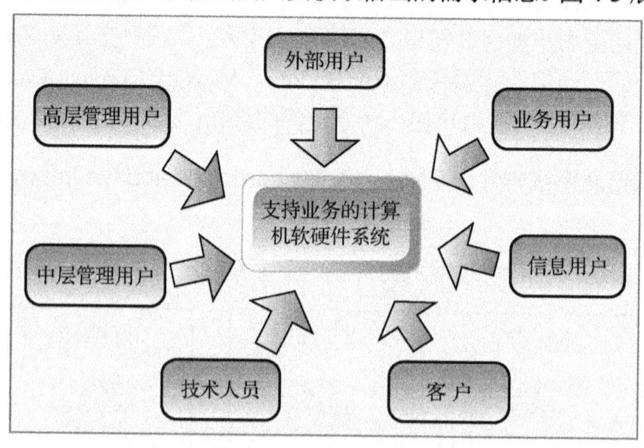

图 4-3 对新系统开发感兴趣的各种系统相关者

系统相关人员中的用户的更多说明如下。

（1）水平方向上确定用户，获取需求：分析员必须在各个业务部门中寻找信息流以确定用户、获取需求。

（2）垂直方向上确定用户，获取需求：需要职员、中层管理人员及高层管理人员提供信息需求。下面对垂直方向上各层次和类型用户对系统的需求进行说明。

✓ 业务用户：他们执行日常操作（事务），因此提供日常的业务事务信息，也提供了系统应如何支持这些业务事务信息。
✓ 信息用户：他们是需要从系统获取现有信息的人，因此提供需要查询哪些信息，这些信息使用哪种格式对用户而言最便于浏览。
✓ 管理用户：他们需要从系统获得汇总的统计和概要信息，因此提供了系统必须生成哪些类型的报表，维护哪些类型的业绩统计数字等。
✓ 高层管理用户：他们需要从系统获得战略方面的信息。即需要从系统获得信息，来比较资源利用是否得到了全面改进；还需要与其他系统连接，使系统可向他们提供业务发展趋势和方向等方面信息。
✓ 外部用户：他们希望从公司外借助互联网访问系统，一般具有特定的需求。

大家可以注意到，这里对系统关联人员的划分比 Zachman 框架更细致。

习题 4.1

一、填空题

1．在分析阶段需要完成的六项活动是：________、________、________、________、________、________。

2．________模型能够展示系统需要完成哪些功能，而不依赖于任何技术。

3．________模型表明系统将如何真正实现，包括形式上和技术上的细节。

4．________是系统必须完成的活动或过程的一种需求。

5．________是系统的技术环境和性能目标特性，不同于系统必须完成或支持的行为。

6．系统的关联人员包括：客户、________和________三类。

7．使用“架构”的概念可以将信息系统分解成不同的________和不同层次的________，使不同的人可从不同的________关注不同的________，以此方便信息系统开发的分工、协作。

8．在 Zachaman 框架中知识是指帮助管理者做出决策的________；过程是指执行企业任务的________，也包括________；通信是指系统如何与其他用户以及其他系统________。

二、选择题

1．系统分析的哪个活动回答了“我们需要系统在细节上做什么”的问题。（　　）

A．需求的优先级划分　　B．定义系统需求
C．创建和评估候选方案　　D．为可行性和探索需求构造原型

2．系统分析的哪个活动回答了“系统要完成的最重要的事是什么”的问题。（　　）

A．需求的优先级划分　　B．定义系统需求
C．创建和评估候选方案　　D．为可行性和探索需求构造原型

3．系统分析的哪个活动回答了“可证明这种技术能够实现想让它完成的那些功能吗”的问题？（　　）

A．需求的优先级划分　　B．定义系统需求
C．创建和评估候选方案　　D．为可行性和探索需求构造原型

4．系统分析的哪个活动回答了“创建系统的最好方案是什么”的问题。（　　）

A．需求的优先级划分　　B．定义系统需求

C．创建和评估候选方案　　D．为可行性和探索需求构造原型

5．描述了系统与组织的环境、硬件和软件相关的操作特征的需求称为（　　）。

A．技术需求　　B．性能需求　　C．可用性需求　　D．可靠性需求

6．描述了系统的吞吐量和响应时间等方面的需求称为（　　）。

A．技术需求　　B．性能需求　　C．可用性需求　　D．可靠性需求

7．描述了系统与用户相关的操作特征，如用户界面、在线帮助等的需求称为（　　）。

A．技术需求　　B．性能需求　　C．可用性需求　　D．可靠性需求

8．描述了系统的故障频率、可恢复性和可预测性等方面的需求称为（　　）。

A．技术需求　　B．性能需求　　C．可用性需求　　D．可靠性需求

9．描述了系统的用户对特定功能的访问以及访问的条件的需求称为（　　）。

A．技术需求　　B．性能需求　　C．可用性需求　　D．安全需求

10．执行日常操作的用户是（　　）。

A．业务用户　　B．信息用户　　C．管理用户　　D．高层管理用户

11．需要从系统获取当前信息的用户是（　　）。

A．业务用户　　B．信息用户　　C．管理用户　　D．高层管理用户

12．需要从系统获得汇总的统计和概要信息的用户是（　　）。

A．业务用户　　B．信息用户　　C．管理用户　　D．高层管理用户

13．需要从系统获得战略方面的信息，有连接其他系统的需要的用户是（　　）。

A．高层管理用户　　B．信息用户　　C．管理用户　　D．外部用户

14．一个信息系统的系统构造者和设计者的视图倾向侧重于（　　）。

A．数据库技术和软件技术　　B．只有数据库系统

C．专家事务系统　　D．事务处理系统

15．系统所有者在信息系统项目开发中的主要作用应该是（　　）。

A．定义项目的构想和范围　　B．允许业务过程重构

C．确保适当的技术已经被实现　　D．拥有一个完全的功能执行系统

16．系统设计者应该更关心（　　）。

A．一个完全的功能管理信息系统　　B．将被用于信息系统的数据库技术

C．未加工的数据点　　D．决策支持系统

17．要被自动化的和被系统构造者编写计算机程序来支持业务过程的技术说明被称为（　　）。

A．用户会话　　B．人类工程学　　C．软件说明　　D．用户需求

18．下面哪个阶段可能创建详细的逻辑模型？（　　）

A．规划阶段　　B．分析阶段　　C．设计阶段　　D．实施阶段

19．下面哪个阶段可能创建详细的物理模型？（　　）

A．规划阶段　　B．分析阶段　　C．设计阶段　　D．实施阶段

20．系统所有者的知识视图是（　　）。

A．业务数据需求　　B．业务过程需求

C．业务功能的范围和构想　　D．信息范围和构想

21．系统用户的知识视图是（　　）。

A．业务数据需求　　B．业务过程需求

C．业务功能的范围和构想　　D．信息范围和构想

22．系统所有者的过程视图是（　　）。

A．业务数据需求　　B．业务过程需求
C．业务功能的范围和构想　　D．信息范围和构想

23．系统用户的过程视图是（　　）。
A．业务数据需求　　B．业务过程需求
C．业务功能的范围和构想　　D．信息范围和构想

24．关心“哪个过程需要由所开发系统自动地完成以及如何使用恰当的技术实现”的人员是（　　）。
A．系统所有者　　B．系统用户　　C．系统设计人员　　D．系统构造人员

三、判断题

1．为从垂直方向上确定用户以获取需求，分析员必须在各个业务部门中寻找信息流。（　　）

2．系统设计和构造人员关心改进目标包括业务知识、业务过程及业务通信和人际协作的目标。（　　）

3．系统所有者和用户关心为实现业务目标系统所使用的数据库、软件和接口技术。（　　）

4．业务知识最初可以是简单的业务实体和业务规则的列表形式。（　　）

5．一个信息系统的所有关联人员对系统有相同的视角。（　　）

6．设计优良的信息系统倾向于把系统分离成不同的层次，它们分别处理数据、过程和接口构件，并让它们通过网络通信。这种清晰分层方法的目的是允许任何一个构件被替换，都不会影响或很少影响其他构件。（　　）

7．系统设计者很少关心技术说明，而更关心同用户和系统之间通信的非技术说明。（　　）

8．收集信息、定义需求、划分需求优先级等系统分析阶段的活动必须顺次进行，绝对不能同时进行。（　　）

9．分析阶段的“信息范围和构想”的记录可采用“简单业务实体和业务规则列表的形式”。（　　）

四、开放作业

查找资料，列举常用的系统需求调查研究技术，并简述其各自的实施方式和特点。

任务 4.2　认识用例及用例图

内容引入

如前所述，对于“罚单处理系统”开发的项目案例，前面的实训中已经完成了下面的用例清单：“记录新罚单”用例；“记录罚款已支付信息”用例；……

这一任务中，将系统讲解有关“用例”的概念、分类、参与者和用例图的创建方法等知识，接着在下一个任务中让大家完成“罚单处理系统”的“系统用例图”的绘制。

学习目标

✓ 理解分析模型及类型划分。
✓ 理解用例和场景的概念以及相互关系。
✓ 理解用例图的绘制方法和应用场所。
✓ 理解整个系统用例图的开发方法。

4.2.1 面向对象的分析与分析模型

这一阶段将介绍如何使用面向对象的分析模型和技术来理解和定义新系统的功能需求。面向对象的分析和设计之间的界限并不明显，因为系统的设计就是对分析阶段中用于定义需求的模型进行改进和扩展得到的，并且面向对象的系统使用迭代的方法进行开发，需要快速从分析进入到设计，因此，大家要留意哪些分析模型以后可以转换到设计模型。

这里使用模型来记录需求的最大好处在于能帮助系统开发人员仔细和清楚地考虑处理的细节及系统相关人员的信息需求。

面向对象的建模符号是基于UML统一建模语言的，它是面向对象建模的符号标准。

如图4-4所示，系统开发过程开始于确定事件和事物。事件触发称为用例的基本业务过程，事物是包含在基本业务过程中的问题域对象。由于现在流行面向对象的软件开发，本教材主要讲解面向对象的软件系统分析与设计，因此在分析阶段主要讲解的模型有事件/响应列表、事物列表、实体关联图、类图、用例图、用例描述、系统顺序图、活动图和状态图。而本单元主要是围绕由所响应事件确定的用例进行功能需求分析与建模，因而从这一任务开始介绍该图右面框中的类图、用例图、用例描述、系统顺序图、活动图和状态图，它们都是围绕用例进行功能需求分析的模型。

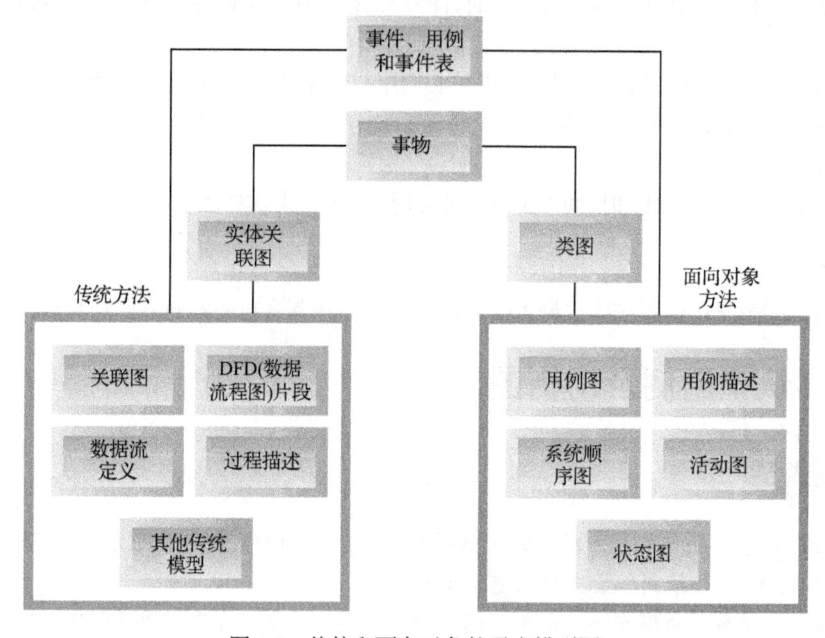

图4-4 传统和面向对象的需求模型图

前面提到，面向对象分析是通过用例来捕获系统需求的，涉及的六种UML模型被用来从不同的观点、角度描述系统用例，就其中五个功能需求模型做一个简单介绍，以后会逐渐随着分析活动的开展而进行讲解。

- ✓ 用例图（Use Case Diagram）：是一种用以显示不同用户角色和这些用户角色如何使用系统的图。
- ✓ 用例描述（Use Case Description）：就是通常所说的用例，用来记录用户使用系统完成用例的步骤。
- ✓ 系统顺序图（Systems Sequence Diagram，SSD）：是在用例或场景中，用于显示外部参与者和系统之间的消息顺序的图。
- ✓ 活动图（Activity Diagram）：是描述业务过程中的业务活动的图，可用来定义用例步骤。

✓ 状态图（State Machine Diagram）：是显示对象在生命周期各阶段的状态和转换的图。

4.2.2 事件表

前面介绍了记录系统功能需求的事件/响应列表，并由此确定了系统的用例清单，其中事件/响应列表可在事件表中更详细地记录各事件及其响应的要素。所谓事件表（Event Table）是以各个事件为行，以各个事件的关键信息为列。所以事件表的每行记录了一个事件的关键信息。

图 4-5 是关于事件表的举例和各列的功能的解释。

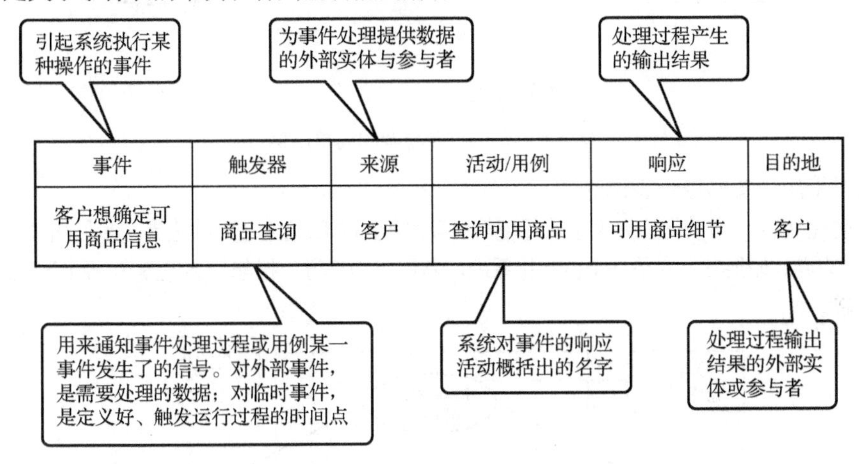

图 4-5 事件表举例与注释

4.2.3 系统活动——用例/场景视图

1. 用例和参与者（Use Case and Actor）

场景是参与者和系统之间的一系列特定的活动和交互（情节），也称用例实例。用例是一组相关的成功和失败场景的集合，用来描述参与者如何使用系统来实现其目标。一个用例可由一个或多个场景集合而成。

下面是包含交互场景的非正式形式的用例描述——处理退货。

主成功场景：顾客携带商品到收银台退货，收银员使用 POS 系统记录并处理每件退货……

替换场景：如果顾客之前用信用卡付款，而其信用卡账户退还交易被拒绝，则告知顾客并使用现金退款；如果在系统中未找到该商品的标识码，则提示收银员并建议手工输入标识码（可能标识码已经损坏）；如果系统检测到与外部记账系统通信失败，则……

下面是有关“参与者”与事件的“来源”和“目的地”概念的区别描述。

✓ “参与者”可以是人（由角色标识）、计算机系统或者组织。

✓ 事件表中的事件“来源”和“目的地”与用例分析中的“参与者”是有区别的：事件“来源”是指事件在业务上原始的发起者，如一个用户，且通常在系统（包括手动系统）外部；而事件响应输出的“目的地”是指输出结果在业务上的接收者。“参与者”是亲自与计算机系统进行交互的人。

确定“参与者”有助于更准确地定义哪些是自动化系统必须响应的交互，即通过参与者使用系统的目标来确定用例。

2. 用例图

这里结合示例介绍用例图的绘制方法。

图 4-6 中的一个简单棒状小人表示参与者，这个小人将其代表的角色作为名字；用例用一个在里面标有名称的椭圆所代表；参与者和用例之间连接线表示哪个参与者参与哪种用例。

图 4-6　有一个参与者的简单用例

下面是对于用例图的进一步说明。

（1）自动化边界。自动化边界表示了环境与自动系统的内部功能之间的边界。参见图 4-7 中括起三个用例的自动化边界。如果参与者是一个自动化系统，常用“矩形框”括起。参见图 4-7 用矩形括起来的参与者“仓库系统”。

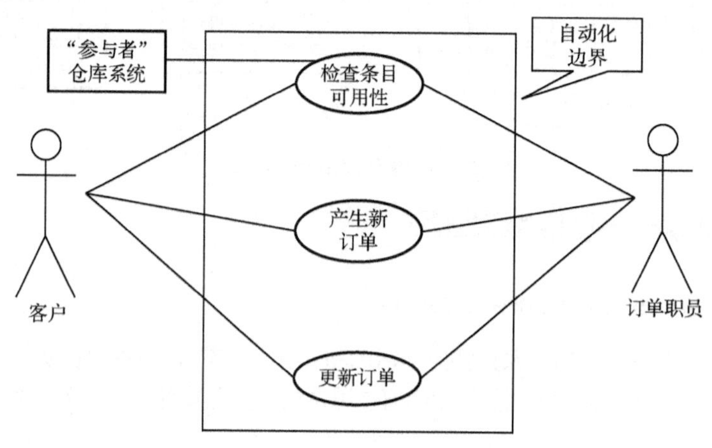

图 4-7　订单输入子系统的用例图

（2）用例组织方式。一种组织用例图的方法是，显示所有由特定参与者调用的用例，这来自于用户观点，如图 4-8 所示。可扩展这种方法以包括以一个特定部门作为参与者的所有用例。这种方法常用在分析中定义需求。

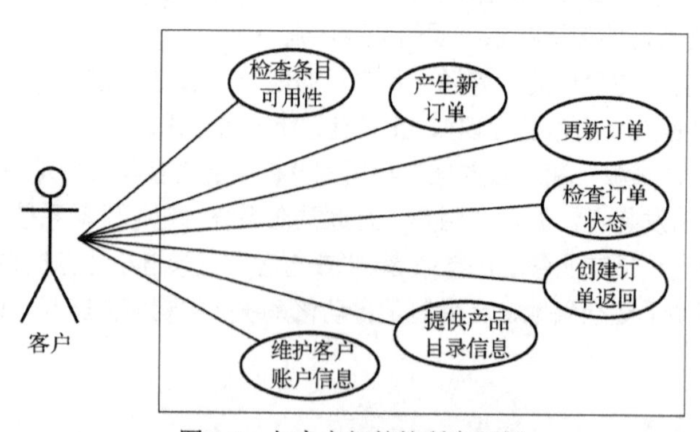

图 4-8　与客户相关的所有用例

另一种方法是从系统及子系统的观点组织用例，这样结构更清晰，且便于对开发活动和小组进行分组。一组用例可以用 UML 的模型包来表示，包的符号是一个带标签的矩形，包的名字写在标签上；包可以将相似的组件分组在一起，常常把一个子系统的所有用例放到一个包中。如图 4-9 所示为一个用包表示子系统的示例。

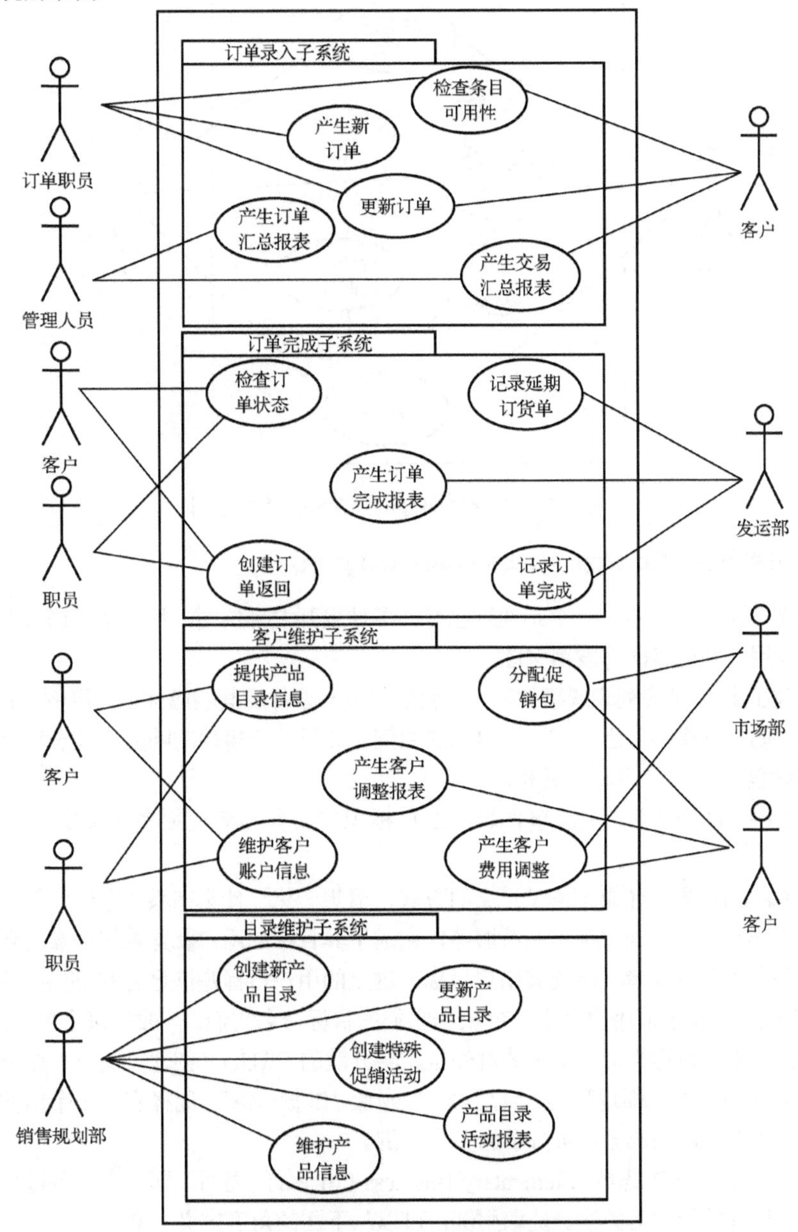

图 4-9 客户支持系统的各个子系统构成用例图

（3）用例间的一种关系——<<包含>>关系。产生新订单和更新订单两个用例均需要检查用户的账号是否正确，因此定义一个通用的用例“验证用户账号”完成这个功能。这两个用例包含提取的“验证用户账号”用例，而自己不再定义这个用例的功能。带箭头的虚线和<<包含>>表示这种调用关系。图 4-10 给出了这种用例间的包含关系的示例。

（4）用例图与事件表的比较。两种模型都包含很多相同信息，事件表是一个关于所有用例信息的目录；事件表通常注重业务过程，其标识的事件源是引起业务事件初始的原因；用例图强调自动化系统，其标识的参与者是直接使用计算机的角色。在用例图中临时事件和状态事件对应的用例常被忽略。

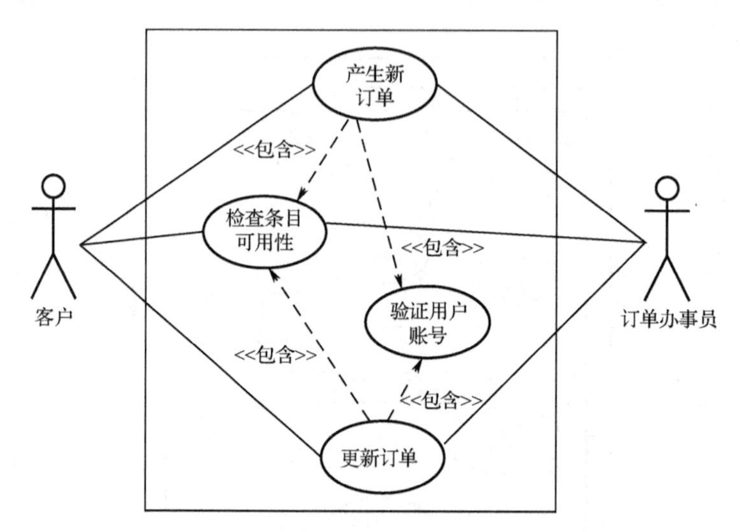

图 4-10 用例之间有<<包含>>关系的示例

3．开发用例图（Developing a Use Case Diagram）

开发用例图有两个切入点，一个是通过已有的事件表开发用例图，另一个是通过在用例描述中确定参与者和其使用系统的目的开发用例图。

如果已创建了事件/响应列表或事件表，一般是将单一事件及其响应标识为用例。有时如果几个事件的处理相关，则把几个事件组合成一个单独的用例。如果一个事件的响应、处理较复杂，可用多个用例标识，如<<包含>>关系的多个用例。

如果没有创建事件/响应列表或事件表，通过标识主要参与者使用系统实现其业务目标来确定用例。

（1）选择系统的边界。如果不清楚定义的方式，请想一想“什么在系统之外？”

（2）确定主要参与者。通过使用系统服务，完成了其目标的用户就是系统的参与者。

（3）对于每个主要参与者，明确其用户目标。这里的用户目标是满足 EBP 的用户目标。

（4）定义满足用户目标的使用案例，并根据它们的目标命名它们。一般为每个目标定义一个用例，用例的名称应该和用户目标类似。常见的例外是，将分散的 CRUD（创建、提取、更新、删除）目标合成一个 CRUD 用例，并习惯地称为“管理<X>”或者“维护<X>”。同样有时一个用例的处理过程较复杂或与其他用例有共同的部分，可分解为多个用例。

这里要说明的是，EBP 是 the Elementary Business Process 的缩写，即基本业务过程。我们应该在完成了基本业务过程的级别上关注、提取用例，可以从下面的角度定义 EBP。

- ✓ 它是为了响应一个业务事件，由一个人在某个地点、某个时间执行的任务，其增加了可度量的业务价值，并产生数据。如“修改用户订单”就是满足这样条件的基本业务过程，是一个用例。
- ✓ 它的大概持续时间是几分钟到一个小时之间。

表 4-1 是通过确定参与者及其目标的方式来确定用例的示例。

表 4-1 由参与者的目标确定用例的示例

参 与 者	目 标	用 例 名 称
收银员	处理销售	处理销售
	处理租金	处理租金
	处理退货	处理退货

习题 4.2

一、填空题

1. ________是一组相关的成功和失败场景的集合，用来描述参与者如何使用系统来实现其目标。
2. 在用例图中，表示用例的符号是________。
3. ________的符号是一个带标签的矩形。
4. 在面向对象的分析中，事件触发称为________的基本业务过程，事物是包含在基本业务过程中的________。
5. ________通常注重业务过程，________强调自动化系统。

二、选择题（存在多选）

1. （　　）是一种用以显示不同的用户角色和这些用户角色如何使用系统的图。
A．用例图　B．用例描述　C．系统顺序图　D．活动图　E．状态图
2. 下面有关用例和场景的描述，正确的是（　　）。
A．场景是参与者和系统之间的一系列特定的活动和交互
B．场景是由用例组成
C．场景也称用例实例
D．用例是由场景组成
3. 下面有关用例描述正确的有（　　）。
A．用例分析的目标是用来标识和定义系统必须支持的所有业务过程
B．用例是参与者使用系统的一组相关的成功和失败场景的集合
C．用例等价于用例实例
D．用例是用来描述参与者如何使用系统来实现其目标
4. 用例图中的参与者可以是（　　）。
A．用姓名标注的某个人　B．用角色标注的人
C．计算机系统　D．组织
5. 下面有关用例图的描述哪些是正确的？（　　）
A．可以用棒状小人表示其参与者
B．其参与者是引起用例业务事件的发起者
C．用例用一个在里面标有名称的椭圆所代表
D．某用例的参与者可以取一个表示其扮演者角色的名字
6. 下面关于用例图中的参与者描述哪些是正确的？（　　）
A．必须用棒状小人表示　B．可以用棒状小人表示
C．必须用矩形表示　D．表示外部系统时可以用矩形表示

7. 下面有关事件表和用例图的描述正确的是（　　）。
   A. 事件表强调自动化系统
   B. 事件表中标识的事件源是业务事件的最初发起者
   C. 用例图注重业务过程
   D. 用例图标识的参与者是直接使用计算机的角色

三、判断题

1. 一个用例只能由一个场景组成。（　　）
2. 用例分析中的参与者是亲自与计算机进行交互的角色。（　　）
3. 用例分析中的参与者只能是部门或人，而不能是其他的计算机系统。（　　）
4. 在面向对象的分析过程中，能用多种模型图从不同观点描述系统用例。（　　）
5. 事件表中的事件源是亲自与计算机系统进行交互的人。（　　）
6. 如果已经创建了事件表，通常将该表中对单一事件的处理活动标识为一个用例。（　　）
7. 完成用例图是需要理解整个新系统的范围。（　　）

任务 4.3　实训五　“罚单处理系统”功能分析（1）：系统事件表与用例图创建（Rational Rose 绘制）

内容引入

前一任务介绍了用事件表更详细记录系统响应事件的各个要素，也了解了用例的提取方式和用例图的创建方式，这一任务将要求填写开发案例“罚单处理系统”的事件表并开发该系统的用例图，使大家真正理解事件表各列的含义和应用，以及用例图的开发方式；这一任务还将要求用工具软件绘制该系统的用例图，促进大家对工具软件的掌握和熟悉，以促进大家更好地适应将来的职业生涯。这个实训的案例背景资料参看前面实训三。

课上训练

一、实验目的

视频 5

1. 理解、掌握事件表各列含义和使用其记录系统需求的方法。
2. 掌握系统用例图的创建方法。
3. 掌握使用 Rational Rose 绘制系统用例图的方法。

二、实训要求与指导

任务与指导 1. 填写“罚单处理系统”的事件表

根据该开发项目的案例背景资料，并参考前面已完成的事件/响应列表，填写表 4-2 所示的事件表，将事件/响应列表中的每个事件/响应的详细信息填入事件表中的一行，其中前两行是给出的示例，请同学们参考这些示例继续把所有事件/响应的详细信息填入表的后续行中。

（1）事件表概念和各列的作用参考上一个任务的相关内容。

（2）需要注意的是，如果事件的处理过程中是向系统内部的数据表写入数据而没有向外部参与者输出信息，则“响应”列和“目的地”列应该空着。

表 4-2　部分完成的“罚单处理系统”事件表

事　件	触 发 器	来　源	用例 / 活动	响　应	目 的 地
警察向驾驶员开出罚单	新罚单信息	警察	记录新罚单		
驾驶员已将罚款寄到	罚款支付信息	驾驶员	记录罚款已支付		

任务与指导 2. 使用 Rational Rose 绘制“罚单处理系统”的用例图

（1）事件表中对每一行事件的处理对应一个用例，但要注意，事件的来源和目的地是指初始引起业务事件的参与者，而用例图中的参与者是指直接操作计算机的角色。

（2）启动 Rational Rose 后，在左侧浏览窗口的 Use Case View 处右击，在弹出的快捷菜单中选 New 项，接着在弹出的子菜单中选择 Actor 项，如图 4-11 所示此时左侧浏览窗口出现一个新的默认名字的角色图标，将其更名为“职员”，其代表用例的参与者。

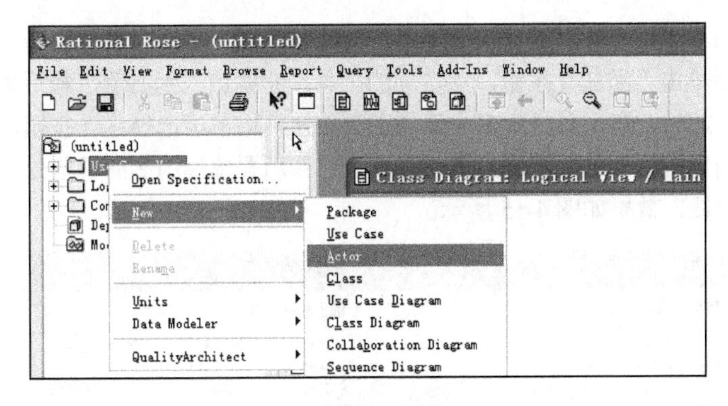

图 4-11　创建角色

（3）在图 4-11 左侧浏览窗口的 Use Case View 处右击，在弹出的快捷菜单中选择 New 菜单项，接着在子菜单中选择 Use Case Diagram 项，在左侧的浏览窗口就会出现一个用例图的图标，将其更名为“‘罚单处理系统’用例图”，双击该图标，将在右侧打开这一用例图的绘图窗口，形式如图 4-12 所示。

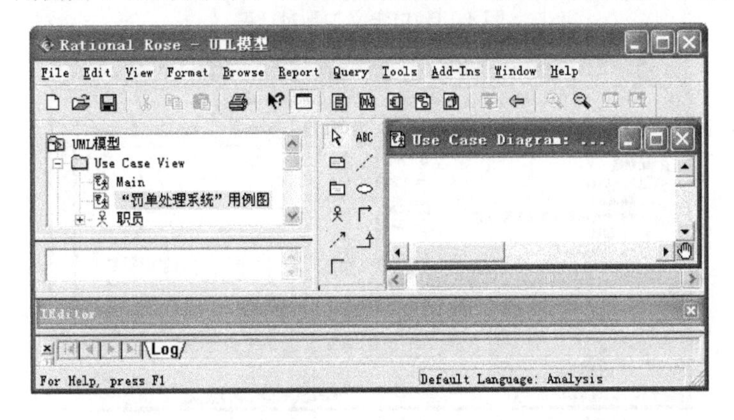

图 4-12　“罚单处理系统”用例图图标和其初始绘图窗口

（4）将图 4-12 左侧的“职员”角色拖动到右侧的用例绘图区；接着在其绘图工具栏中选择“椭圆”图标的 Use Case 工具，然后在其右侧绘图区适当位置单击创建一个新的用例，将其更名为“记录新罚单”。后面为角色和用例间的连接线做准备。

（5）在图 4-12 绘图工具栏空白处右击，在弹出的快捷菜单选择 Customize 项，如图 4-13 所示。

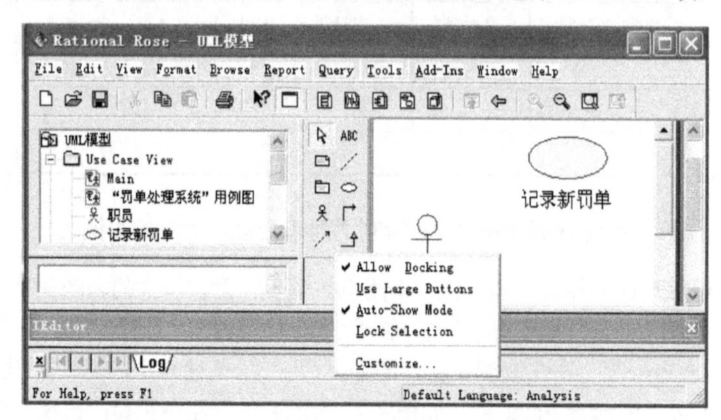

图 4-13　在绘图工具栏处单击鼠标右键所弹出的快捷菜单

（6）接着弹出如图 4-14 所示“自定义工具栏”对话框，在其左侧列表中选择 Creates an association relationship 项，然后单击“添加”按钮，该选项的工具按钮就加入到右侧，最后单击“关闭”按钮，就关闭了该对话框。此时，在工具栏中多了该项工具按钮，用鼠标选择这一按钮，再将鼠标移动至绘图区，在“职员”角色端按下鼠标左键，拖动其到“记录新罚单”用例的椭圆处，松开鼠标左键，它们自己就会出现连接线，效果如图 4-15 所示。

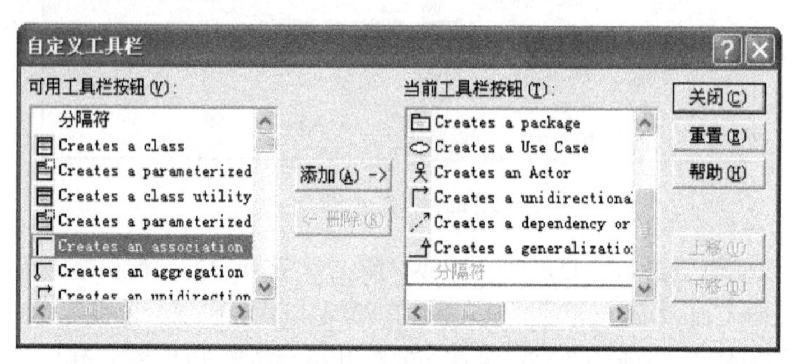

图 4-14　自定义工具对话框

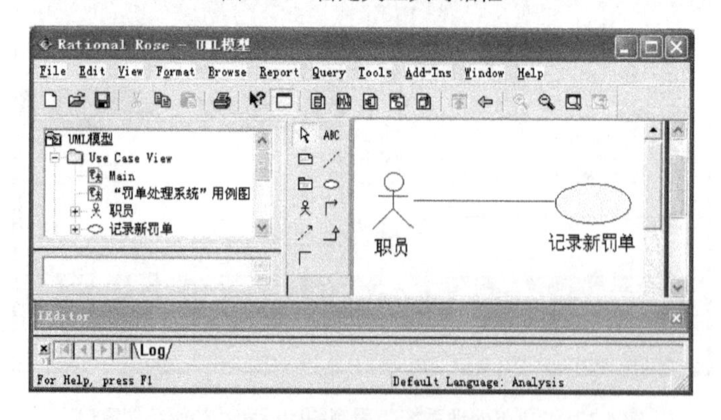

图 4-15　Rational Rose 环境绘制的“记录新罚单”用例图

（7）其他用例的绘制与“记录新罚单”用例类似，如果多个用例是同参与者，则系统用例图中只给出一个参与者。

课后做一做

请用下载的 StarUML 和 JUDE-Community 建模软件分别探索绘制该系统用例图的方法。

任务 4.4 用例描述形式、活动图和系统顺序图

内容引入

对于“罚单处理系统”项目案例的开发，上一个实训任务已经建立了如图 4-16 所示的系统用例图。

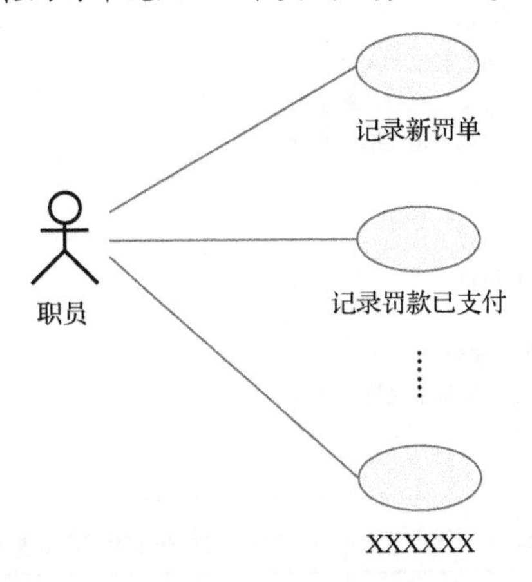

图 4-16 “罚单处理系统”的系统用例示意图

在这个系统用例图中，明确记录了系统的所有用例和各个用例的参与者。本任务将介绍对每个用例实现的相关因素和步骤进行详细记录、分析的各类模型构建方式，详细介绍面向对象的用例分析。

学习目标

✓ 理解用例的简单描述、中间描述和完全展开的描述。
✓ 理解活动图的概念和活动图的创建方法。
✓ 理解系统顺序图的概念和系统顺序图的创建方法。
✓ 理解如何使用活动图、系统顺序图来记录用例中的事件流。

4.4.1 用例描述

用例描述（Use Case Description）可以有如下三个层次。

1. 简单描述（Brief Description）

简单描述也被称为摘要形式，是用简要的一个段落的小结，来描述主要的用例成功实现的场景。如“产生新订单”用例的描述如下：当用户电话订购时，订单职员和系统会检验客户信息，创建一个新订单，将各条目加入订单中，检验支付款项，创建这个订单交易，最后完成订单。

这种用例的描述方式何时使用？在早期需求分析过程中，为快速了解主题和范围时可以使用，这种方式可能只需要几分钟进行编写。

2. 中间描述（Intermediate Description）

中间描述也被称为非正式的段落形式，是用多个段落覆盖用例的各种场景。这种用例的描述方式也在早期的需求分析过程中使用。

前面在用例和场景的定义中给出的“处理退货”用例的多个场景的描述就是中间描述的简单示例。图 4-17 和图 4-18 分别是“创建新电话订单”和“创建新 Web 订单”两个用例的中间描述的示例，由于描述较复杂，因此用数字标识出步骤的顺序。

典型流程：

1. 客户致电运动用品商店，接通订单职员
2. 订单职员检验客户信息，如果是新客户，调用“维护客户账户信息”用例来增加新客户
3. 职员开始创建一个新订单
4. 客户要求将新条目加入订单
5. 职员检验该条目，把它加入订单中
6. 重复第 4 步和第 5 步，直到所有条目都加入订单中
7. 客户指示订单结束，职员结束订单，系统计算总数
8. 客户提交款项，职员输入数值，系统检验所付款项
9. 系统完成订单

异常情况：

1. 如果一个条目没有现货，客户可以
   a. 选择不购买该条目
   b. 将该条目作为延期交货条目添加
2. 如果由于信用卡无效，客户所付款项被拒绝，那么
   a. 取消订单
   b. 订单挂起，直到收到支票

图 4-17 “创建新电话订单”用例的中间描述形式

典型流程：

1. 客户访问运动用品商店主页，并链接到订单页面
2. 如果是新客户，客户链接到客户页面，填写适当的信息创建客户账号

2a. 如果客户已存在，客户登录

3. 系统开始一个新订单，显示目录结构
4. 客户搜索目录
5. 当客户找到正确的条目，他/她请求将其加入订单，系统将其加入购物车
6. 客户重复第 4 步和第 5 步
7. 客户要求结束订单，系统显示订购条目的汇总
8. 客户进行任何更换
9. 客户请求进入支付界面，系统显示支付界面

9a. 客户输入付款信息，系统显示汇总信息并发送确认邮件

10. 系统提交订单

异常情况：

1. 如果系统已有客户忘记密码，那么
   a. 客户可以调用忘记密码处理程序
   b. 客户创建一个新的账号
2. 如果由于信用卡无效，客户所付款项被拒绝，那么
   a. 取消订单
   b. 订单挂起，直到收到支票

图 4-18 “创建新 Web 订单”用例的中间描述形式

3. 完全展开描述（Fully Developed Description）

完全展开描述也被称为详细描述，所有的步骤和可能的变化都在指定的部分被描述，比如前提条件、触发事件等。表 4-3 和表 4-4 是两个详细描述用例（完全展开描述）的示例。

表 4-3 “创建新电话订单”用例完全描述形式

<table>
<tr><td>用例名称</td><td colspan="2">创建新电话订单</td></tr>
<tr><td>触发事件</td><td colspan="2">客户登录运动用品商店，购买目录中的条目</td></tr>
<tr><td>简单描述</td><td colspan="2">当客户电话订购时，订单职员和系统会检验客户信息，创建一个新订单，将各条目加入订单中，检验支付款项，创建这个订单交易，最后完成订单</td></tr>
<tr><td>参与者</td><td colspan="2">电话销售职员</td></tr>
<tr><td>相关用例</td><td colspan="2">检查条目可用性</td></tr>
<tr><td>系统相关者</td><td colspan="2">销售部：提供主要定义
运输部：检验信息内容是否足够满足要求
市场部：收集客户统计资料研究购买模式</td></tr>
<tr><td>前提条件</td><td colspan="2">客户必须存在
目录、产品以及库存项目对于需求项必须存在</td></tr>
<tr><td>后续条件</td><td colspan="2">订单和订单排列条目必须创建
对于订单支付必须创建订单交易
手头的库存条目数量必须实时更新
订单必须与某个客户相关联</td></tr>
<tr><td rowspan="2">典型事件流</td><td>参　与　者</td><td>系　　统</td></tr>
<tr><td>1．销售职员接听电话，与客户建立连接
2．职员检验客户信息
3．职员创建一个新订单
4．客户要求在订单中加入条目
5．职员检验条目（“检查条目可用性”用例）
6．职员将条目加入订单
7．重复 4、5、6，直到所有条目加入订单中
8．客户指示订单结束，职员输入订单结束
9．客户提交款项，职员输入数值</td><td>3.1 创建新订单
5.1 显示条目信息
6.1 添加创建订单条目
8.1 完成订单
8.2 计算总数
9.1 检验所付款项
9.2 创建订单交易
9.3 提交订单</td></tr>
<tr><td>异常情况</td><td colspan="2">2.1 如果客户不存在，职员暂停该用例，调用维护客户信息用例
2.2 如果客户有信用卡，职员将该客户接通客户代表来确认信用卡是否有效
4.1 如果有条目没有现货，客户可以
　a．选择不购买该条目
　b．将该条目作为延期交货添加
9.1 如果由于信用卡无效，客户付款项被拒绝，那么
　a．取消订单
　b．订单挂起，直到收到支票</td></tr>
</table>

表 4-4 “创建新 Web 订单”用例的完全展开描述

用例名称	创建新 Web 订单	
触发事件	客户登录运动用品商店网站，请求购买条目	
简单描述	客户登录，请求新的订单表格，客户在线搜索目录，采购目录中的条目，系统将采购的条目加入订单中，最后客户输入信用卡信息	
参与者	客户	
相关用例	注册新客户，检验条目可用性	
系统相关者	销售部：提供主要定义 运输部：检验信息内容是否足够满足要求 市场部：收集客户统计资料研究购买模式	
前提条件	目录、产品以及库存条目对于需求项必须存在	
后续条件	订单和订单排列条目必须创建 对于订单支付必须创建订单交易 手头的库存项目数量必须实时更新 订单必须与某个客户相关联	
典型事件流	参 与 者	系 统
	1．客户访问运动用品商店主页，并链接到订单页面 2．如果是新客户，客户链接到客户账号页面，填写适当的信息创建客户账号 2a．如果客户已存在，客户登陆 3．客户搜索目录 4．当客户找到正确的条目，他/她请求将其加入订单 5．重复第 3 步和第 4 步 6．客户要求结束订单 7．客户进行任何更换 8．客户请求进入支付界面 9．客户输入付款信息	2.1 创建新的客户记录 2a.1 验证客户账号 2.2 创建一个新的购物车订单，用目录结构显示订单表格 3.1 按照搜索项和选项显示目录中的产品 4.1 将条目加入购物车订单 6.1 显示购物车条目，包括购买数量和总金额，以及编辑和提交按钮 8.1 显示所付款项的详细信息的页面 9.1 接收支付，提交订单，投送确认邮件
异常情况	2a．1 如果系统已有客户忘记密码，那么 a．客户可以调用忘记密码处理程序 b．客户创建一个新的账号 4.1 如果有条目没有现货，客户可以 a．选择不购买该条目 b．将该条目作为延期交货条目添加 8.1 如果由于信用卡无效，客户所付款项被拒绝，那么 a．取消订单 b．订单挂起，直到收到支票	

4.4.2 活动图

活动图（Activity Diagram）是可以作为记录业务过程工作流的图形，它是一种标准的 UML 模型图，还可以作为记录每个用例场景活动流的一种有效的技术。

它是一种工作流图，用来描述各种用户（系统）的活动，每项活动由谁来做，以及这些活动的顺序。图 4-19 给出一些活动图的符号，具体含义如下。

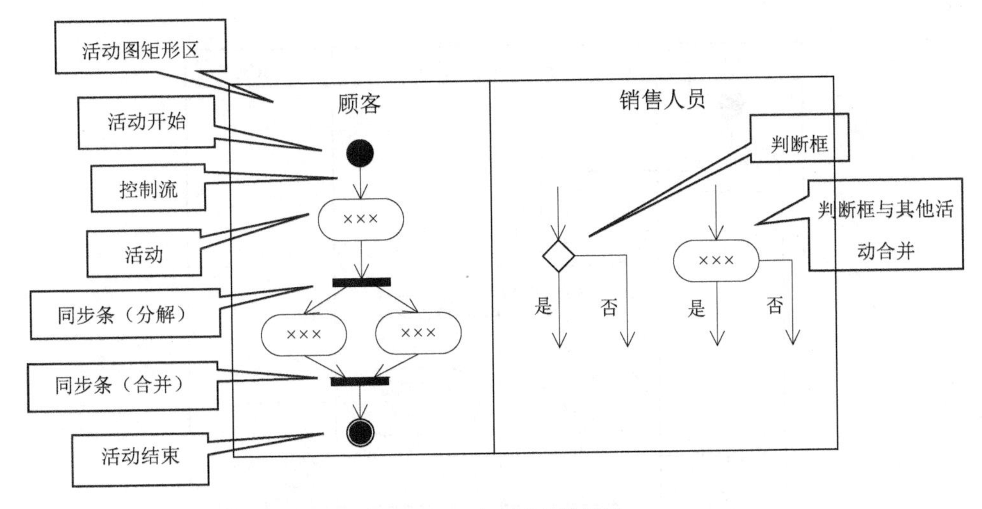

图 4-19 活动图中的符号

✓ 椭圆：工作流中个体的活动。

✓ 控制流：各个活动之间的顺序。

✓ 黑色的圆圈：工作流的开始和结束。

✓ 菱形：判断框，也称决策点，处理流程在此会产生分支。

✓ 同步条：粗的实线，表示分解或合并点。

✓ 活动图矩形区：代表某类实体所完成的活动组。它可以是某类的任意的或满足限制条件的实体。其顶端给出区域名或对象（对象类）名。

根据工作流创建活动图的大致步骤有：首先根据某个活动涉及的实体创建对应的活动图矩形区；接着依据工作流的各个步骤，用椭圆代表活动，用箭头表示工作的流向，依次绘制工作流中的各个步骤。

图 4-20 和图 4-21 给出了用活动图表示工作流的示例，说明了图 4-19 活动图中的符号的使用，也展示了活动图的形式。我们从中可以发现，使用活动图来记录工作流更直观、简单、易于理解，也更方便与用户交流。

图 4-20 需要说明的是：①旁边的两个输入流直接连接到“计算报价”活动，而没有通过合并同步条连接到此活动，其表示了这两个输入流的任意一个到达都可以开始此活动，而不是都到达。

图 4-20 这个活动图表示：首先客户向销售员询问某个需求的报价，销售员根据客户的需求制定需求记录。如果此时需要技术专家的帮助，则向其提出，技术专家检查这些需求，将相关数据导入系统，系统计算报价；如不需要帮助，则销售员自己将相关数据导入系统，系统计算报价。客户获得了系统计算出的报价后，复查报价。如果需要改变，则返回向销售员提出需求，否则，将报价作为订单接受。此工作流就结束了。

图 4-20 的活动图表示订购商品的工作流，而图 4-21 的活动图表示根据订单组织生产的工作流。

图 4-21 的活动图的②旁边的两个输入流先连接到了合并的同步条，再连接到“安排生产”活动图，表示只有这两个输入流都到达了，才能安排生产。

图 4-21 这个活动图表示：首先销售员接收到订单，把订单给到工程部，工程部根据订单做出规范说明，此说明被同时送到采购部供其购买原料和被送到生产部供其为生产程序编号，直到这两个活动都完成，计划部才安排生产。至此该活动结束。

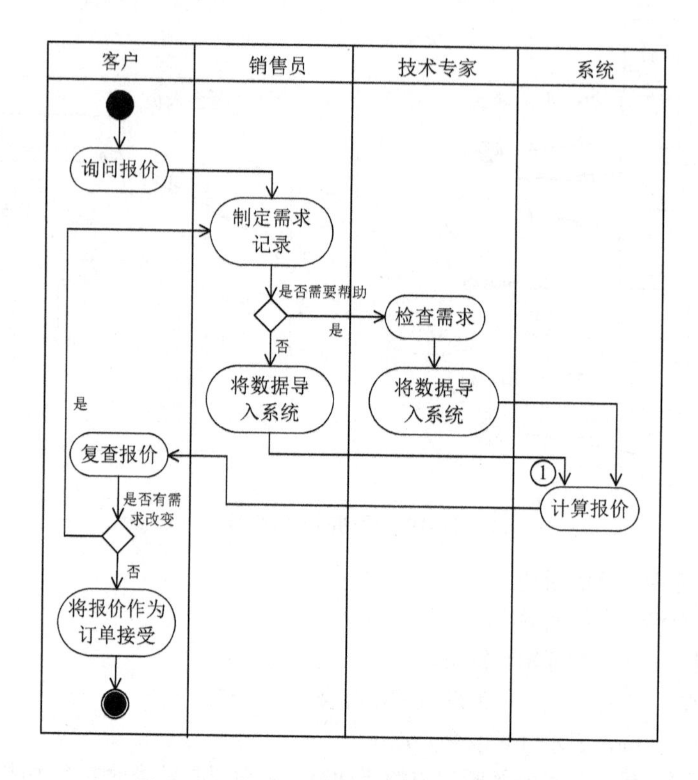

图 4-20　用一个简单的活动图来说明工作流

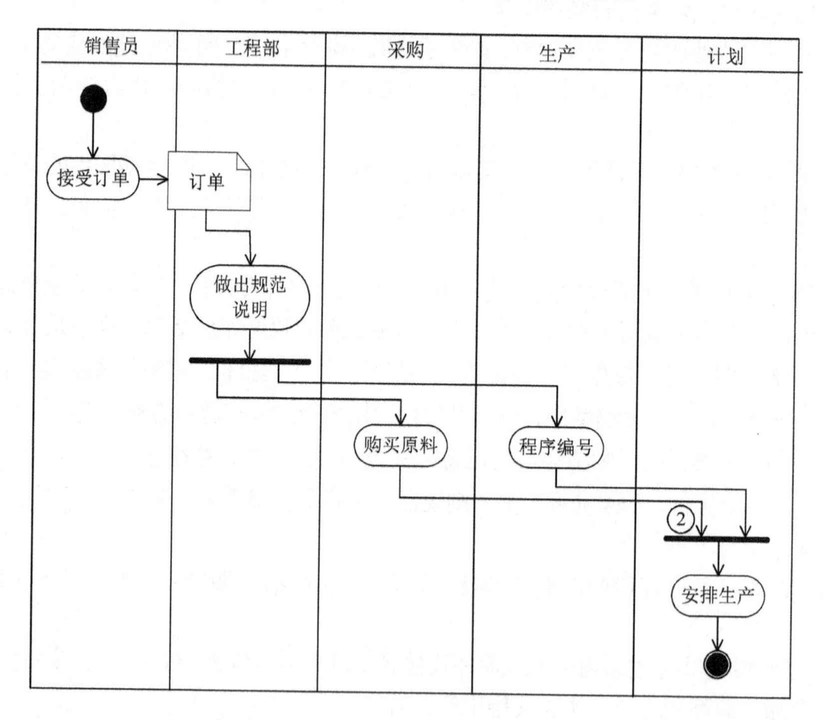

图 4-21　有并行路径的活动图

我们根据前面的依据工作流创建活动图的步骤，把“创建新的电话订单”和“创建新的 Web 订单”两个用例的事件流表示的用例工作流程分别用活动图表示出来，如图 4-22 和图 4-23 所示，供大家对照掌握。

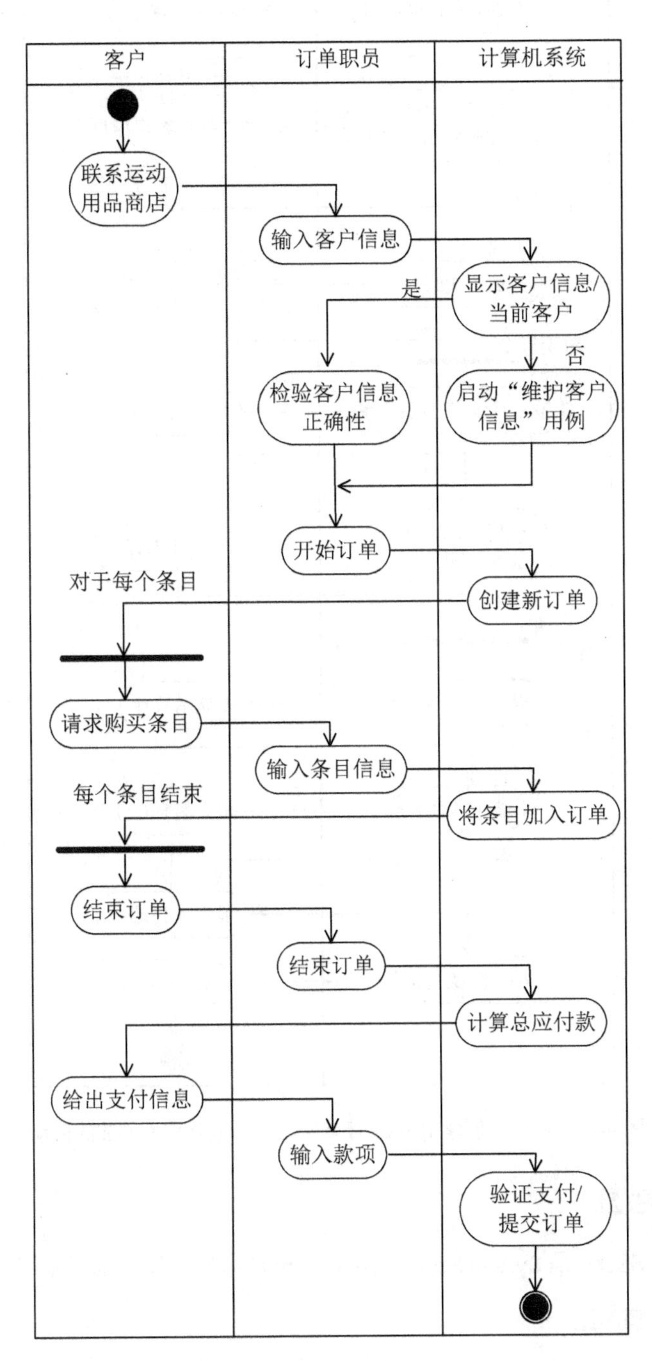

图 4-22 依据“创建新电话订单”用例典型事件流创建的活动图

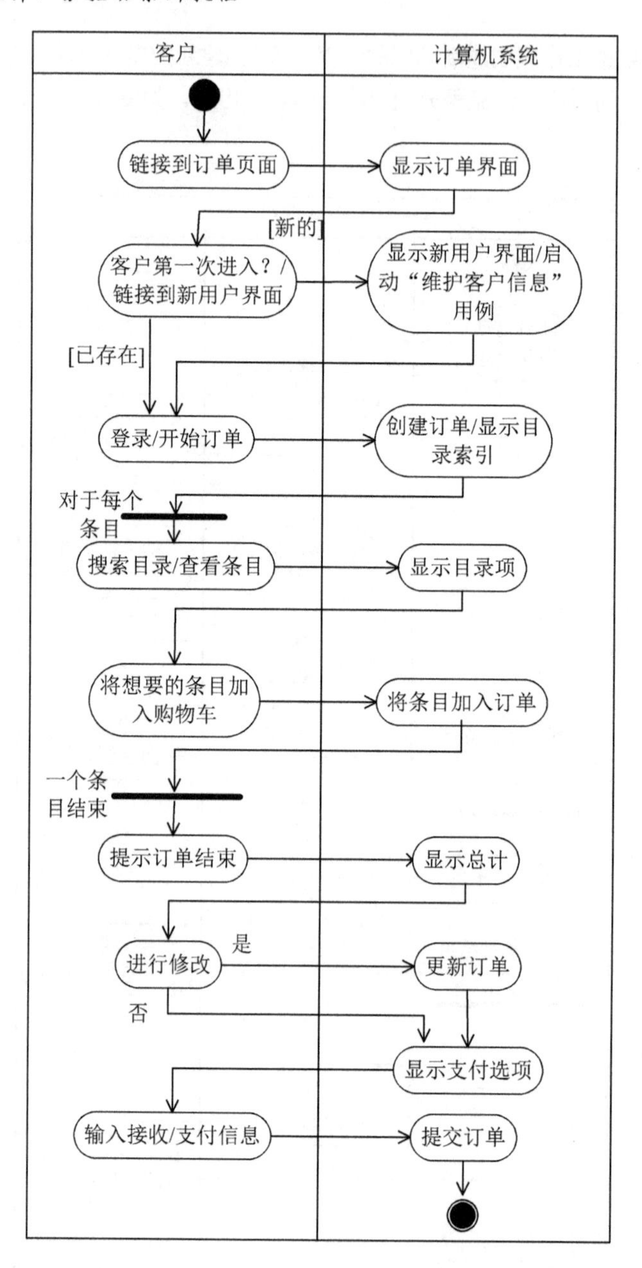

图 4-23　依据“创建新 Web 订单”用例典型事件流创建的活动图

4.4.3　系统顺序图

系统顺序图简称 SSD，是 System Sequence Diagram 的缩写，用于描述系统的输入和输出。

1．初识系统顺序图

系统顺序图是用于描述进出自动系统的信息流。图 4-24 是一个简单的系统顺序图，从图中可以总结出系统顺序图的几个要素：参与者、系统对象、生命线和消息。其中输入消息的描述包括消息的目的及传送的数据，且传送的数据放在圆括号中。

下面用图 4-25 给出一个用两种方法表示重复消息的系统顺序图的示例，对该图说明以下几点：

- 星号（*）表示消息的重复或循环。
- 方括号[ ]表示真假条件。
- 消息名是对所需服务的描述。
- 返回的消息用带虚线的箭头表示。

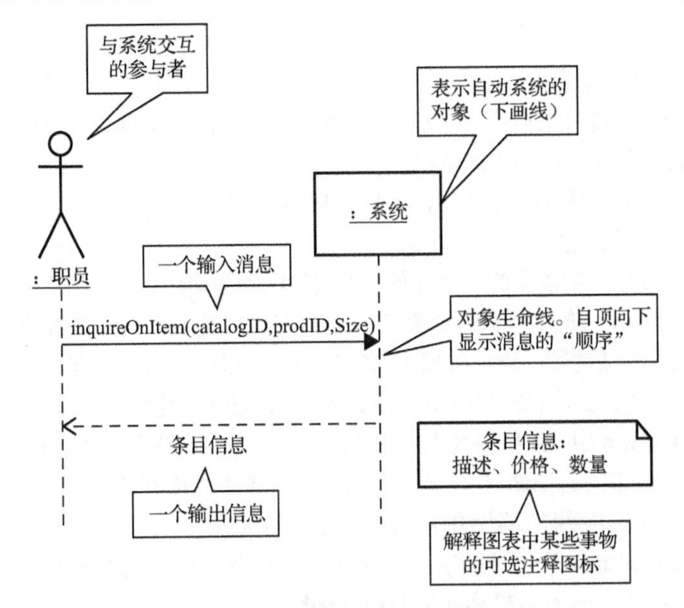

图 4-24　简单的系统顺序图例子

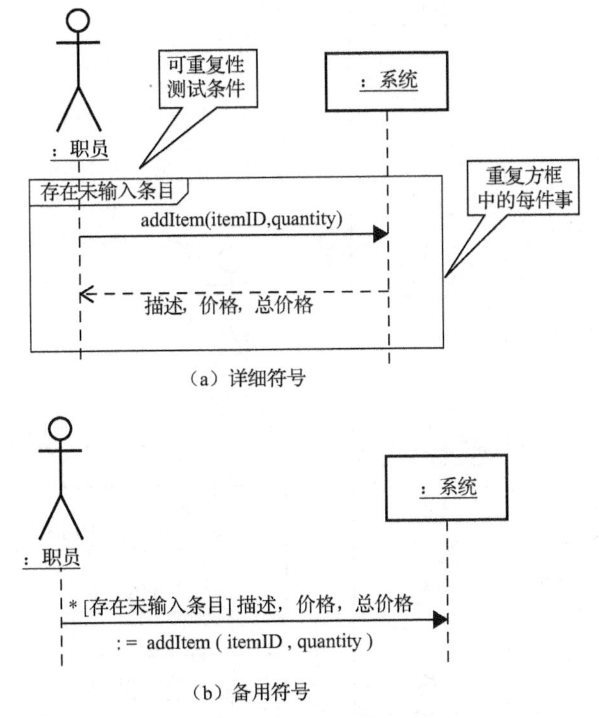

（a）详细符号

（b）备用符号

图 4-25　有重复消息的系统顺序图

2. 开发系统顺序图

系统顺序图常用来与用例描述相关联，以帮助记录用例场景中进出系统的信息流。它的开发可依据用例场景的文字描述或用例场景的活动图。

1）基于活动图开发 SSD 的方法

这种方法的操作说明如下。

✓ 标识输入消息的发生点。

✓ 用先前介绍的消息符号来描述从外部参与者到系统的消息，其名称要反映参与者向系统请求的服务，括号内参数反映要输入的数据。

✓ 在输入消息上确定并添加特定条件，包括重复和真/假条件。

✓ 确定并添加输出返回消息。

假设已经将图 4-22 中“创建新的电话订单”用例的活动图简化为图 4-26 表示的简化活动图表示。“创建新电话订单”用例的前提条件是客户应该存在，后续条件是订单必须与一个客户相关联，因此，根据前面介绍的由活动图创建系统顺序图的步骤，可以确定以下几点。

✓ 第 1 条消息 startOrder 需将客户标识 accountNo 传递进来，定位已存在客户的详细信息。

✓ 第 2 条消息 addItem 中，需要参数来标识商品条目所在目录编号、商品条目编号、大小和数量，即 catalogID、prodID 及 size，用于描述要添加到订单中的库存条目，而 Quantity 标识订购的条目数量。这条消息由所购买条目的数量决定循环的次数。

✓ 第 3 条消息 completeOrder 是为结束订单目的，需输入支付货款的数量。

由上面的分析可以绘制出图 4-27 所示的系统顺序图。

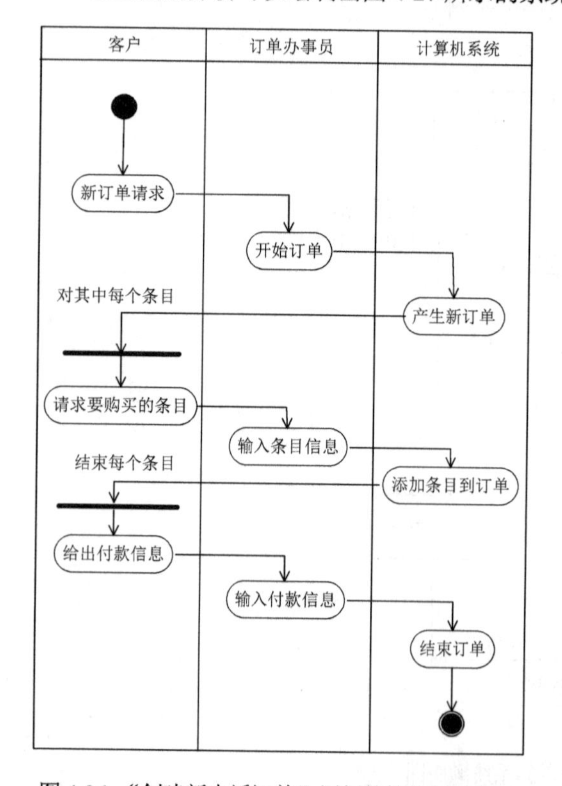

图 4-26 “创建新电话订单”用例的简化活动图

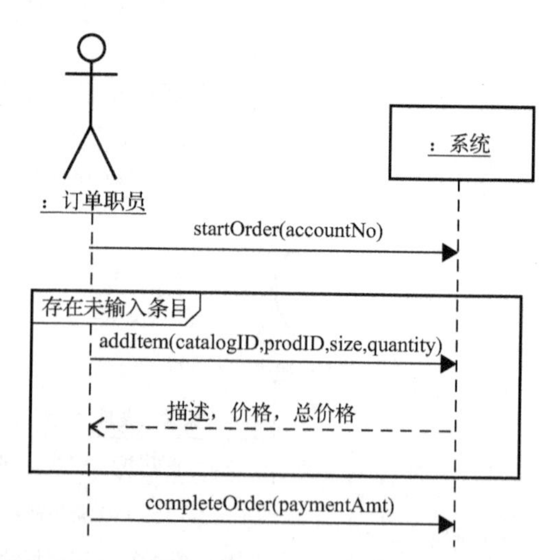

图 4-27 “创建新电话订单”用例的简化系统顺序图

前面图 4-23 的“创建新 Web 订单”用例活动图参照前面的规则，可以转换为如图 4-28 所示的系统顺序图。其创建的思路的是：观察活动图得到，从客户到系统的工作流 8 次穿过了自动系统边界，其中一些工作流是可选的，分析后可得到如下消息。

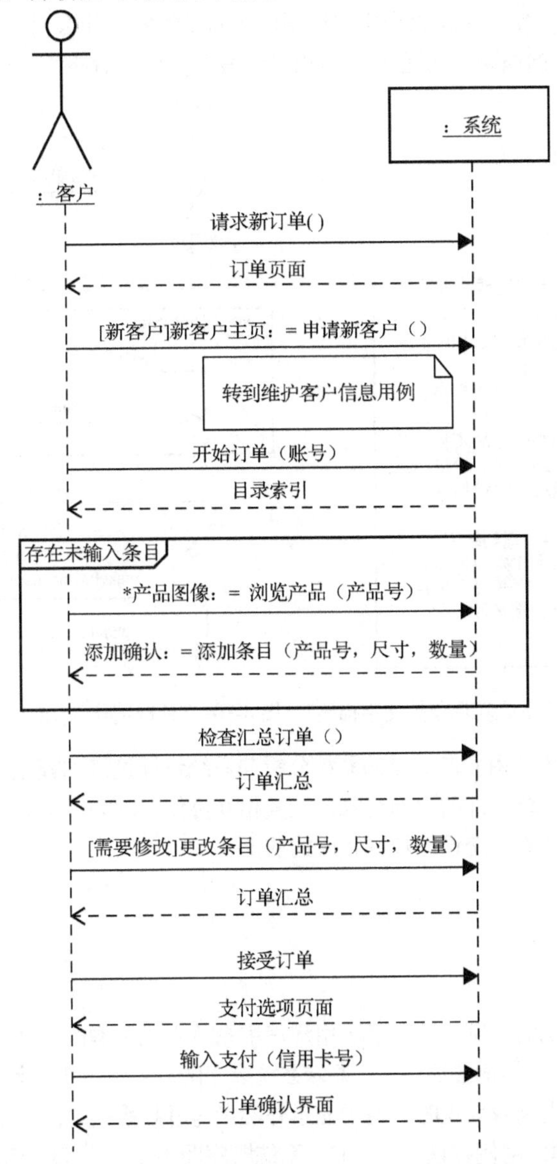

图 4-28 “创建新的 Web 订单”用例的简化系统顺序图

✓ 第 1 条消息和它的响应消息通过请求新订单页面（请求新订单）开始了用例。系统不需要输入数据来执行这条消息所需的处理，所以不需输入参数。

✓ 第 2 个输入消息是请求新客户页面（新客户主页），此消息中有一个真/假条件来验证是否是一个新客户。由于 SSD 的目的只用来显示消息，而不是显示处理逻辑，所以只增加简单的注释来提醒开发人员到其他用例的跳转。

✓ 第 3 条消息仅允许用户真正启动一个订单（开始订单），此消息需要客户账户号码作为一个输入参数。

接下来的处理是向订单中添加条目信息，在 SSD 中用迭代框表示这一循环过程，其将活动图中不明确的循环表示明确化。最后是检查订单、修改订单、接收订单和输入支付这些消息的处理，最终完成这个用例的系统顺序图。

2）基于用例描述开发 SSD 的方法

通过阅读用例描述的文字，也可以分析出该用例要向系统发出什么消息，以及从系统返回什么消息。图 4-29 给出了一个用例描述，而图 4-30 给出了这段用例描述对应的系统顺序图。

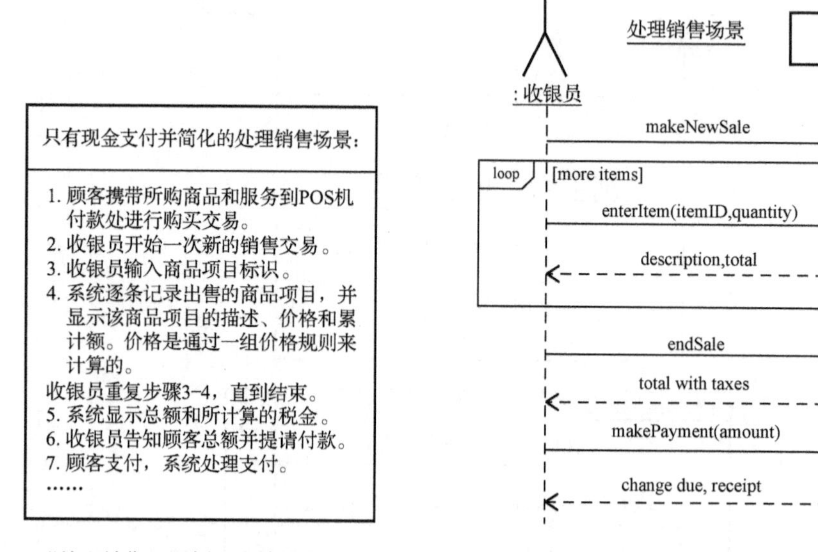
只有现金支付并简化的处理销售场景：

1. 顾客携带所购商品和服务到POS机付款处进行购买交易。
2. 收银员开始一次新的销售交易。
3. 收银员输入商品项目标识。
4. 系统逐条记录出售的商品项目，并显示该商品项目的描述、价格和累计额。价格是通过一组价格规则来计算的。

收银员重复步骤3-4，直到结束。

5. 系统显示总额和所计算的税金。
6. 收银员告知顾客总额并提请付款。
7. 顾客支付，系统处理支付。

……

图 4-29 “处理销售”用例主成功场景的文字描述　　图 4-30 “处理销售”用例主成功场景的系统顺序图

最后强调，系统顺序图是由面向对象的系统分析向系统设计过渡的模型图，面向对象的系统设计将系统接收的消息分配给系统内部的不同对象，让其相互协作共同完成消息所要求的职责，因此系统顺序图的正确开发是面向对象系统设计较好完成的前提。

习题 4.4

一、单选题

1.（　　）是通常所说的用例，其记录了用户使用系统完成用例的步骤。

A．用例图　B．用例描述　C．系统顺序图　D．活动图　E．状态图

2.（　　）是在描述用例或场景时，用于显示外部参与者和系统之间的消息顺序的图。

A．用例图　B．用例描述　C．系统顺序图　D．活动图　E．状态图

3.（　　）描述了业务过程中的业务活动，可用来定义用例步骤。

A．用例图　B．用例描述　C．系统顺序图　D．活动图　E．状态图

4. 下面哪个模型不能被用来从不同的观点描述系统用例？（　　）

A．用例图　B．状态图　C．活动图　D．用例描述

5. 下面有关活动图的描述不正确的是（　　）。

A．可以作为记录业务过程工作流的图形　B．适合于记录计算机处理过程的模型图

C．是一类 UML 模型图　D．可用于记录每个用例场景的活动流

二、判断题

1. 用例的简单描述是用多个段落覆盖用例的各种场景，包括主成功场景和异常场景等。（　　）

2. 用例描述是指用一个段落概括描述用例的主要成功实现的场景。（ ）
3. 系统顺序图是用于描述进出自动化系统的信息流。（ ）
4. 要详细记录用例的处理过程就必须使用活动图。（ ）
5. SSD 符号中的消息被标记在箭头上以显示参与者发送的消息。（ ）
6. 活动图对于开发系统顺序图是有帮助的。（ ）

任务 4.5 实训六 “罚单处理系统”功能分析（2）：用例详细描述、用例活动图和系统顺序图

内容引入

前一任务围绕用例进行更深入的需求分析介绍，讲解了用例的三种不同层次的描述形式、用于记录工作流和用例描述中的事件流的活动图及系统顺序图。这一任务将要求大家应用这些知识，继续案例项目“罚单处理系统”的功能分析，并用工具软件绘制所需的用例分析模型，这样将这些理论真正应用于这个项目案例，以加深对知识的理解，不断熟悉建模软件的操作。这个实训的案例背景资料参看前面实训三。

课上训练

视频 6

一、实验目的

1. 掌握使用 Rational Rose 绘制活动图、系统顺序图的方法。
2. 掌握使用详细描述的用例记录用户需求的方法。
3. 掌握创建活动图、系统顺序图记录用户需求的方法。

视频 7

二、实训要求与指导

任务与指导 1. 填写“记录新罚单”用例的详细描述表

假设记录新罚单信息时，经历的步骤有：①输入并验证警察编号，②输入并验证驾驶员执照号，③输入罚单信息记录在数据表，并与相关数据表建立关联，如表 4-5 所示。

表 4-5 已部分填写的“记录新罚单”用例详细表

用例名称	记录新罚单
触发事件	
简单描述	
参与者	
相关用例	
系统相关者	
前提条件	
后续条件	

续表

	参　与　者	系　　统
典型事件流	1. 部门职员输入警察编号 2. 部门职员输入驾驶员执照号 3. ……	1.1 验证警察身份 2.1 …… ……
异常情况	1.1 接收的警察编号不存在 ……	

任务与指导 2. 绘制 UML 活动图表示“记录新罚单”用例的事件流

该任务的完成依据“记录新罚单”用例详细描述表的典型事件流。根据前面给出的“记录新罚单”用例部分事件流的描述，绘制的活动图如图 4-31 所示，在 Rational Rose 环境中继续根据前面确定的典型事件流，绘制后续的活动图，具体方法如下。

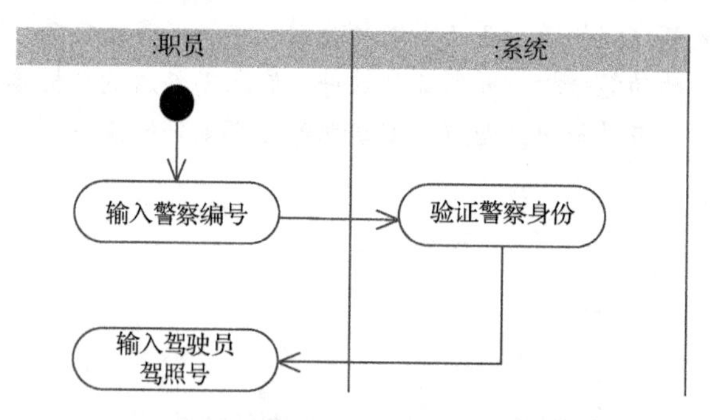

图 4-31 “记录新罚单”用例的部分活动图

（1）启动 Rational Rose 后，在左侧浏览窗口的 Use Case View 处右击，在弹出的快捷菜单中选择 New 菜单项，接着在其弹出的子菜单项中选择 Activity Diagram 来创建活动图，如图 4-32 所示。

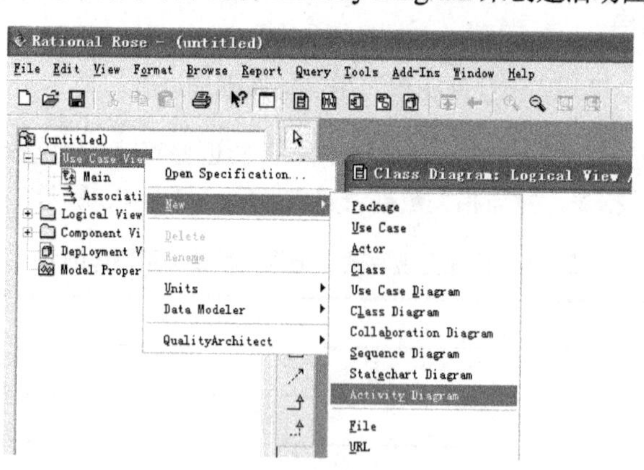

图 4-32 创建活动图的菜单操作

（2）此时窗口左侧新出现一个默认名称的活动图的图标，将该图标更名为“‘记录新罚单用例’活动图”，然后双击该图标，在右侧打开此活动图的绘图窗口，效果如图 4-33 所示。

（3）选择当前绘图区对应的工具栏中的 Swimlane 工具，在右侧的绘图窗口任意位置单击，将在最左侧生成一个矩形绘图区，也称“泳道”，在这个泳道顶端名字 NewSwimlane 处双击，将弹出 Swimlane 设置的对话框，在此对话框中打开 Class 下拉列表框，得到如图 4-34 所示对话框。

图 4-33 新建立的“记录新罚单用例”活动图界面

（4）选择图 4-34 对话框中下拉列表框中的 New 选项，随之弹出类设置对话框，在此对话框中的 Name：文本框中输入“职员”，如图 4-35 所示。

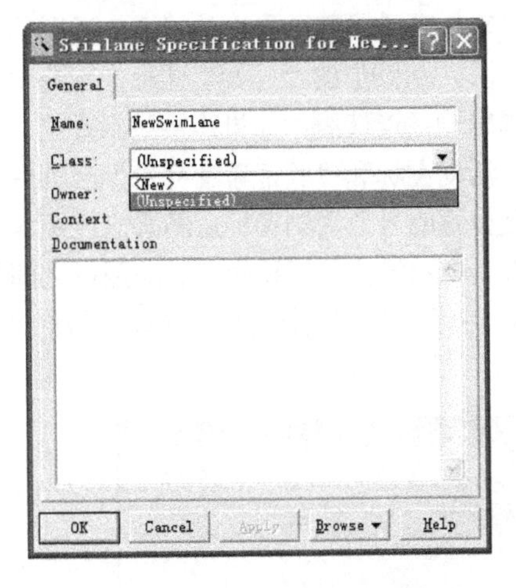

图 4-34 第一个泳道设置对话框初始形式

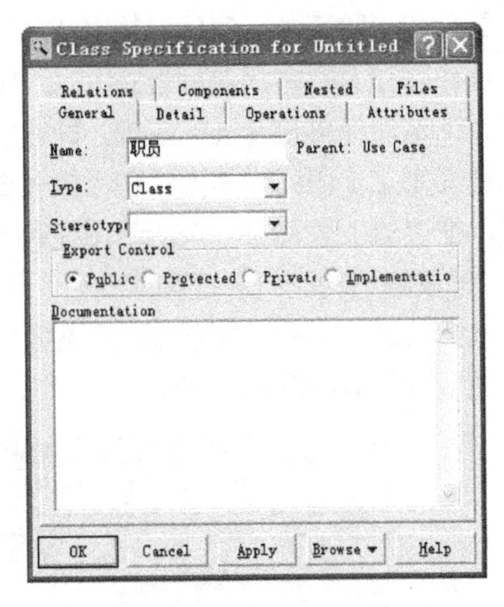

图 4-35 示例类的设置对话框

（5）单击图 4-35 对话框中的 OK 按钮，返回泳道 Swimlane 设置的对话框，将这个对话框中的 Name 文本框清空，效果如图 4-36 所示，最后单击 OK 按钮，完成这个泳道的设置。

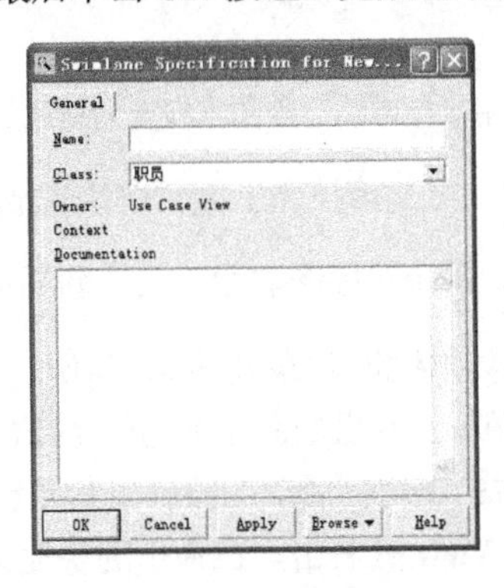

图 4-36 第一个泳道设置对话框完成形式

（6）用同样的方法在“职员”类对象的泳道右侧建立“系统”类对象的泳道，这两个泳道设置完成后的效果如图 4-37 所示。

（7）在绘图窗口左侧的绘图工具栏中用鼠标选择 Start State 工具，在“职员”泳道的上面单击，活动图“开始”图标显示在这个位置，该图标是实心圆形。注意，已创建的图标可以用鼠标拖动到绘图窗口的任意位置。

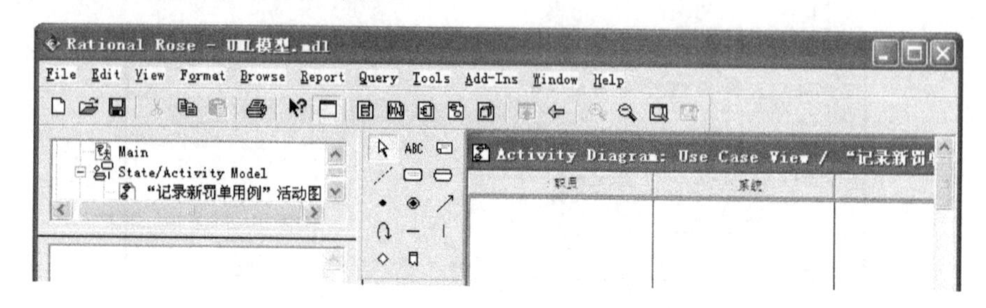

图 4-37 “记录新罚单用例”只添加了两个泳道的活动图形式

（8）在绘图工具栏中用鼠标选择 Activity 工具，在“开始”图标下面单击，一个新的“活动”图标就以默认名字显示出来，接着将此“活动”图标更名为“输入警察编号”，用同样的方法按照图 4-31 的显示位置创建“验证警察身份”的“活动”图标和“输入驾驶员驾照号”的“活动”图标。

（9）在绘图工具栏中用鼠标选择 State Transition 工具，从圆形的“开始”图标向下拖动到“输入警察编号”活动图标再松开鼠标左键，即在它们之间画出一条连接线，如果连接线不垂直，可移动这两个图标使其垂直。用同样的方法在“输入警察编号”活动图标和“验证警察身份”活动图标之间画出连接线，在“验证警察身份”活动图标和“输入驾驶员驾照号”活动图标之间画出连接线。

（10）把鼠标移动到“验证警察身份”活动图标和“输入驾驶员驾照号”活动图标之间的连接线上，按住鼠标左键，向右下方拖动，使该直线变成折线，直到拖动为垂直折线。拖动过程如图 4-38 所示，最终的效果如前面图 4-31 所示。

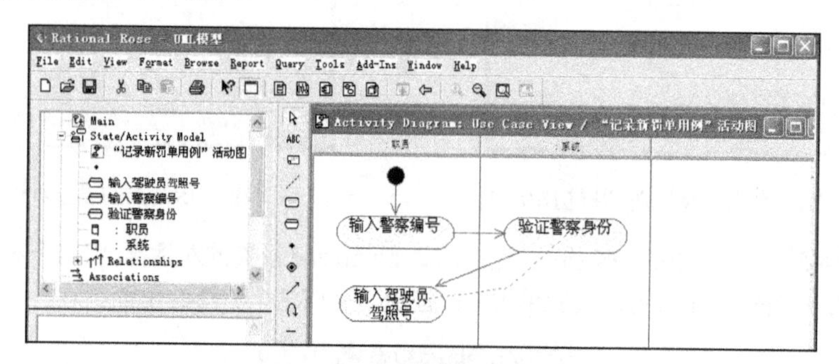

图 4-38 用鼠标拖动连接的直线变为折线的操作过程

（11）后面继续开发的活动图绘制方式请按照上面示例来完成。

任务与指导 3. 绘制 UML 系统顺序图表示“记录新罚单”用例里参与者与系统之间的交互

该任务的完成是在前一实训任务创建的“记录新罚单”用例活动图基础上实现的。依据前面图 4-31 所示的用例典型事件流的部分活动图可开发出如图 4-39 所示的这一用例系统顺序图的一部分，接着在 Rational Rose 环境中，根据前面完成的该用例活动图绘制出其完整的系统顺序图，具体方法如下。

（1）在左侧浏览栏的 Use Case View 处右击，在弹出的快捷菜单中选择 New→Sequence Diagram 选项创建顺序图，如图 4-40 所示。

（2）在左侧的浏览窗口新出现一个默认名字的顺序图图标，将该图标更名为“‘记录新罚单用例’系统顺序图”，双击该图标就在右侧打开了顺序图的绘制窗口。

（3）在左侧浏览栏的 Use Case View 处右击，在弹出的快捷菜单中选择 New→Actor 选项，创建一个参与者，如图 4-41 所示。此时在左侧的浏览窗口中出现一个新的默认名字的参与者图标，将其更名为“职员”。

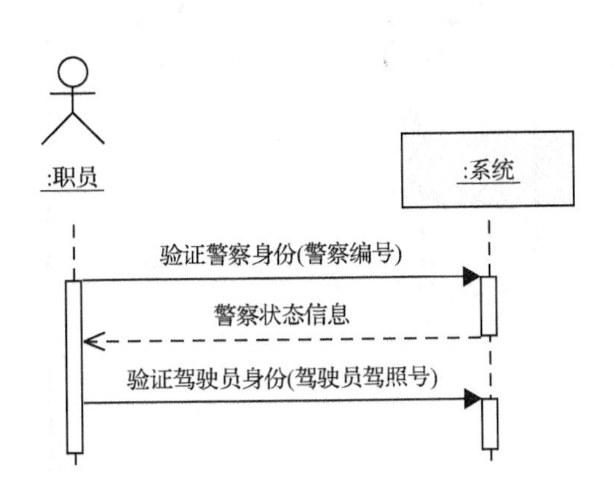

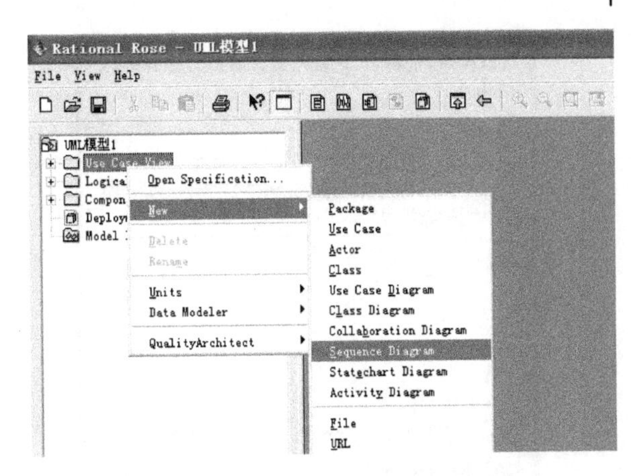

图 4-39 “记录新罚单”用例的部分系统顺序图　　　　图 4-40 创建顺序图的菜单选择

（4）将鼠标放在左侧浏览窗口的“职员”参与者处，按住鼠标左键将其拖动到右侧该系统顺序图的绘图窗口的左上方适当位置，松开鼠标左键，在该位置出现这个“职员”参与者图标，其效果如图 4-42 所示。

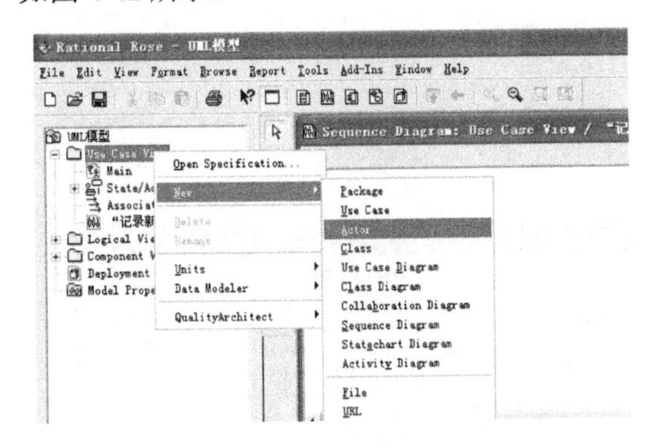

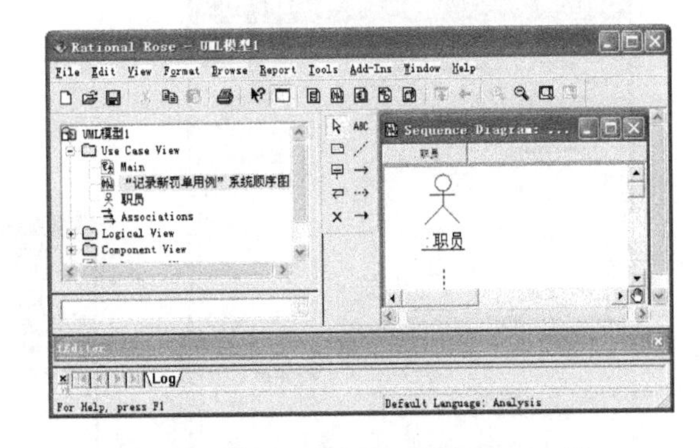

图 4-41 创建参与者的菜单操作　　　　图 4-42 添加了参与者的系统顺序图窗口

（5）在绘图工具栏中选择 Object 工具，接着在右侧的绘图窗口的“职员”右侧单击，出现一个对象图标，双击该对象图标弹出一个对象设置对话框，打开对话框中的 Class 下拉列表框，选择其中的 New 选项，如图 4-43 所示。

（6）在接着弹出的新类设置对话框中的 General 选项卡的 Name:文本框中输入“系统”，如图 4-44 所示。

（7）接着单击 OK 按钮，返回到对象设置对话框，此时该对话框如图 4-45 所示，其 Name:文本框中没有内容，表示是创建了一个“系统”类的任意对象，然后单击 OK 按钮，完成类对象的设置。

（8）此时观察顺序图绘图窗口左侧的绘图工具栏，如果其中不包括带三角形线端的消息线，则按下面介绍的方法进行添加；如果已经包含带三角形线端的消息线，则不用添加。

首先在绘图工具栏的任意空白处右击，在弹出的快捷菜单中选择 Customize 选项，得到如图 4-46 所示的“自定义工具栏”对话框。

接着选中图 4-46 中左侧“可用工具栏按钮”列表框中带三角形线端的消息线的工具图标，再单击对话框中部的“添加”按钮，则这一工具图标就出现在右侧的“当前工具栏按钮”列表框中，最后单击“关闭”按钮来关闭该对话框。带三角形线端的消息线工具图标 Procedure Call 出现在绘图窗口旁的绘图工具栏中。

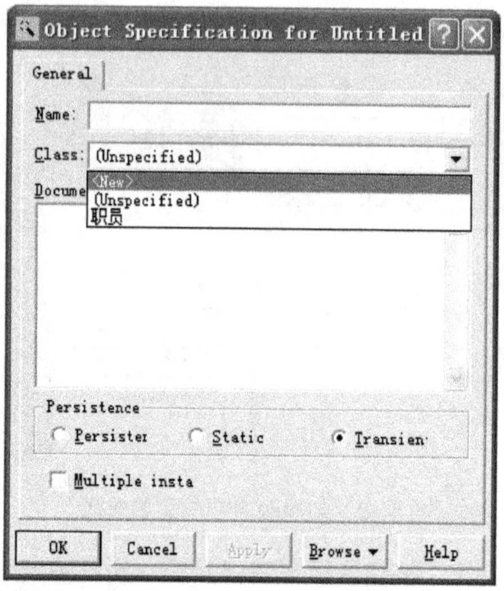

图 4-43　对象设置对话框中选择新建类的操作方式

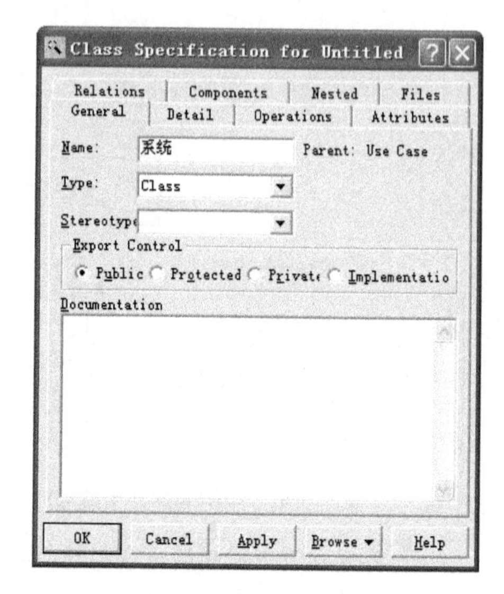

图 4-44　新类设置对话框

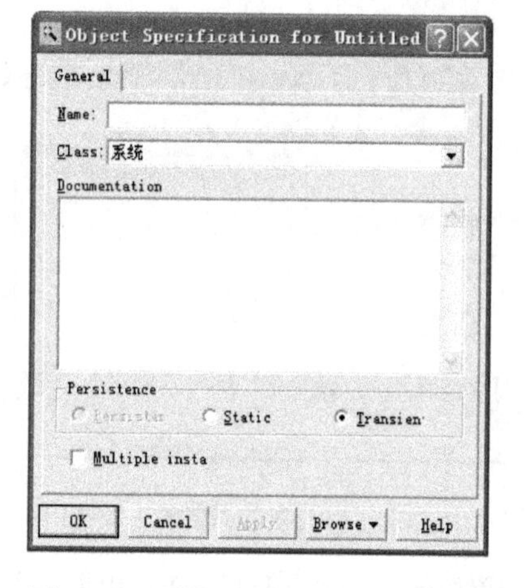

图 4-45　“系统”类的对象设置对话框

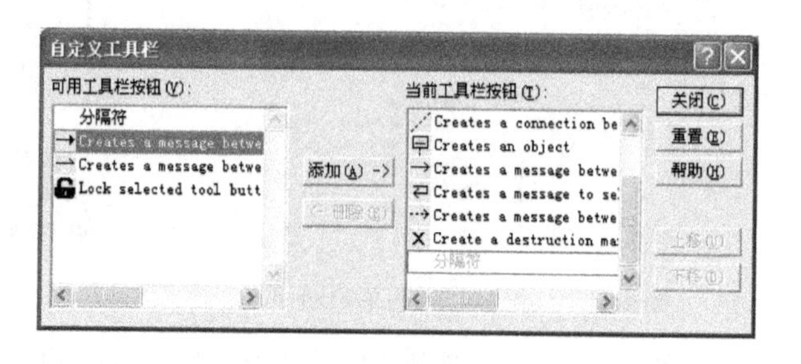

图 4-46　“自定义工具栏”对话框

(9)用鼠标在绘图工具栏中选择带三角形线端的消息线 Procedure Call 工具，从绘图窗口“职员”下的虚线用鼠标水平拖动到右侧的“系统”对象下的虚线处，放开鼠标后显示消息连接线，其效果如图 4-47 所示。

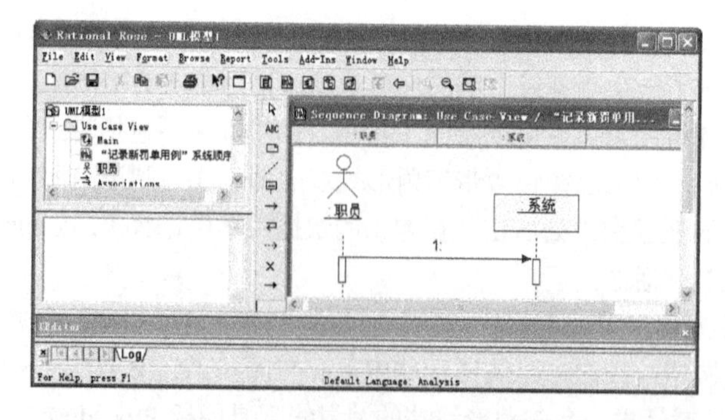

图 4-47　添加了参与者与对象间消息线的系统顺序图

（10）双击图 4-47 中的连接线，弹出消息设置对话框，在该对话框的 Name:文本框中输入“验证警察身份（警察编号）”，设置操作如图 4-48 所示。然后单击 OK 按钮，完成消息设置。如果此时对象和消息连接线的位置不合适，可用鼠标拖动其位置，重新布局。

（11）此时消息线上有一个序号“1:”，是系统自动给每个消息连接线的序号，其编号值根据消息连接线的创建顺序依次递增。这里要去掉自动生成的序号，则从菜单选择 Tools→Options，就会弹出选项对话框，选择其中的 Diagram 选项卡，将其中的 Sequence numbering 复选框撤选，如图 4-49 所示，然后单击“确定”按钮，完成设置。消息连接线上的序号已经取消，此时得到的系统顺序图如图 4-50 所示。

图 4-48　消息设置对话框

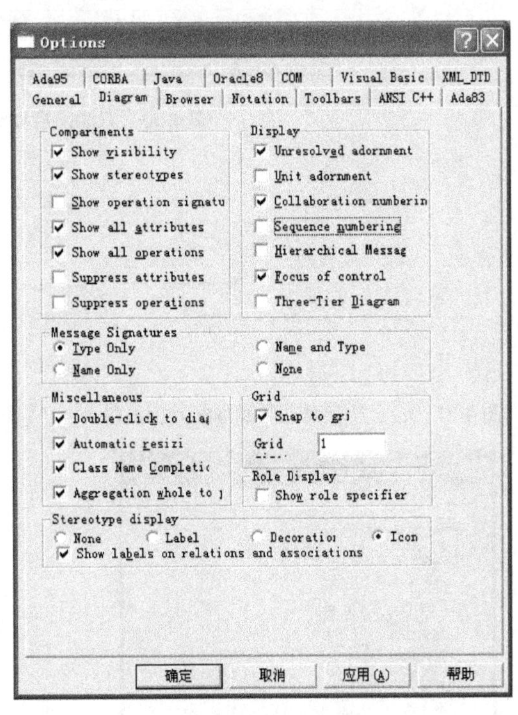

图 4-49　取消顺序图消息自动编号的选项对话框设置

（12）用鼠标在绘图工具栏中选择 Return Message 工具，接着在绘图窗口的“系统”对象的上一个消息线下的虚线处单击，向右水平拖动到左侧的“职员”参与者下的虚线处，创建返回的消息连接线。最终效果如前面图 4-39 所示。

（13）参见前面绘图示例和该用例活动图继续在 Rational Rose 环境开发系统顺序图。

绘图的补充说明如下。

如果最初对象间的消息线添加的是如图 4-51（a）所示的 Object Message 线，即带喇叭形线端的实线，它通常表示异步消息线，可以将其转换为带三角形线端的实线。方法是：用鼠标双击图 4-51（a）的“职员”和“系统”对象间的消息线，会出现消息设置对话框，选择 Detail 选项卡，其对话框形式如图 4-52（a）所示，其 synchronization 列表框中已选中 Simple 选项。此时将其改为 Procedure Call 选项选中，效果如图 4-52（b）所示，然后单击 OK 按钮关闭对话框，便得到如图 4-51（b）所示的表示同步调用的三角形线端的消息线。

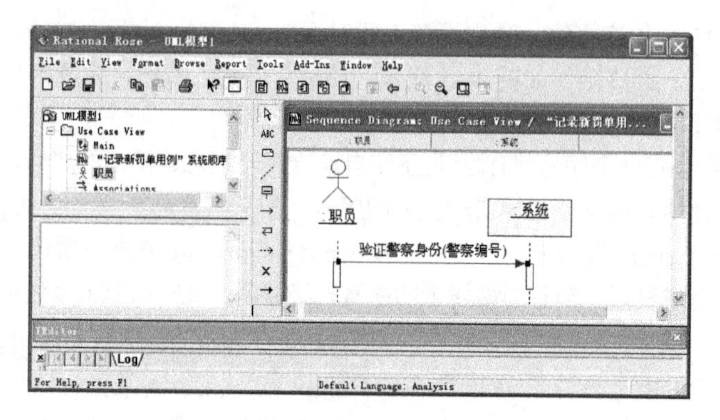

图 4-50　取消了自动编号的系统顺序图

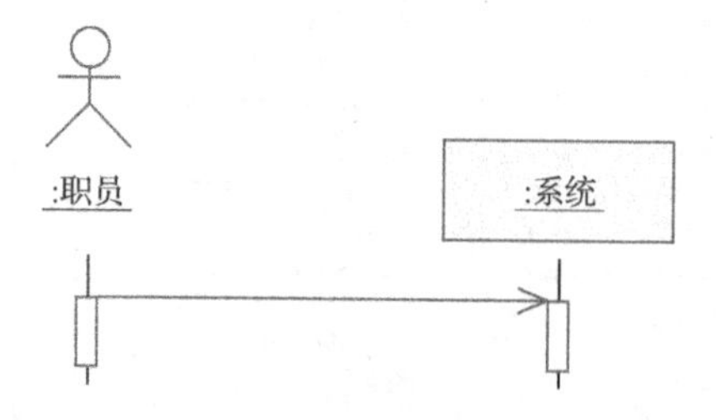

图 4-51（a）　具有喇叭形线端的异步消息

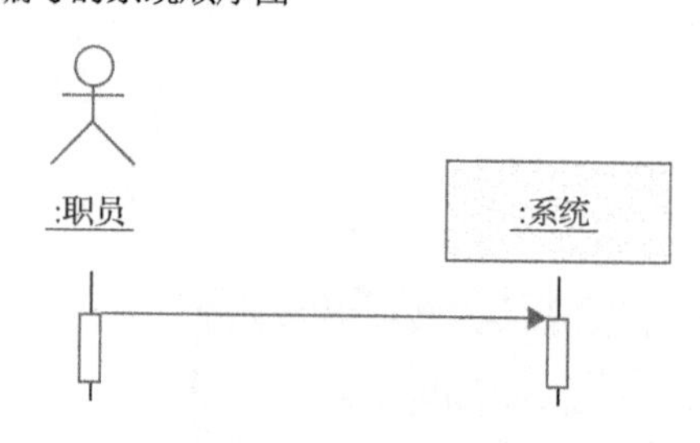

图 4-51（b）　转换为具有三角形线端的同步消息

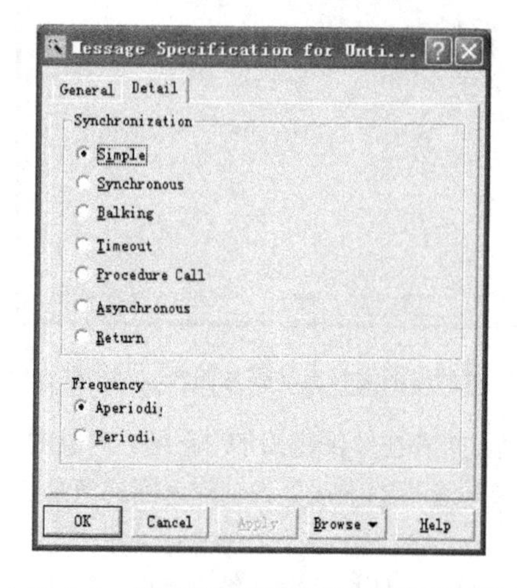

图 4-52（a）　设置喇叭形线端异步消息的对话框

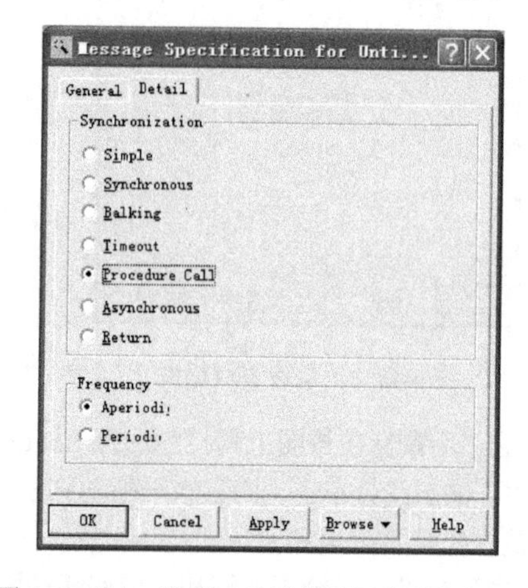

图 4-52（b）　设置三角形线端同步消息的对话框

课后做一做

1．请用下载的 StarUML 和 JUDE-Community 建模软件分别探索绘制系统顺序图和活动图的方法。

2．请试为“罚单处理系统”的其他用例开发活动图和系统顺序图。

单元五　系统需处理事物的建模

对于“罚单处理系统”开发的项目案例，在前一单元中，已经围绕“用例”建立了一系列的模型，把该系统的功能需求做了记录、分析。

对于该系统的开发还需要考虑：系统需要记录、处理哪些事物？这些事物要保存哪些属性？这些事物之间都有什么关系？这就涉及“实体关联图”的建模和“分析类图”的建模。本单元就是学习与这些事物建模相关的知识和技能。

任务 5.1　认识问题域内的事物以及用 E-R 图记录事物的方法

内容引入

为了正确地、没有遗漏地记录问题域内的事物，就需要了解需记录哪些方面的事物，如何确定这些事物等。而 E-R 图是对获取的问题域内事物建模的一种方式，它是构造关系数据库的基础。

这个任务就介绍与此相关的知识、技能。在下一任务的实训中将引导大家完成“罚单处理系统”项目案例中事物提取和 E-R 图的创建工作。

学习目标

✓ 理解什么是问题域内的事物及其分类。

✓ 理解、掌握问题域内事物的确定方法。

✓ 理解、掌握 E-R 图的基本创建和绘制方法。

5.1.1　问题域内的事物

对于这一节，我们首先要说明下面这几层意思：定义系统需求的一个重要方面是对系统需处理的事物的理解和建模；对用户来说，在工作中需要处理的诸如产品、订单、发票和客户等可以看成是事物；对用户的工作过程自动化的信息系统中就要存储和处理这些事物，就是系统的问题域中的事物；在传统的面向过程开发方法中，这些事物构成了系统存储信息的相关数据，是需求的关键方面，即数据需求；在面向对象的开发方法中，这些事物除了构成系统存储信息的相关数据，还是在系统中相互交互的关键对象。

由此可以看出，确定问题域中的事物是定义需求的关键初始步骤。

1. 事物的类型

分析员通过考察事件列表中的事件描述可确定问题域的事物，即这一事件影响了哪些事物，系统需要知道这些事物，并存储其详细信息。例如，当客户发出订单的事件发生时，我们可以分析出该系统需要存储该客户的信息、客户订购的商品的信息和订单本身的信息。

具体确定事物的一种常用方法是阅读分析事件处理过程的描述，即“用例描述”，并分析其中的名词。图 5-1 的事物分类可帮助我们全面考虑问题域中的事物，以免漏掉其中的某些事物。

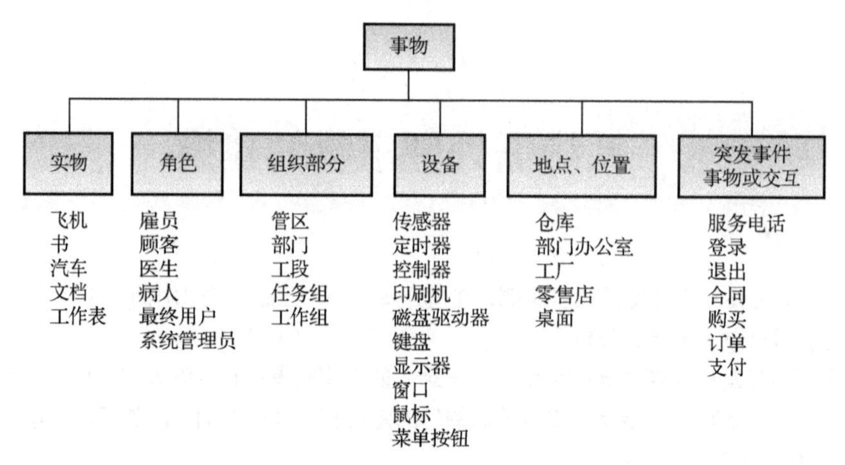

图 5-1 事物类型及其举例

2. 开发事物初始列表的过程

开发事物的初始列表，大致要经历如下几个步骤：①阅读事件/响应列表以及响应事件的用例的详细描述，找出其中的所有名词；②依据已有系统、当前业务处理过程及当前报表或表单中的其他信息添加必要信息种类的名词；③按照下面的规则将事物名称的列表精简，并记录必要的假设。

下面就前面第③点指出的规则做一举例介绍。

（1）对每个名词提出以下问题来确认是否应包含在列表中，即如果是的话，就应该包含在事物列表中。

✓ 是系统需了解的独特事物吗？

✓ 在你所工作的系统的范围之内吗？

✓ 系统需要记住多个这类事物吗？

（2）对每个名词提出以下问题来确定是否应该从列表中将其排除，即如果是的话，就应该从事物列表中排除。

✓ 与你已经定义的某个其他事物是同义词吗？

✓ 是你已经定义的其他信息所产生的输出吗？

（3）对每个名词提出下列这个问题来确认是否应该对其进行进一步的研究，以确定是否应该在事物列表中。

✓ 这个名词可能是你已经定义的其他事物的一些具体信息（属性）吗？如果是的话，也可以作为需定义的事物，也可以不作为需定义的事物，这要具体情况具体分析。

比如，“地址”是已经定义的“商店”事物的一个属性，判断是否需要定义“地址”这个事物，还要看系统的具体需求。如果系统需要提取“地址”中的省、市、区、街道和邮编等信息进行分别的处理，则需要专门定义一个事物类“地址”，它的属性分别表示省、市和区等信息来满足系统需求。如果系统中对“地址”信息作为一个字串整体进行处理，这个属性可以用已有的字符串或字符数组数据类型来表示，则不需要定义专门的“地址”类。

表 5-1 就“订单处理”用例中已经提取的名词为例，分析其是否应该保留在系统内应该处理的事物列表中。

表 5-1　“处理订单”用例为依据解释确定事物名称的规则举例列表

确定的名词	将该名词是否作为事物来存储的一些解释
财务人员	系统不需要处理这些信息，不需要存储
延期订单	一个具体的订单类型还是订单状态值，需要进一步考虑
银行	仅有一个，不必作为事物存储
目录	系统需要记住不同季节和年份的目录，应该保留作为事物
目录细节	与目录类似吗？需要进一步分析
颜色	关于产品项中的一个属性，不必作为事物
确认	从其他信息产生的一个输出，不需要存储为事物
产品项	保存在目录中用于销售的事物，是系统需要记住的事物
完成报表	从其他信息产生的一个输出，是不需要存储的事物

3. 事物间的关系

关系（Relationship）就是事物间自然发生的联系。如客户发送订单时，“客户”和“订单”就发生了自然的业务联系，如图 5-2 所示。

问题域内事物间的关系也是系统需要记录的信息，因此也需要正确地记录和分析。

又比如雇员在某个部门工作时，“雇员”和“部门”之间也发生了自然的联系，如图 5-3 所示。

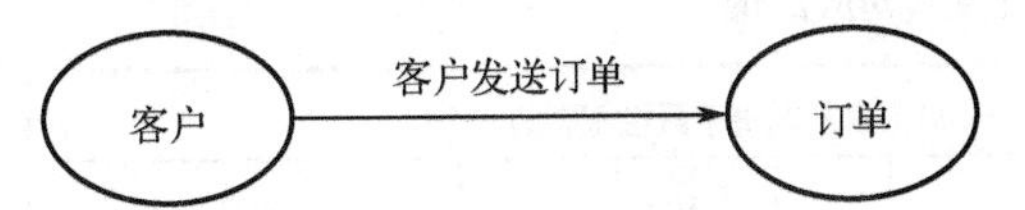

图 5-2 “客户”与“订单”之间关系的图示表示

雇员
雇员工作于部门
部门

图 5-3 “雇员”与“部门”之间关系的图示表示

如果是属于问题域内的事物，系统不但要记录“客户”、“订单”、“雇员”和“部门”这些事物，还需要记录它们之间的关系。

事物之间的关系是双向的，如客户发送订单描述的是一方面的关系，而订单是由客户发送的描述的是另一方面的关系。这种双向关系可以形象地用图 5-4 来描述。

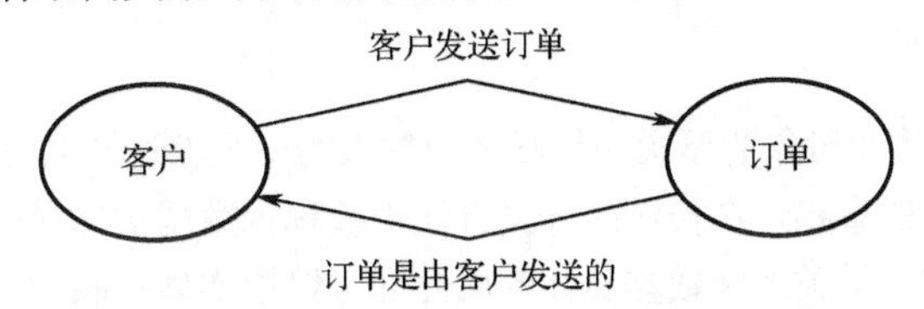

图 5-4 “客户”与“订单”之间双向关系的图示表示

对于两种不同类型事物之间的关系涉及两类事物，称二元关系，即“客户”和“订单”。类似地存在一元关系、三元关系和 n 元关系，一元关系也称回归关系（Recursive Relationship）。如一个“课程”是另一个“课程”的前序课程，此关系的两个事物就都属于同一类事物，是一元关系。又比如任务分配活动是将某个“雇员”分配到某个“项目”的某个指定“地点”，这种由分配任务所形成的关系涉及了“雇员”、“项目”和“地点”三类事物，是属于三元关系。这就是数据关系复杂性的一个度量，即它的度数。所以关系的度数（Degree）就是参与那个关系的实体数量。

当仔细阅读每一个事物之间的关系时，发现关系还包含了事物之间的数量关系。这种数量关系的记录就涉及“基数”的概念。

如图 5-2 的客户与订单之间的关系，如果精确的描述是：一个“客户”发送 0 个或多个“订单”，对于“订单”方而言，关系的另一方的一个“客户”对应 0 个或多个实例，那么 0 个或多个就是这个关系中“订单”方的基数。

基数（Cardinality）就是另一端的一个事物实例与本端的事物实例发生关联的数目。重数（Multiplicity）是基数的同义词，用于面向对象的类图中事物类之间数量关系的描述。

就基数或重数还需要说明以下两个方面。

（1）无论是基数还是重数，都是任意时刻事物之间发生的关联关系的数目。如 A 先生某一时刻还未发送订单，但随着时间的推移可能会发送很多订单，就意味着客户到订单之间关系的“订单”方的基数或重数为 0 或更多。

（2）基数或重数反映了业务规则。如“订单”到“商品”之间的关系中，若“商品”一方的基数或重数为 1 或更多，反映的业务规则是：一个订单中至少包括一件商品，但也可以包含多件商品。也就是一个“订单”可以包含一个或多个“商品”这样的业务规则。

4. 事物的属性

有关事物的一条特定信息就称为一个属性（Attribute）。

标示符（关键字）是能唯一标识一类事物实例的一个或多个属性。如表 5-2 表示的“客户”事物的关键字是“客户编号”，又如学生成绩表（学号，课程号，成绩）事物的关键字是“学号”和“课程号”两个属性的组合。

表 5-2 “客户”事物的属性及其对应的值

所有客户都具有的属性	每个客户的每个属性都有的一个值		
客户编号	101	102	103
名	John	Mary	Bill
姓	Smith	Jones	Casper
住宅电话	555-9182	423-1298	874-1297
单位电话	555-3425	423-3419	874-8546

5. 数据实体和对象

下面给出关于数据实体和对象的概念和相互之间关系的一组叙述性的描述。

✓ 系统需要存储信息的事物，在传统的开发方法中被称为数据实体（Data Entity）。
✓ 数据实体、数据实体间关系和数据实体的属性都可以用实体关联图（ERD）来建立模型。
✓ 实体关联图是建立数据库的基础。
✓ 另一种思考事物的方法是把事物看成在系统中彼此相互作用的对象（Object）。
✓ 面向对象方法的问题域中的对象类似于传统方法中的数据实体。
✓ 对象既具有属性又有行为。
✓ 在面向对象方法中，每个特定事物就是一个对象，事物的类型被称为类。

图 5-5 表示了数据实体和对象之间的关系。它的含义是在结构化的开发中，数据实体与过程是分离的，处理过程可以访问数据实体；而在面向对象的开发中，对象封装了数据和在同一单元中处理数据的方法。

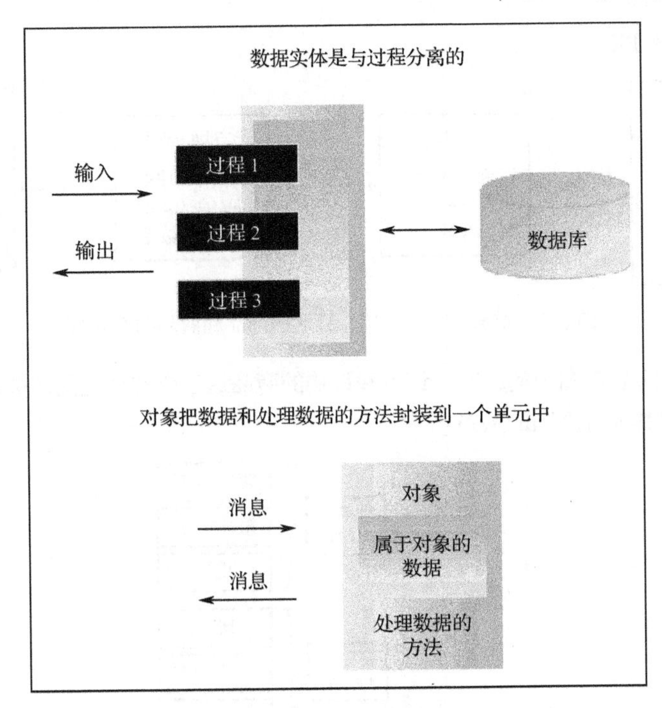

图 5-5 数据实体和对象的比较

5.1.2 实体关联图

问题域内的事物及事物之间的关系在需求分析时，用“实体关联图”建立模型，这一概念对应的英文是 Entity Relationship Diagram，简称 ERD 或 E-R 图。其中“事物”对应于 ERD 中的“实体”，事物间的关系对应于 ERD 中实体间的关系。

1. 基本绘制及含义

实体关联图中矩形代表实体，连接矩形的直线代表实体间的关系，连接线两端的符号表示基数。如图 5-6 所示为简化的实体关联图示例，表示实体的矩形中只包含实体名，如图 5-7 所示为表示实体之间数量关系的连接线端的“图形符号”代表的含义。实体关联图中的实体可以展开来包括实体名和其所有属性，并标出各个实体的主键。

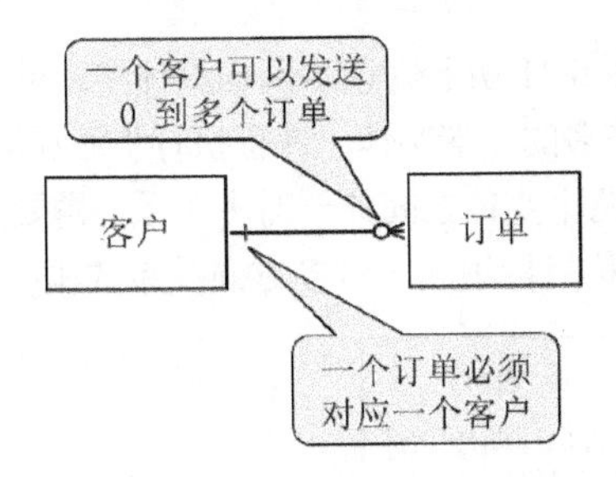

图 5-6 一个简化的实体关联图

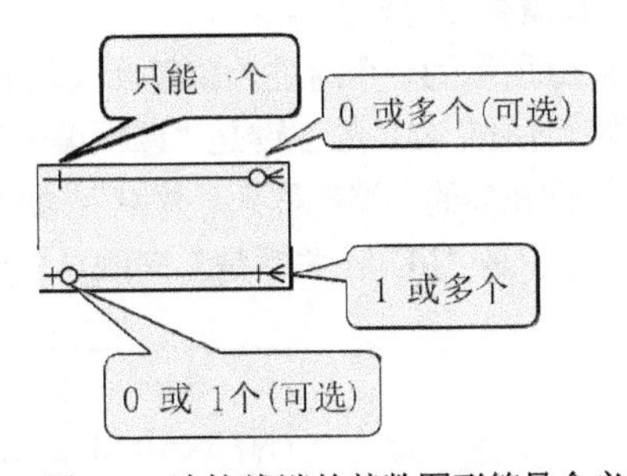

图 5-7 连接线端的基数图形符号含义

如图 5-8 所示一个表示顾客、订单、订购的商品和商品的 E-R 图，请说出图中隐含的业务规则。

主关键字是被指定用来唯一地标识一类实体（事物）中的一个实例的一个属性或多个属性。定义了一个系统涉及事物所对应实体和实体之间的关系之后，就应为每个实体确定主关键字，也称主键，即 Primary Key，简称 PK。

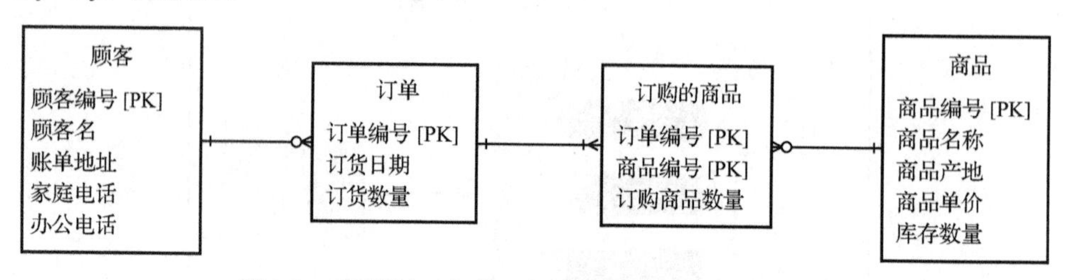

图 5-8　表示顾客、订单、订购的商品和商品的 E-R 图

图 5-9 把图 5-8 的 E-R 图中的顾客、订单和订购的商品这三个实体之间的关系给具体化了，形象地说明了 E-R 图和具体业务之间的关系。

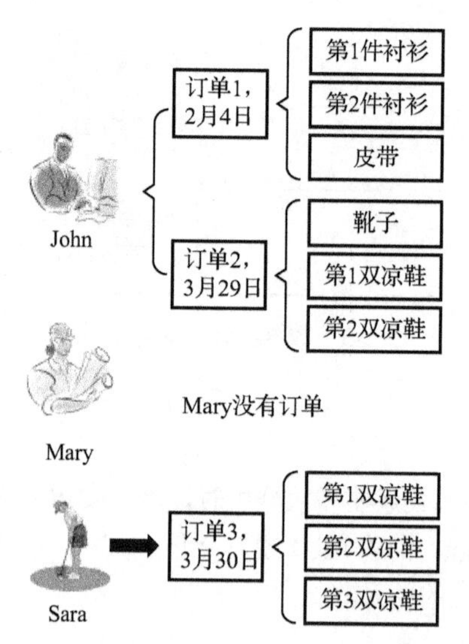

图 5-9　客户、订单和订单中的商品之间关系的具体化表示

2. 建立实体之间一对一或一对多的关联

如果实体之间存在着自然的业务联系，需要产生关联就需要通过外键实现。

外键（Foreign Key，简称 FK）是一个实体的主键，它被贡献给另一个相关实体来实现关联关系。在另一个实体就称为“外键”。

如图 5-10 所示为一个通过外键建立关联的示例，而图 5-11 所示为该示例的具体实现的展开说明。在一的一端“课程”实体的主键是“课程编号”，就需要在多的一端实体“课程执行”添加属性“课程编号”，该属性在多的一端就称为“外键”，如此就建立了两个实体之间的一对多关系。需要注意的是，外键的符号标识是“FK”，关系是双向的，一般的关系名称只标识出一对多方向关系的概况表示。

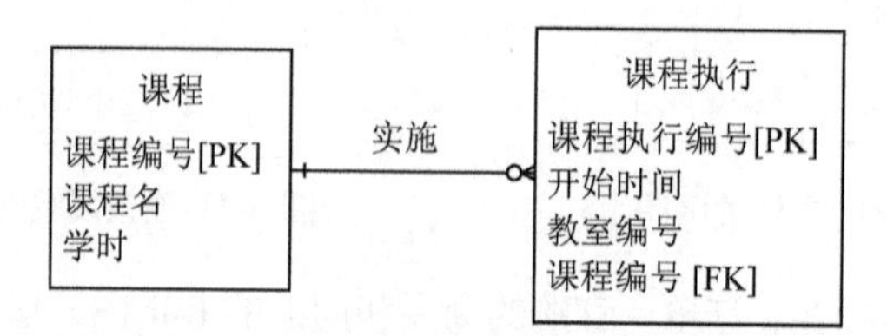

图 5-10　通过外键建立关联示例的 E-R 图表示

“课程”表文件存储如下，以“课程编号”为索引

课程编号	课程名	学时
A001	数据结构	64
A002	数据结构	56
A003	C语言	84
……	……	……

“课程执行”表文件存储如下，以“课程编号”为索引

课程编号	开始时间	教室号	课程编号
10101	2011-1-1	111	A001
10103	2012-1-1	111	A001
10107	2013-1-1	112	A001
10200	2011-9-1	123	A002
……	……	……	……

图 5-11　一对多关系具体实现的展开说明

如果“课程”和“课程执行”表文件都用“课程编号”建立了索引，并且用“课程编号”建立表关联后，当由“课程”表指定记录的“课程编号”字段值找到“课程执行”表的第 1 个对应字段的值相等的记录后，后面的若干条记录都可能是与此“课程编号”字段值相等的记录。

【例 5.1】 假设已经建立实体如下：

学生（ 学号 PK，姓名 ，性别 ，所属系部 ，班级 ）

公寓（ 公寓名 PK，负责人 ，类型 ，房间数 ）

如果存在“学生属于某个公寓，而每个公寓包含多个学生”的联系，①请说明建立这两个实体间联系的方法；②画出实体关系图表示这两个实体间的关系。

解：

① 建立这两个实体间关系的方法是，将“一”的一方“公寓”的主键属性“公寓名”放到“多”的一方“学生”实体中作为其一个属性，此时也称外键。

② 表示两个实体之间关系的实体关联图如图 5-12 所示。

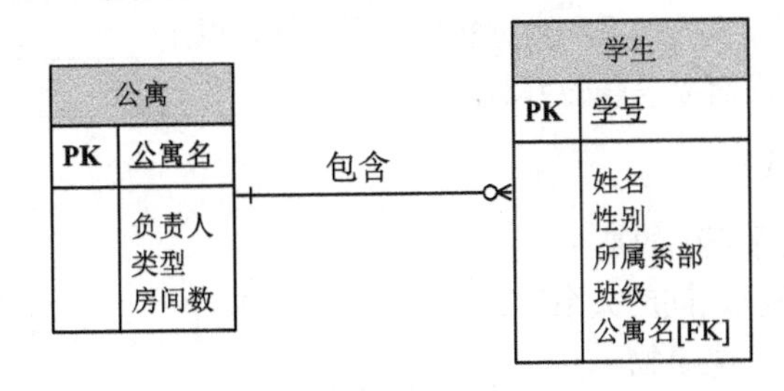

图 5-12　用外键建立实体关联的 E-R 图示例（用 Microsoft Visio 绘制）

【例 5.2】 请解释图 5-13 的数据模型所代表的业务规则。

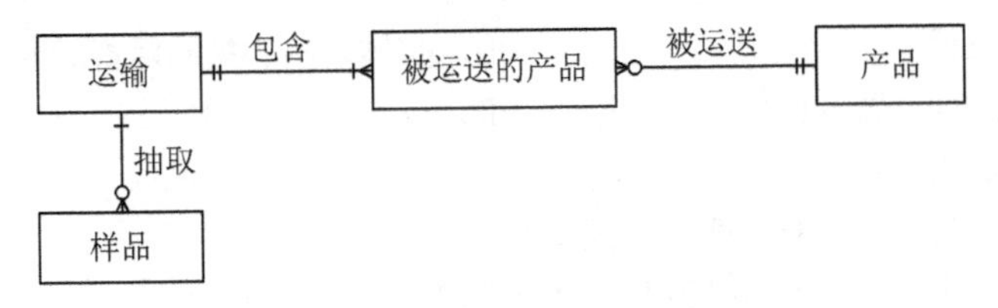

图 5-13　产品运输业务的 E-R 图

解：

✓ 一次“运输”包含一个或多个“被运送的产品”；一个“被运送的产品”被包含在一次“运输”中。

✓ 一个“产品”作为“被运送的产品”0 或多次运送；一个“被运送的产品”一定是一个“产品”。

✓ 一次“运输”需要抽取 0 或多个“样品”；一个“样品”一定取自一次“运输”。

【例 5.3】 已知下面的业务规则，请用实体关联图表示。

✓ 一个“学生”可以选修一门或多门“课程”，也就是作为学生必须选修一门课；

✓ 一个“课程”可以被 0 个或多个“学生”选修，也就是课程最初制定出来时，可以没有学生选修。

解：答案如图 5-14 所示。

图 5-14 满足“学生”和“课程”业务关系的实体关联图

下面的任务将介绍用 Microsoft Visio 绘制实体关联图的方式，其实体的形式与前面绘制的大多数实体形式略有不同，如果用其他创建实体关联图的工具软件绘制的话，其实体的模板还可能有所不同。

习题 5.1

一、填空题

1．在 E-R 图中，另一端的一个实体实例与本端的实体实例发生关联的数目称__________。

2．在面向对象的类图中，另一端的一个类对象与本端的类对象发生关联的数目称________。

3．关系是特定事物之间__________。系统需要存储__________及__________的信息。

4．在 E-R 图中，能唯一标识实体实例的属性是____________________。

5．系统需要存储信息的事物，在传统的开发方法中被称为__________________。

6．数据实体、数据实体间的关系和数据实体的属性都可以用______________来建立模型。

7．在一对多的实体之间建立关联的方法是____________________________。

二、选择题（存在多选）

1．下面关于关系的描述正确的是（　　）。

A．两类不同类型的事物之间的关系称二元关系

B．关系最多只能涉及两类事物

C．一类事物的不同实例之间可以存在关联，称为一元（回归）关系

D．关系中另一端的事物实例与本端的事物实例发生关联的数目称为基数

2．下面关于实体关联图描述正确的是（　　）。

A．实体用矩形表示　　B．实体之间的关系用直线表示

C．连接线两端的符号表示重数　　D．以上所有选项

3．下面关于外键描述正确的是（　　）。

A．可以建立实体之间的一对一或一对多的关联

B．表示一的一方的主键被贡献给多的一方作外键

C．外键的符号标识是 FK

D．表示多的一方的主键被贡献给一的一方作外键

4．可以作为问题域内的事物的有下面哪些选项？（　　）

A．实物和角色　　B．组织部门和设备　　C．地点、位置和事件　　D．以上所有选项

三、判断题

1．在 E-R 图中一个实体只能和其他实体发生联系。（　　）

2．实体关联图是建立关系数据库的基础。（　　）

3．两个存在关系的实体称为关联实体。（　　）

4．如果一个名词是已经定义的其他事物的一些具体信息，则这个名词只能作为其他事物的属性，而不可能作为一个独立的事物在系统中定义。（　　）

5．事物之间的关系只能是单向的。（　　）

6．无论是基数还是重数，都是任意时刻事物之间的发生关联关系的数目。（　　）

四、回答问题

1．如果“订单”实体和“客户”实体之间存在下面的业务关系，请绘制“订单”实体和“客户”实体之间的E-R图。

（1）一个客户可以发出0个或多个订单。

（2）一个订单是由一个客户发出的。

2．假设已经建立实体如下：

客户（客户编号PK，姓名，性别，账号，送货地址）

订单（订单编号PK，订购日期，订购时间）

如果存在“一个客户可以发出0个或多个订单”的自然业务联系，①请说明建立这两个实体间联系的方法；②画出实体关系图表示这两个实体间的关系。

任务5.2　实训七　“罚单处理系统”需处理事物分析：开发系统的E-R图（用Visio绘制）

内容引入

前一任务给大家介绍了怎样提取系统需要处理的事物，怎样用E-R图表示事物及其之间的关系，怎样用外键建立事物之间的联系，这些数据建模知识是为构建关系数据库做准备的。本任务将要求为“罚单处理系统”开发E-R图，以使大家真正理解、掌握E-R图的创建方法，以及E-R图的简单优化方法；还将要求用工具软件Microsoft Visio及探索其他数据建模软件绘制该系统的E-R图，使大家能够用工具软件绘制出标准的E-R图，以方便交流和存档。这一实训的案例背景资料请参看前面实训三。

课上训练

一、实验目的

视频8

1．理解、掌握根据问题域内事物及其之间关系创建E-R图的方法。

2．掌握使用Microsoft Visio绘制E-R图的方法。

二、实训要求与指导

任务与指导 1．确定“罚单处理系统”的事物及其属性，并描述它们之间的自然业务联系

（1）列出需要存储和处理的“事物”名称和属性列表。

请阅读案例资料，并参照下面已给出的两个此系统需要处理的事物名称及属性列表的形式，接着以这种形式给出其他此系统需要处理的事物名称及属性列表。

警察（警察姓名，联系电话，所属派出所名称，联系地址）

罚单（罚单编号，位置，罚款类型，罚款日期，罚款时间，申诉否，审判日期，判决，罚款数量，支付日期）

（2）描述各事物之间自然的业务关系。

请按照下面已给出的一组系统中两个事物及其自然关系的描述方法，阅读案例资料后接着给出其他系统中事物之间的自然业务关系的描述。

一名“警察”可以开出0个或多个“罚单”；一个“罚单”只能由一个“警察”开出。

任务与指导 2. 给出“罚单处理系统”实体列表，要求标识出各实体的主键及建立实体之间关系的外键

（1）实体是由事物类发展来的，实体应具有主键（能唯一地确定一个实体实例的一个属性或多个属性的组合）。因此，应该为系统的每个实体确定主键，没有属性满足主键的条件，就添加一个新属性，在主键旁边要标注出PK。

（2）如果实体之间存在着自然的一对一或一对多的业务联系，就需要产生实体间的关联，这可以通过外键实现。如“警察”实体与“罚单”实体之间存在一对多的关系，且假设在“一”的一端“警察”实体的主键是“警察编号”，就需要在“多”的一端实体“罚单”添加属性“警察编号”，该属性在“多”的一端就称为“外键”，如此就建立了两个实体之间的一对多关系。请在是外键的属性旁边标出FK。

（3）请按照下面已给出的两个由系统事物及其之间关系得到的实体描述形式，阅读案例资料后接着给出其他由系统中事物及其之间关系得到的实体的描述，并且可修改已经给出的事物所具有的属性。

警察（警察编号PK，警察姓名，联系电话，所属派出所名称，联系地址）

罚单（罚单编号 PK，位置，罚款类型，罚款日期，罚款时间，申诉否，审判日期，判决，罚款数量，支付日期，警察编号FK）

任务与指导 3. 使用Microsoft Visio工具绘制上面确定的业务实体及实体间的关系

（1）启动Microsoft Visio的过程为“开始”→“程序”→Microsoft Office→Microsoft Office Visio 2003。

（2）建立绘制数据模型的文件过程为“文件”→“新建”→“数据库”→“数据库模型图”，操作过程图示参见图5-15。

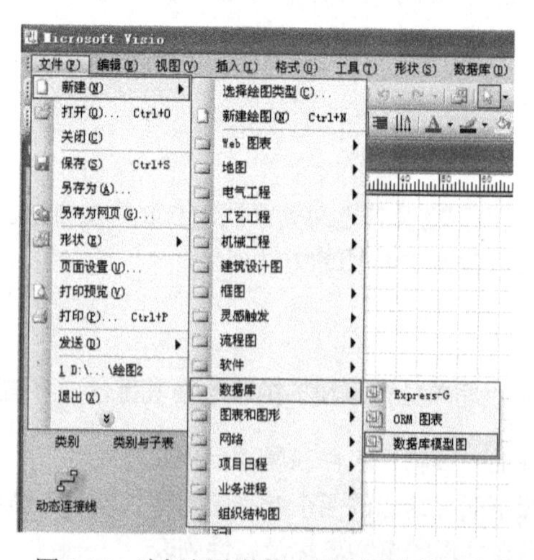

图5-15 选择创建数据库模型图菜单操作

（3）接着就进入数据库模型图绘制界面，其形式如图 5-16 所示。此界面左侧是绘制数据库模型图常用的绘图工具，右侧是绘图区。如果需要还可以通过菜单或工具栏中的工具改变视图的显示比例。

（4）从图 5-16 左侧的工具栏中选择“实体”工具图标，用鼠标拖动到右侧绘图区中。

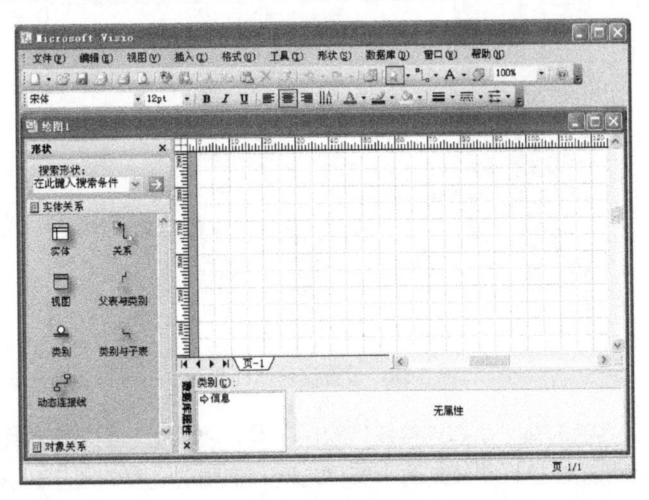

图 5-16　绘制数据库模型图的初始界面

（5）选中绘图区中的该图标，在下面的“数据库属性”设置部分，将“定义”的“物理名称”设置为“警察”，“概念名称”也随之变为“警察”，其效果如图 5-17 所示。

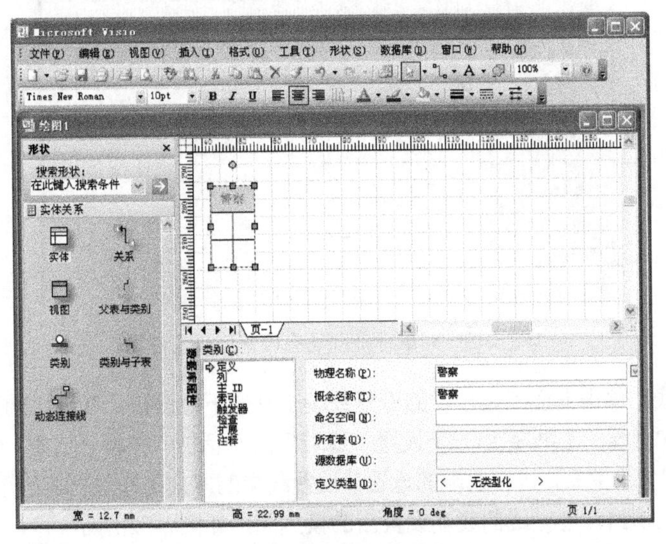

图 5-17　设置实体名称界面

（6）选择图 5-17 的“数据库属性”设置部分左侧的“列”项，然后在其右侧依次输入这个实体的各个属性，并设置是否是关键字、数据类型等，如图 5-18 所示。再用同样的方法绘制实体“罚单”。

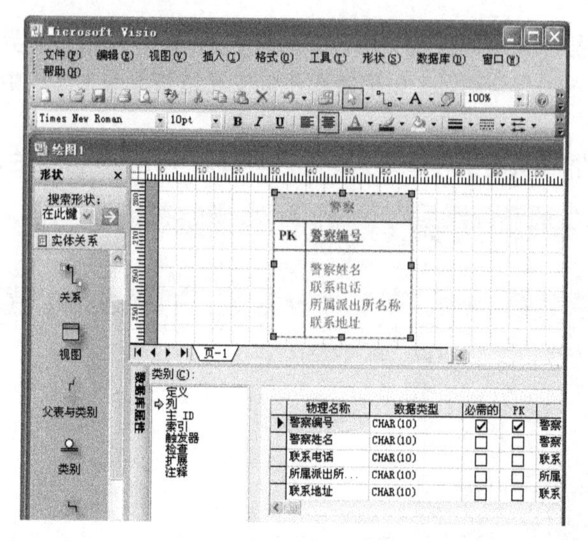

图 5-18　设置实体属性界面

（7）从左侧绘图工具栏选择“动态连接线”绘图工具，将其拖动到右侧绘图区的“警察”和“罚单”之间，用鼠标将该连接线拉直并放到两个实体之间。拖动的过程如图 5-19 所示。

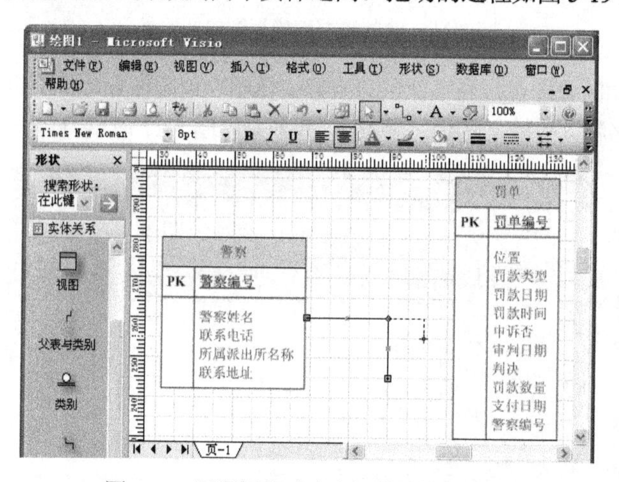

图 5-19　用鼠标拖动动态调整连接的过程

（8）选中连接线，单击上面工具栏中的设置线端工具的下拉箭头，在弹出的菜单中选择“更多线端”选项，如图 5-20 所示。随即弹出一个设置“线端”的对话框，根据“警察”和“罚单”两个实体之间的关系是“一对多”关系，进行线端的设置。设置线端的方式是通过对应的下拉列表框进行选择，具体设置内容参见图 5-21，连接线的线端设置后的模型图，如图 5-22 所示。

注意：由图 5-21 可知，在 Visio 中可以设置线条的不同颜色、粗细和组成图案，这里进一步说明一下，如果用鼠标在一个绘制的“实体”处右击，在弹出的快捷菜单中选择“格式”，在其子菜单中会出现“文本”“线条”“填充”项，选择这些子菜单项，会分别打开相应功能的设置对话框，实现对文本的字体、字号、颜色和段落间隔等设置，还有线条的颜色和粗细等设置，以及填充的颜色、图案等设置。

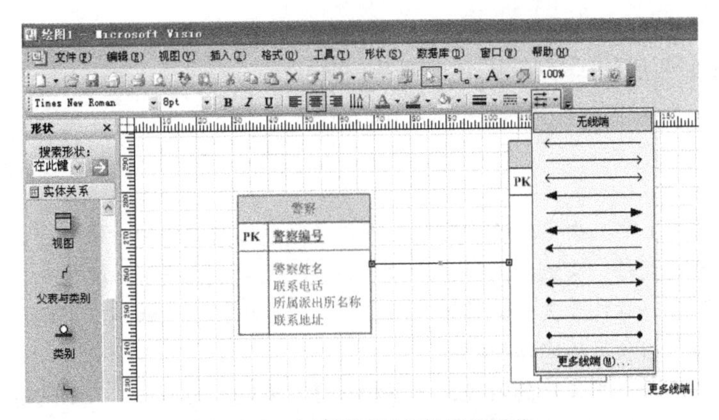

图 5-20　选择设置更多线端的操作

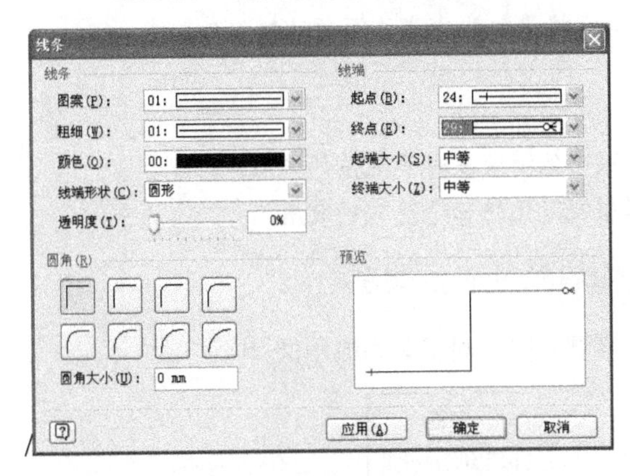

图 5-21　线条设置对话框对线端的设置示例

图 5-22　绘制了实体及实体间关系的实体关联图

课后做一做

请上网查找其他数据建模工具软件绘制 E-R 图模型。

任务 5.3 数据模型的分析与规范化

内容引入

在本单元的任务 5.1 中，初步介绍了用 E-R 图记录问题域内事物的方法，即为每类事物确定一个主键，来区分这类事物的每个实例；怎样为一对多的事物之间建立关系，即“一”的一方的主键属性一定要出现在“多”的一方作为其外键属性。而在任务 5.2 中把这个知识应用到“罚单处理系统”开发的数据建模，创建了该项目的实体关联图。

但数据建模还存在一些更复杂的情况，如事物间存在多对多的关系，又如何有效地建立它们间的关联呢？有些实体中的属性不止依赖主键，还依赖其他属性，可能造成数据冗余等，如何改进实体的设计来去掉冗余呢？本任务就将讲解解决这些问题的知识和技能。

学习目标

- ✓ 理解、掌握引入关联实体消除多对多关系的方法。
- ✓ 理解、掌握数据模型规范化的三个范式的应用。

5.3.1 引入关联实体消除多对多关系

如图 5-23 所示为一个需要消除多对多关系的示例。

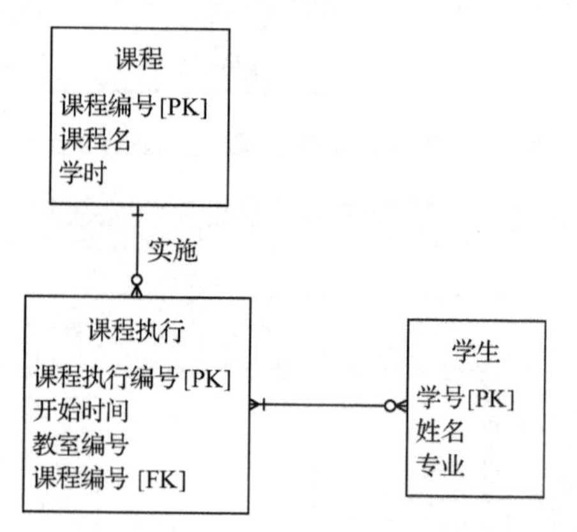

图 5-23 具有多对多关系的“大学课程注册”系统的 E-R 图

图 5-23 说明，一个“学生”可以选一门或多门“课程执行”，一门“课程执行”可以被 0 或多个“学生”选择。这一组关系所代表的业务规则是，只要注册为“学生”就必须至少选择一门“课程执行”，而一门“课程执行”在最初确定出来时可以没有“学生”注册。如果以这两个实体为基础建立关系数据库中的表，关系数据库是不支持表之间多对多关系的，也就无法建立关联操作。这样的两个数据表就需要在它们之间再建立一个单独的表以建立联系，该表对应于 E-R 图中的关联实体，即“课程注册”，它包括了原来相关联的两端实体的主键作为主键属性（“课程执行编号”和“学号”），另外可将依赖于这两方面主键的其他相关数据（如“成绩”）作为属性添加进来，这样就得到了消除多对多关系后的如图 5-24 所示的 E-R 图。

关联实体（associative entity）就是在两个多对多实体之间加入的实体，其主键为相关实体的主键的组合。

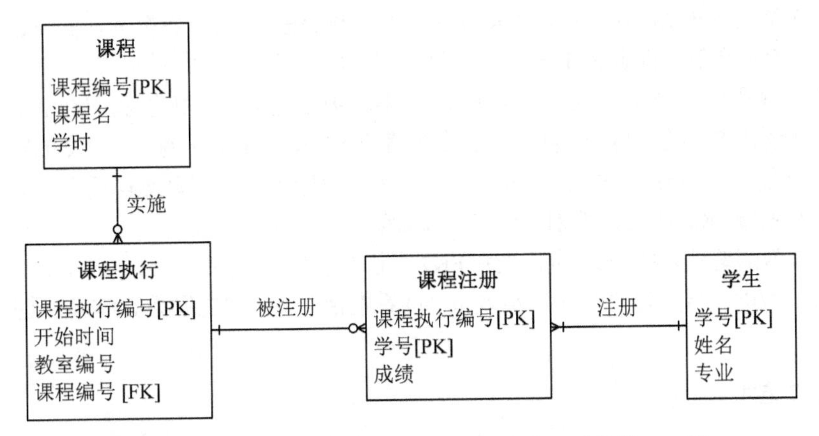

图 5-24　消除多对多关系的“大学课程注册”系统的 E-R 图

如图 5-25 所示为较复杂系统的简化的实体关联图，已消除了多对多关系。它展示了系统存储数据需求，即需要存储哪些数据，可以参照图 5-8 提供的信息试着为其添加必要的属性，并确定主键，以使每个实体实例能被唯一地标识，并使实体之间建立需要的联系。

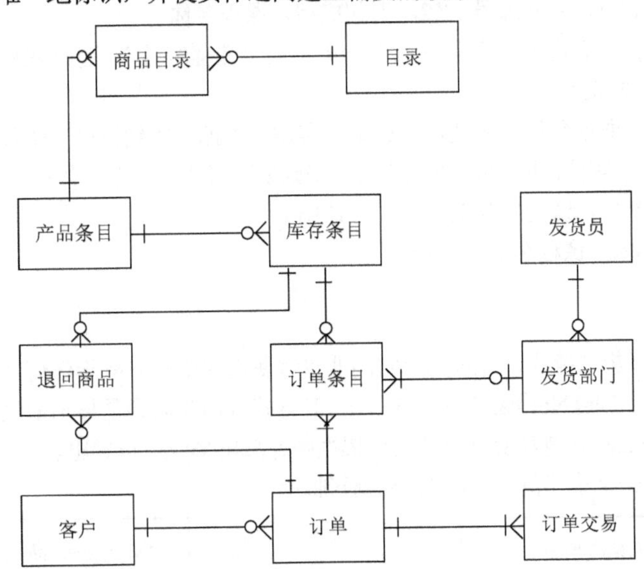

图 5-25　“网上销售系统”的简化实体联系图（消除了多对多关系）

5.3.2　利用三个范式优化 E-R 图

1. 第一范式

如果所有属性对于实体的单个实例都只有一个值，则这个实体满足第一范式（First Normal Form，1NF）

下面是一个不满足第一范式的例子：

教师（教师编号 PK，姓名，性别，所在系部名称，联系电话）

这里，对于“教师”实体而言，某个“教师编号”所对应的一个实体实例的“联系电话”的属性可能有多个值，如办公电话、家庭电话和移动电话，因此不满足第 1 范式。

（1）第一个解决方式是，对一个实体具有多个值的属性进行拆分，拆分后，保证这个实体的每个拆分后的属性只有一个值。按照这种方式解决后的“教师”实体构成如下：

教师（教师编号 PK，姓名，性别，所在系部名称，办公电话，家庭电话，移动电话）

（2）第二个解决方式是，将一个实体具有多个值的属性提取出来作为一个独立的实体，并通过外键与原有实体产生关联。按照这种方式解决后的“教师”和新添加的“联系电话”实体构成如下：

教师（教师编号 PK，姓名，性别，所在系部名称）

联系电话（教师编号 PK1 FK，电话类别 PK2，电话号码）

注：通过“教师编号”将“教师”实体和“联系电话”实体建立联系。PK 表示主键，FK 表示外键。

2. 第二范式

如果实体已经满足第一范式，并且如果所有非主键属性的值都依赖于全部主键，而不仅是部分依赖，则这个实体满足第 2 范式（Second Normal Form，2NF）。

第二范式是针对复合主键的情况，如果是单属性主键，满足了 1NF，就已经满足 2NF。下面是不满足第二范式的示例：

成绩（学生编号 PK1，课程编号 PK2，课程成绩，课程名称）

这里，非主键属性“课程名称”只依赖于一个主键“课程编号”，而不依赖于另一个主键“学生编号”，因此不满足第 2 范式。

解决方式是，将“课程名称”属性从“成绩”实体中去掉，放到只以它依赖的主键作为唯一主键的实体。因此，“成绩”实体按照 2NF 规范化后，得到如下形式的两个实体：

成绩（学生编号 PK1，课程编号 PK2，课程成绩）

课程（课程编号 PK，课程名称，……）

3. 第三范式

如果实体已经满足第二范式，并且如果它的非主键属性的值不依赖于任何其他非主键属性，则这个实体满足第三范式（Third Normal Form，3NF）。其寻找的两类问题是导出属性和传递依赖关系。导出属性（Derived Attribute ）是其值可以从其他属性中计算出来或逻辑导出。

如图 5-26 所示为一个第三范式应用的一个示例。

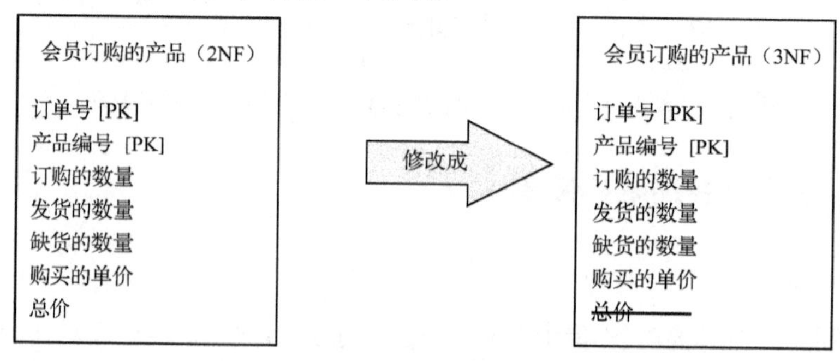

图 5-26 第三范式规范化示例 1

图 5-26 中“总价”是通过“订购的数量”属性乘以“购买的单价”属性计算出来的，因此是导出属性，需要将其删除。

当一个非主键属性依赖于另一个非主键属性时，可能存在传递依赖关系。图 5-27 的左侧“会员订单”实体的“会员名”和“会员地址”属性不仅依赖于主键属性“订单编号”，而且依赖于另一个非主键属性“会员编号”。而“会员名”和“会员地址”属性出现在“会员”实体中，这个实体只以“会员编号”作为主键，因此依据3NF这两个属性可以从“会员订单”实体中删除，其修订后效果如图5-27的右侧所示。

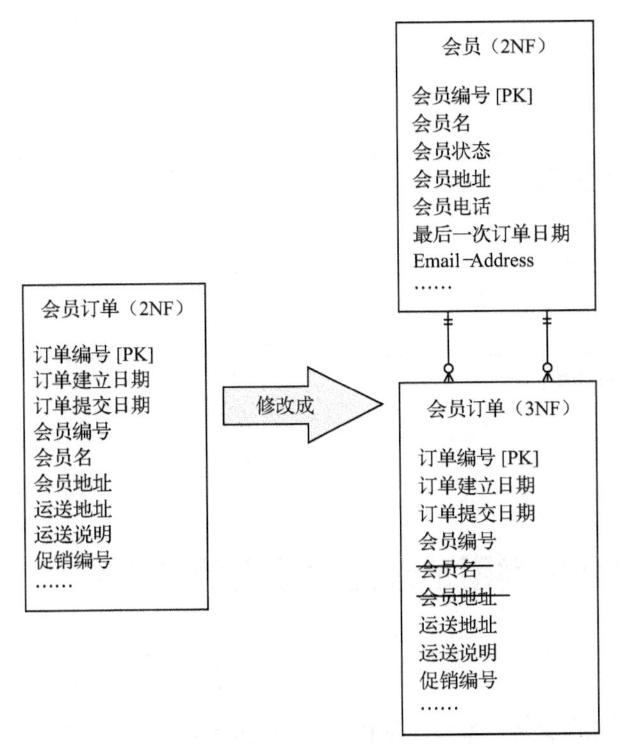

图5-27　第三范式规范化示例2

习题5.3

一、填空题

1．关联实体是在两个多对多实体之间加入的实体，其主键为________。

2．如果所有属性对于实体的单个实例都只有一个值，则这个实体满足________。

3．如果一个实体的非主键属性依赖于其他非主键属性，则这个实体________（满足/不满足）第3范式。

4．如果一个实体的非主键属性的值只依赖于组合主键的一个属性的值，而不依赖于组合主键中的另一个属性，则这个实体________（满足/不满足）第2范式。

二、简答题

假设收集了如下描述的设备情况的数据，它是一种非规范化的形式，要求：

① 给出1NF、2NF和3NF的定义。

② 描述该数据规范化的每一个步骤。

③ 命名每个实体，并用PK标明每个实体的主键，用FK标明每个实体的外键。

设备（设备编号 PK，设备名称，启用日期，价格，所属部门编号，所属部门名称，多个大修的

时间，多个大修的费用 ）

请按照下面给出的框架解答这一个问题。

（1）1NF 是____。

按照 1NF 规范化的结果：

解：

（2）2NF 是____。

按照 2NF 规范化的结果：

解：

（3）3NF 是____。

按照 3NF 规范化的结果：

解：

任务 5.4 使用分析类图记录问题域内的事物

内容引入

前面介绍了构造关系数据库的基础，即 E-R 图的创建方法。如果用面向对象的语言开发“罚单处理系统”，就需要定义实现系统功能的类，事物类是其中首选要确定的最基本的类。

在面向对象系统开发中，问题域内的事物也是构造事物类的基础，因此系统开发分析阶段的下一活动应是确定分析类图记录问题域内的事物。

我们在本任务中将系统介绍有关分析类图的知识，包括类图的分类、构成和各种类之间关系的类图表示等。

学习目标

✓ 理解问题域内的事物与类的对应关系。

✓ 理解类图的组成。

✓ 理解什么是分析类图或领域类图。

✓ 理解类之间不同关系的类图表达方式。

5.4.1 类图

面向对象的程序开发，对于问题域内的事物的认识和处理有以下几点。

✓ 用建模对象类来替代数据实体，以表示问题域的事物。

✓ 事物类具有概化/特化层次，包括概化的超类相对于特化的子类和继承允许子类继承共享它们超类的特点。

✓ 类的聚合（Aggregation）是整体/部分的层次关系，它的作用有：将对象和它的组成部分关联起来；用对象的组成部分来解释对象。

因此可以概括，类图（Class Diagram）就是类之间关系的表示方法。

如图 5-28 所示为问题域内事物在面向对象开发中对应类的 UML 的表示，即类图的基本形式。

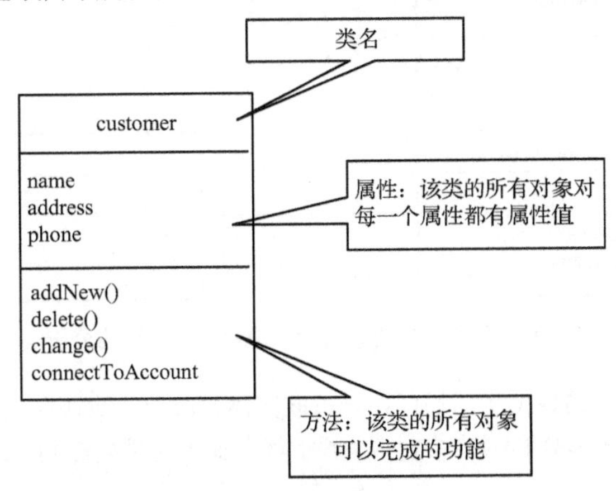

图 5-28　UML 类图的基本构成

在系统分析阶段，经常需要开发领域模型类图展示系统工作问题领域的事物，领域模型类图不是对软件对象的描述，它是真实世界问题领域中的对象（或概念）的可视化，是概念透视图模型，因此也被称为概念对象模型（Conceptual Object Model）或概念类图。它关注的是对象所属类的名称、包含的属性及相互之间的关联。因此这时的类只包含类名和其属性两部分，而不含其所应具有的功能部分。这种类图由于是在分析阶段开发，因此还被称为分析类图。如图 5-29 所示是一个分析类图的示例。

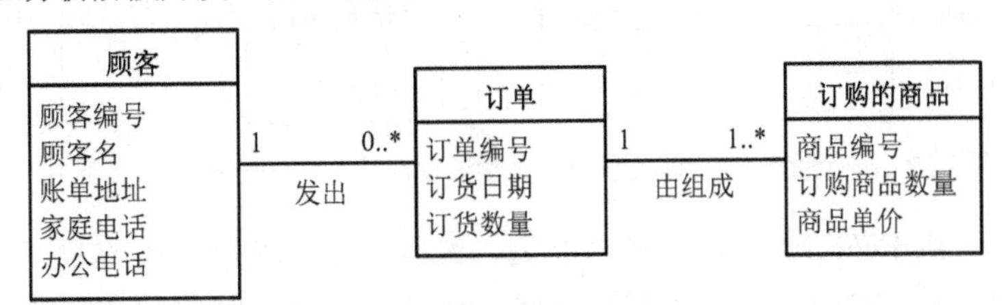

图 5-29　一个简单的分析类图

对于图 5-29 中连接线两端类关联的数目即重数，它的表示符号如图 5-30 所示。

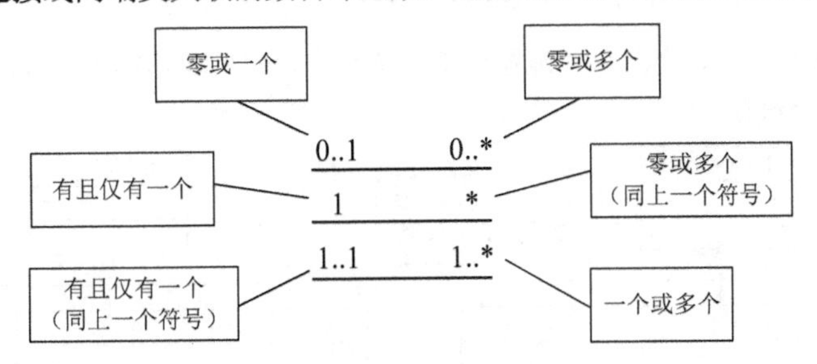

图 5-30　类图连接线端符号的含义

下面系统地说明不同关系的类的类图表示形式。

1. 关联类的设置和表示

如图 5-31 所示为一个分析类图的示例，其中 CourseSection 和 Student 之间的数量关系是多对多关系。

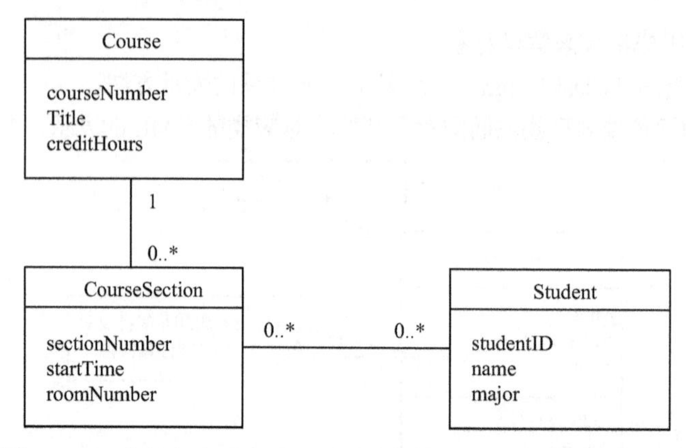

图 5-31　一个具有多对多关系的大学课程注册系统的分析类图模型

为了方便实体类对对应的数据表的访问，与关联实体相对应，应该在多对多关系的实体类之间增加关联类。图 5-32 就是为图 5-31 的具有多对多关系的类添加了关联类 CourseEnrollment 后的分析类图。

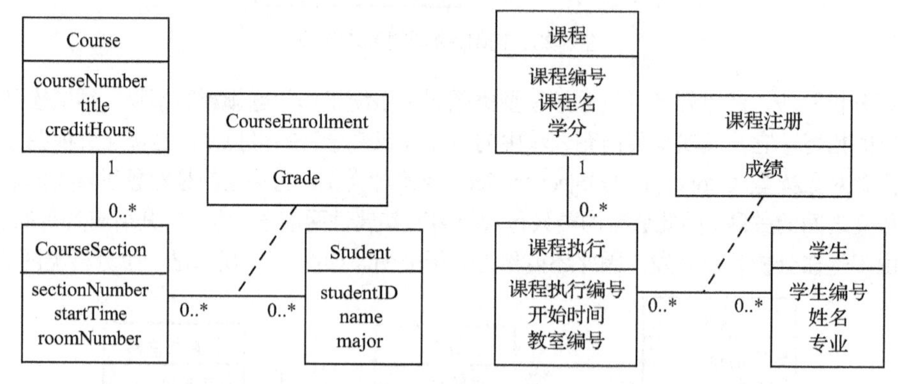

图 5-32　一个优化的具有关联类的大学课程注册系统的分析类图（英/中）

需要说明的是，由于必须要存储每个学生的每门课程成绩，所以类图里增加了一个称为课程注册（CourseEnrollment）的关联类来存储成绩 Grade 属性，一条虚线将该关联类连接到课程执行（CourseSection）类和学生（Student）类之间。

2. 类的继承（Inheritance）关系的设置与表示

图 5-33 可以理解为卡车、小汽车和拖拉机都是特殊类型的机动车辆，而跑车、轿车和运动型多功能车都是特殊类型的小汽车。

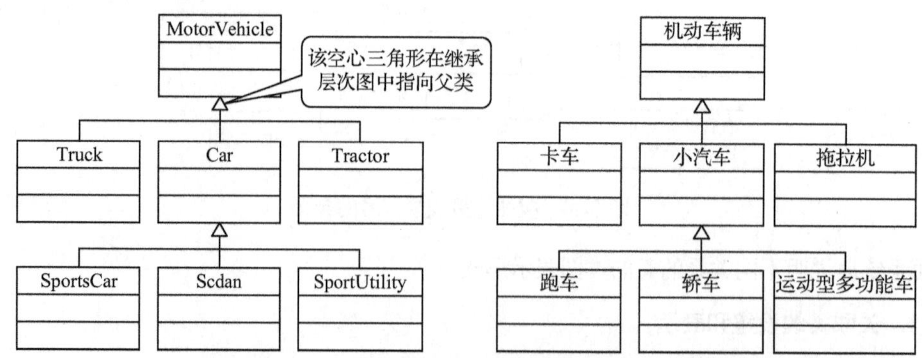

图 5-33　机动车辆继承关系的类图（英/中）

由于子类能继承父类的所有非私有属性和方法，只定义自身特有的属性和方法，这样可简化程序编写。因此，在系统分析和设计时需要发现和提取类之间的继承关系。

后面要涉及简化的设计类图，它是在分析类图的基础上发展来的，是用于在新系统中表现软件类。暂时绘制的设计类图只是添加一些方法来强化软件类具有属性和方法这种概念，可以认为是简化的设计类图，先忽略数据类型和访问权限等概念和图形表示。

图 5-34 给出的示例说明了类的继承机制为编程带来的好处。

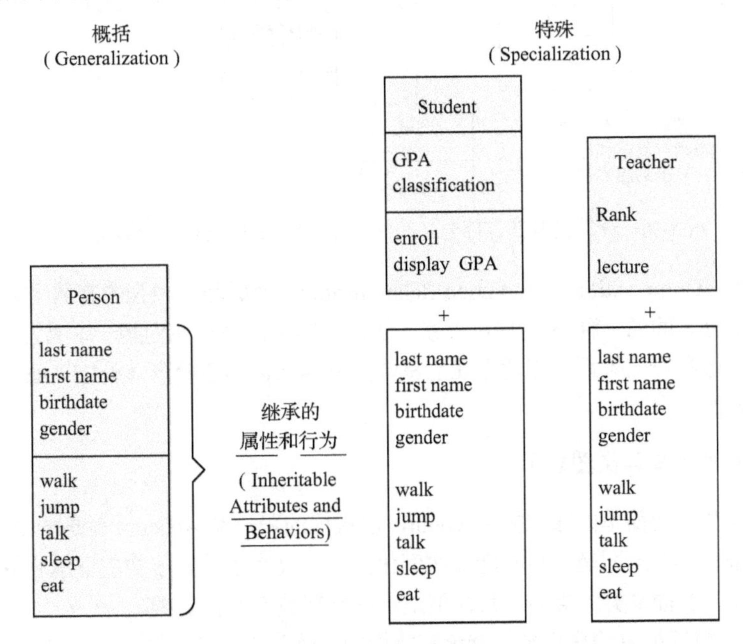

图 5-34　概化和特化关系的示例

当要修改类 Student 和类 Teacher 的 birthdate 的数据类型时，如果采用了概化/特化的继承结构，就只要在类 Person 一处修改即可，而类 Student 和类 Teacher 只是继承了此属性。

3. 类的整体与局部关系的分类与表示

类图中类的整体与局部关系有聚合和合成两类，下面是详细介绍。

（1）聚合关系（Aggregation Relationship）。图 5-35 是一个整体与局部关系类图示例。

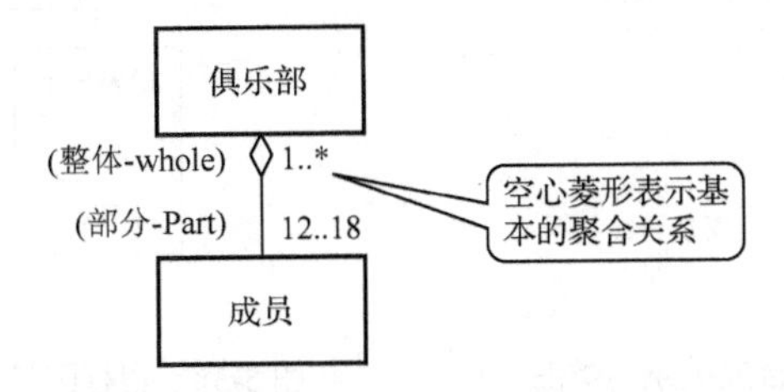

图 5-35　俱乐部及其成员之间的整体与局部（聚合）关系类图表示

从图 5-35 可以总结出聚合（Aggregation）是一种松散的整体/局部关系，一个俱乐部可以包含 12 至 18 个成员，而一个成员可以属于一个或多个俱乐部。这种关系在连接线的整体一端用空心菱形（Hollow Diamond）表示。图 5-36 给出了表示一个计算机和其各组成部分之间聚合关系的类图。

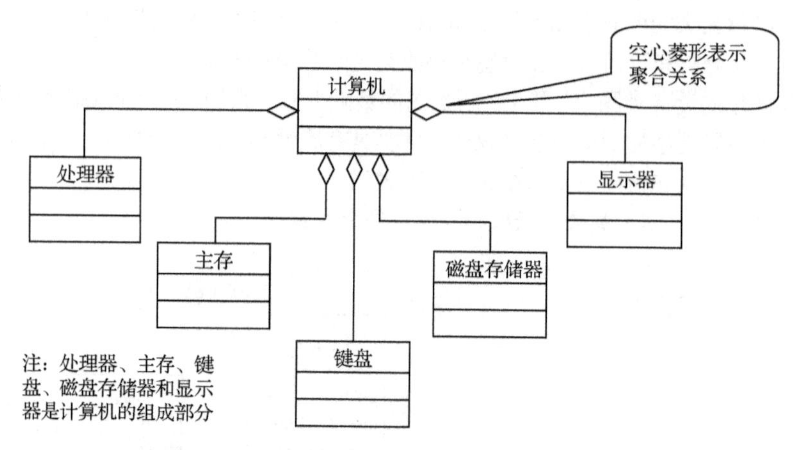

图 5-36　计算机及其各部分之间的整体与局部（聚合）关系类图表示

（2）合成关系（Composition Aggregation Relationship）。合成是一种强的整体/局部关系，是对象与其不可分割的各部分之间的一种整体/局部关系。如某个书的封面只能为某一本书设计，书和其封面之间是不可分割的整体和局部关系，在关系线的整体部分端标识实心菱形（Solid Diamond）。图 5-37 就是这方面类图的示例。

4．抽象类的含义与类图表示

如果银行不存在任何简单的账户类 Account，那银行的账户类 Account 就是一个抽象类。

抽象类（Abstract Class）是一种不能被实例化的类，仅为了使其子类能继承它的属性、方法及关联。类图中用斜体表示抽象类的类名。具体类是一种能够被实例化的类。

图 5-38 给出了银行抽象的账户类与继承其特性的具体类之间的类图表示。

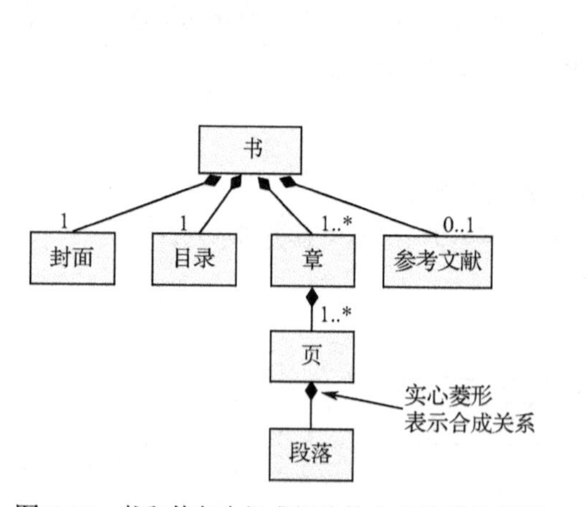

图 5-37　书和其各个组成部分的合成关系的类图

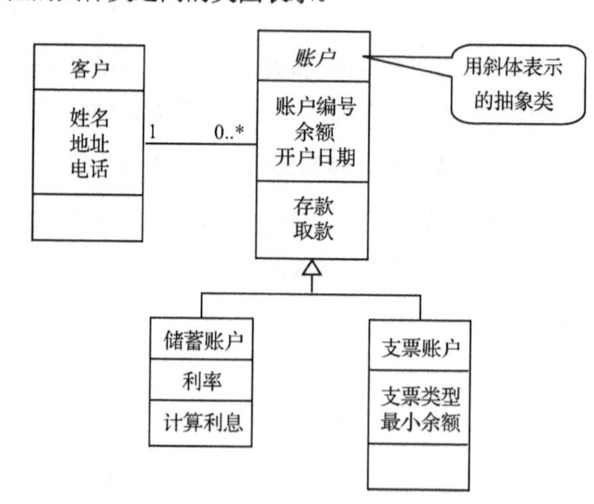

图 5-38　银行账目系统类图——抽象类的表示

图 5-39 是在原来的“学生选课类图”基础上，加入了“学期”类和“学生”类两个子类，以及必要方法后的简化设计类图。

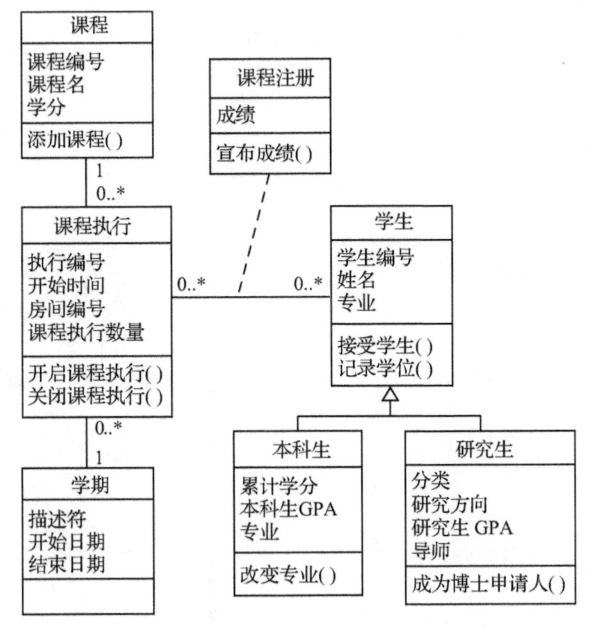

图 5-39 扩展的课程注册系统设计类图

5.4.2 传统方法和面向对象方法的需求模型的区别

事件和事物这两个关键概念都是需求建模的起点。无论是传统方法还是面向对象方法，都是这两个相同的初始信息开始的。

面向对象方法首先从事件表生成用例图和一组用例描述，再生成其他系统需求的模型。

如果是传统方法，需先获得事件表中的用例（活动）并根据表中的信息生成一组不同层次数据流程图（DFDs）和系统关联图等；实体关系图定义反映了在 DFD 中数据存储的内部构成。图 5-40（a）用英文给出了传统方法和面向对象方法需求分析阶段所构造的模型，请思考一下这些英文代表的模型，后面接着给出了中文描述的模型图分类，如图 5-40（b）所示。

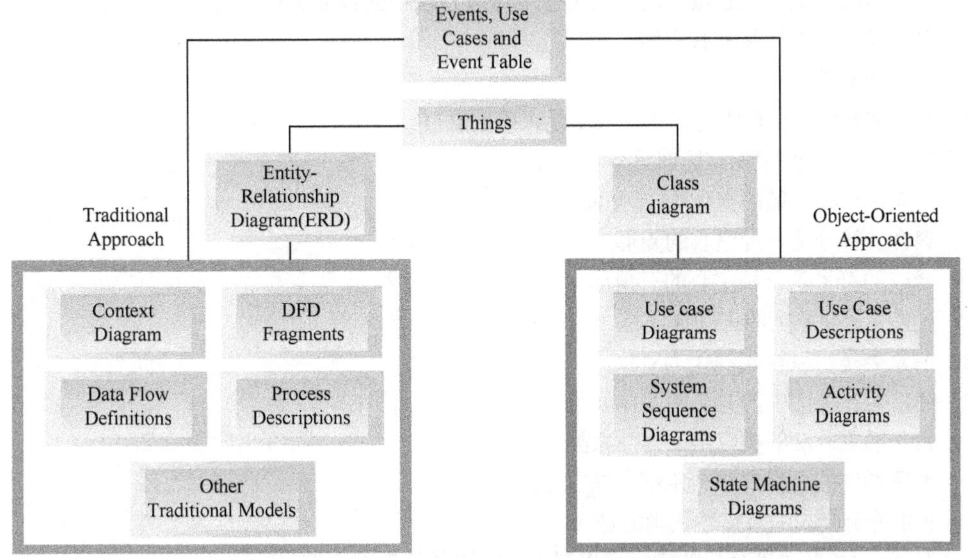

图 5-40（a） 传统方法和面向对象方法的需求模型（英）

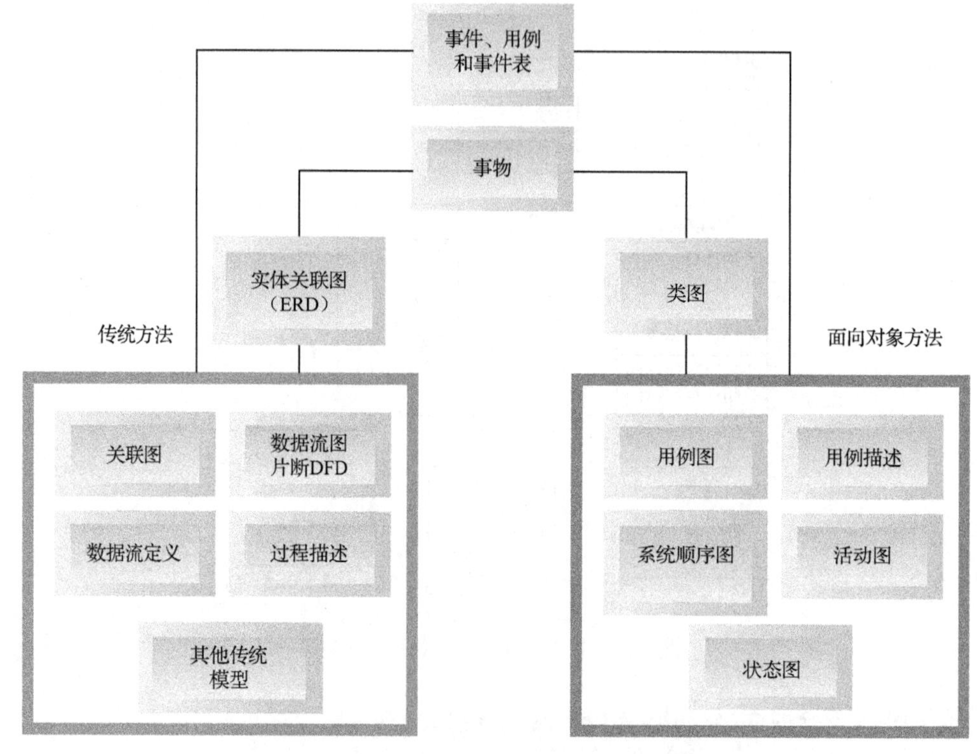

图 5-40（b） 传统方法和面向对象方法的需求模型（中）

习题 5.4

一、选择题（存在多选）

1．下面关于对象的描述正确的是（ ）。

A．把问题域内需处理事物看成是系统中彼此相互作用的类对象

B．面向对象方法的问题域中的对象类似于传统方法中的数据实体

C．对象既具有属性又具有行为

D．以上所有选项

2．下面关于聚合和合成的描述，哪个是正确的？（ ）

A．聚合是一种强的整体/局部关系

B．合成是一种松散的整体/局部关系

C．聚合的符号是一种空心的菱形

D．合成的符号是一种空心的三角形

3．下面关于抽象类的正确描述是（ ）。

A．抽象类是可以被实例化为对象

B．抽象类在类图中的类名用斜体表示

C．包含抽象方法的类应定义为抽象类

D．抽象类中的所有方法一定都是抽象方法

4．下面关于合成关系描述正确的是（ ）。

A．在某一时刻，“部分”的实例可以属于多个“整体”的实例

B. 在某一时刻，“部分”的实例只属于一个“整体”的实例

C. 合成关系是一种减弱的聚合关系

D. “整体”要负责创建和删除其部分

二、填空题

1. ________是一种不精确地暗示了“整体/局部关系”的关联，其连接线在表示整体的一端要加标记________。

2. ________是一种很强的整体/局部关系，其连接线在表示整体的一端要加标记________。

3. 在 UML 模型图中，从关联类到其相关的两个类之间的连接线是________线。

三、简答题

1. 请绘制“卡车”类、“机动车”类、“小汽车”类和“公共汽车”类之间关系的简化类图。

2. 请绘制体现“书”类、“封面”类、“章节内容”类、“书籍摘要”类之间内在组成关系的简化类图。

3. 请说明父类和子类的关系，说出父类和子类哪个更具有一般性。

任务 5.5　实训八　开发“罚单处理系统”分析类图（用 Rational Rose 绘制）

内容引入

前一任务给大家介绍了有关类图的知识，包括类图的基本构成、绘制规则和各种不同关系类的类图表示，以及分析类图概念的知识。本任务要求大家开发“罚单处理系统”的分析类图，并用常用的建模工具软件 Rational Rose、Microsoft Visio、StarUML 和 JUDE-Community 绘制该模型图，使大家真正理解分析类图的由来和在需求分析中的作用，也进一步熟悉用建模工具软件绘制类图的方式。本实训的案例背景资料参考前面实训三。

课上训练

一、实验目的

1. 理解、掌握各种类之间关系的类图的绘制方法。

2. 掌握使用工具软件 Rational Rose 和 Microsoft Visio 绘制类图的方法。

3. 理解实体类和实体之间的对应关系。

视频 9

二、实训要求与指导

任务与指导 1. 使用 Rational Rose 绘制“罚单处理系统”的分析类图

由于程序中对关系数据库中数据表的访问需要通过表对应的类对象实现，所以每个实体应定义一个对应的实体类，因此这个任务的完成要参照前面实训中完成的“罚单处理系统”实体关联图。另外需要说明的是，在后面的设计类图中，类是否添加新的属性，或实体类是否包含其实体外键属性，还应参照具体实现功能、导航线方向等确定。

使用 Rational Rose 绘制类图的方法可以参考实训一，这个任务创建类图绘制窗口的过程为：在左侧浏览部分的 Logical View 处右击，从弹出的快捷菜单中选择 New 菜单项，接着从展开的菜单中选择 Class Diagram 菜单项，此时左侧的浏览窗口新出现一个默认名字的类图图标，将其更名为“‘罚单处

理系统’分析类图”，双击该类图图标在右侧打开该类图的绘制窗口。

绘制类图的方法在实训一的基础上需要补充类之间的连接线两端添加重数的方法，而重数的表示含义请参见前面图 5-30，类之间连接线的重数的添加方法下面举例说明。

（1）假设已经绘制出“警察”类、“罚单”类和它们之间的连接线，并选中了连接线，如图 5-41 所示。

（2）双击连接线后，在弹出的关联线设置对话框“General”选项卡的 Name 旁文本框中输入“开出”，如图 5-42 所示。

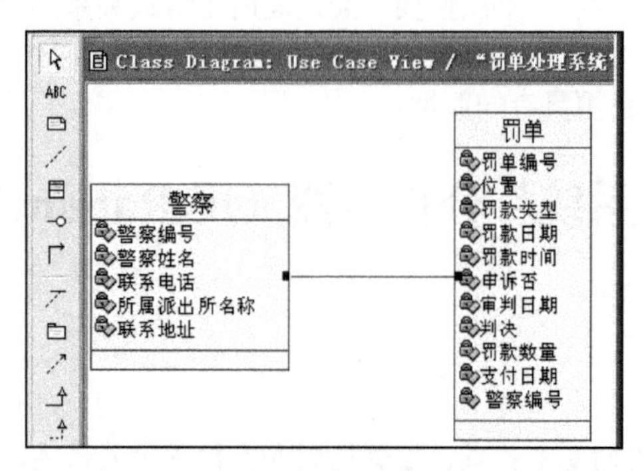

图 5-41 示例中没用设置连接线两端重数标注的类图形式

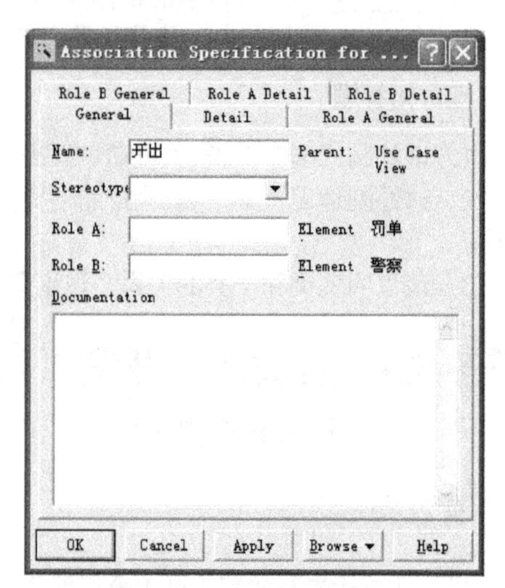

图 5-42 示例关联线设置对话框之 General 选项卡

（3）选中这个对话框中的 Role B Detail 选项卡，设置其重数（Multiplic），设置的值如图 5-43 所示。这是为连接线的起始端设置的符号，表示重数，即另一端为一个对象时，这一端对应的对象数量。

（4）接着选中这个对话框中的 Role A Detail 选项卡，设置其 Multiplic 值，如果系统提供的下拉列表框中没有提供希望设置的值，可自己输入希望的重数值，设置的值参见图 5-44。这是为连接线的终止端设置符号。

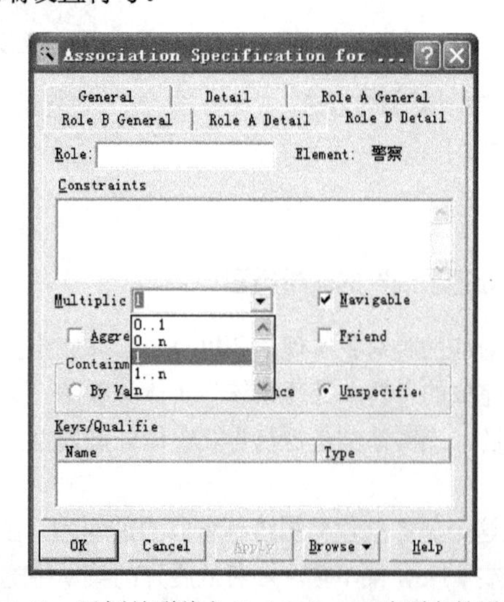

图 5-43 示例关联线之 Role B Detail 选项卡的设置

图 5-44 示例关联线之 Role A Detail 选项卡的设置

（5）设置完成后，单击 OK 按钮。如果添加的关联名和重数的位置不是理想位置，可以用鼠标拖动或键盘移动微调到理想位置，最终效果如图 5-45 所示。

图 5-45　完成了两个类之间关系、关系名和重数设置的类图

任务与指导 2．在 Microsoft Visio 环境绘制图 5-32 中文表示的包含关联类的分析类图

（1）启动 Microsoft Visio 后，按照图 5-46 所示操作，创建绘制 UML 类图的绘图文件。

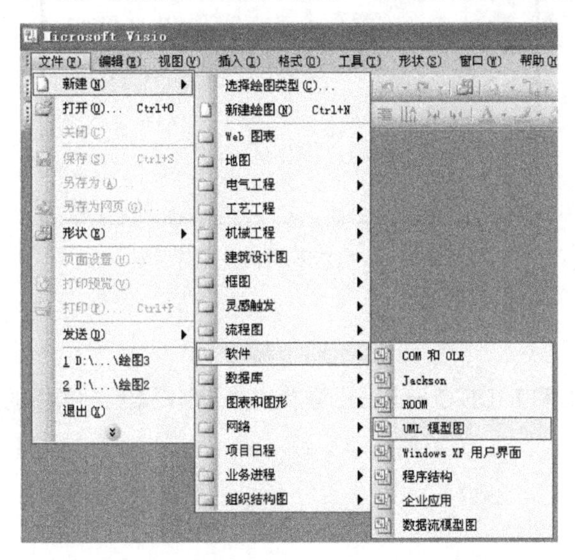

图 5-46　Visio 中选择创建 UML 模型图的菜单操作

（2）创建了绘制 UML 类图的文件后，在左侧选中打开“UML 静态结构”绘图工具栏，其中提供了各种绘图工具，可以将其用鼠标拖动到右侧的绘图区帮助使用者方便地绘制类图。这里拖动“类”绘图工具到右侧的绘图区，此时的用户界面如图 5-47 所示。

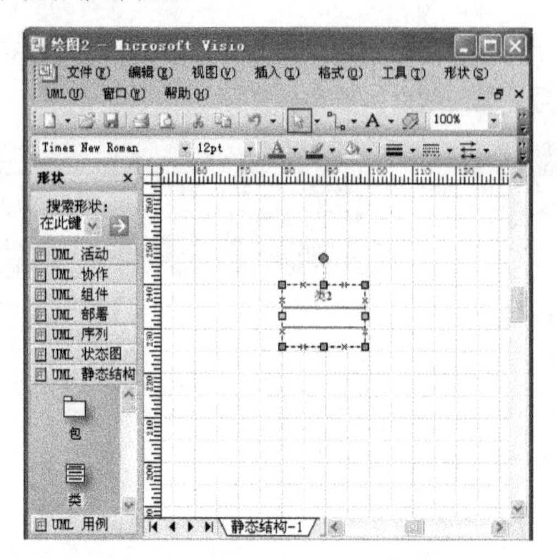

图 5-47 Visio 中绘制 UML 类图的窗口

（3）双击绘图区的该类的图标，弹出图 5-48 所示的“UML 类属性”对话框。在左侧选择“类”时，可在右侧“名称”文本框中输入所要定义的类名；在左侧选择“特性”时，可以在右侧为该类添加属性；在左侧选择“操作”时，可以在右侧为该类添加方法。

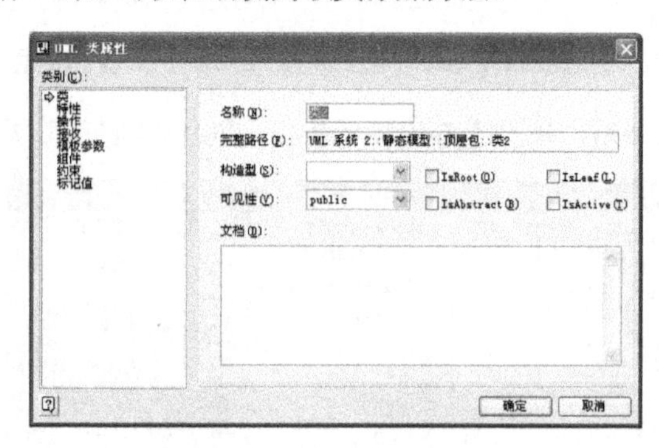

图 5-48 “UML 类属性”对话框

课后做一做

请用下载的 StarUML 和 JUDE-Community 建模软件分别探索绘制类图的方法，试用这些软件为系统绘制类图。

单元六　可行性分析和系统方案建议

前面已经对“罚单处理系统”需要实现的功能和需要处理的事物进行了分析和建模，在进入设计阶段之前要对该系统整体的实现方式进行决策，如：是购买软件包还是自己开发？采用哪种开发架构？采用什么编程语言等。这些工作就需要掌握怎样设计、表达系统设计的总体方案，如何从运行可行性、技术可行性、进度可行性和经济可行性的角度分析评价各方案，最后依据分析结果提交一个建议的系统方案。设计阶段依据这个建议的方案进行系统的详细设计。

在如今的商业界，分析员必须学会像企业经理一样地思考。系统分析员被更多地要求回答的问题是：投资能收回吗？是否有其他投资能带来比预期更高的回报？因此，系统分析员必须掌握从特定的角度描述系统方案和对方案进行可行性分析的技术。

在面向对象的系统开发中，在起始阶段或称项目启动阶段就要进行初步的可行性分析，并在其后的最初几次的迭代开发中进行详细的可行性分析。这一单元主要介绍软件项目的一次迭代开发的分析阶段最后的决策分析活动用到的可行性分析技术和候选方案评价技术。前面单元三已介绍了什么是可行性分析，以及可行性评价准则，在这一单元中这些基本概念就不再讲解，可参见前面单元。

任务 6.1　成本效益分析技术

内容引入

前面单元三已经介绍了软件项目开发可行性分析的几个准则，它们分别是运行可行性、技术可行性、进度可行性、经济可行性、文化（或政治）可行性和法律可行性，而其中的经济可行性已经被定义为一种成本效益分析。如何估计成本和收益？如何比较那些成本和收益以确定经济可行性？在这一单元将介绍这方面的知识和技术。

学习目标

✓ 理解、掌握系统成本的确定方式。
✓ 理解、掌握系统收益的确定方式。
✓ 理解、掌握货币时间价值的概念。
✓ 理解、掌握用于比较成本效益的三项技术，即投资回收分析、投资回收率和净现值。

6.1.1　系统将花多少钱

系统的成本（Cost）分为开发成本和运行成本两类，其中系统开发成本通常是一次性成本，包括：

人工成本、计算机使用的成本、培训成本、供应、复制和设备成本、任何新计算机设备和软件的成本。

系统运行成本包括固定成本和可变成本。固定成本（Fixed Cost）是有规则的但相对固定的费用，如租赁费用、软件许可证费用、软件系统的支持维护人员按比例支付的工资。变动成本（Variable Cost）

是与某些使用因素成比例的费用，如预打印的表格、使用的磁盘等其他费用、使用公共设施的费用。

下面是一个建议的系统方案成本清单的示例。

（1）开发费用（Development Costs）

人员（Personnel）：

2	系统分析员（400 小时/人 ￥50.00/小时）	￥40,000
4	程序员/分析员（250 小时/人 ￥35.00/小时 ）	￥35,000
1	GUI 设计人员（200 小时/人 ￥40.00/小时 ）	￥8,000
1	通信专家（50 小时/人 ￥50.00/小时）	￥2,500
1	系统设计师 （100 小时/人 ￥50.00/小时）	￥5,000
1	数据库专家 （15 小时/人 ￥45.00/小时）	￥675
1	系统资料员 （250 小时/人 ￥15.00/小时）	￥3,750

花费（Expenses）：

4	JavaEE 培训费 （￥3,500.00/学生 ）	￥14,000

新的硬件和软件（New Hardware & Software）：

1	开发服务器	￥10,000
1	服务器软件（操作系统等）	￥1,500
1	DBMS 服务器软件	￥5,500
7	DBMS 客户端软件 （每个客户端软件 ￥950.00）	￥6,650
总开发成本（Total Development Costs）		￥132,575

（2）预计的年运行成本（Projected Annual Operating Cost）

人员（Personnel）：

2	程序员/分析员（125 小时/人 ￥35.00/小时）	￥8,750
1	系统资料员 （20 小时/人 ￥15.00/小时）	￥300

花费（Expenses）：

1	服务器的维护合同	￥1,000
1	服务器 DBMS 软件的维护合同	￥530
	预打印表格（15,000 张/年 0.3 /张）	￥4,500

预计总的年度运行成本（Total Projected Annual Operating Costs）：￥15,080

6.1.2 系统将提供什么收益

收益一般会增加利润或者降低成本，我们希望所开发的软件系统能带来收益，其应该尽可能地以货币来量化。系统的收益（Benefits）可以分为有形收益和无形收益。

（1）有形收益（Tangible Benefit）：是那些容易被量化的收益。有形收益可按照公司月度或者年度积余或者利润的形式度量。可以参考以下场景。

学校学生综合信息处理系统需要重复输入和填写大量的数据。一次分析揭示同一数据被输入了 7

次，平均每个学生综合信息处理需要办事员多花费 40 分钟工作时间。办公室每年处理 3000 个学生信息。这意味着每年总共 120000 分钟或 2000 小时的重复工作。如果一个秘书的平均薪水是每小时 15 元，则这个问题的成本和解决这个问题的收益就是每年 30000 元。

有形收益还可按照单位成本积余（少花的资金）或利润的形式来度量。比如每个系统可减少库存运输成本是每库存单位 0.5 元。

另外，有形收益还可以具体体现在较少的处理错误、增加的吞吐量、减少的响应时间、增加的销售、信用损失降低和减少成本等。

（2）无形收益（Intangible Benefit）：是那些被认为难以量化或者不可能量化的收益。无形收益具体体现在改善的客户亲切感、提高的雇员士气、对社区提供更好的服务、更好的决策。

需要说明的是，这些收益只是难于量化，并不是绝对不能量化。比如对于亲切感的量化，可以设想如果缺少亲切感，可能导致固定客户有 50%的可能将减少 10%订单发送，还可能导致……而且每个客户每年的业务量平均为 5000 元，这样通过一系列估计和复杂推算，也能确定大致的收益。

6.1.3 货币时间价值与成本效益比较

有三种常用的技术可用于评估成本效益，也就是经济可行性。它们是投资回收分析、投资回报率和净现值。每种技术都要使用的一个概念是调整成本和收益以反映货币时间价值。

1. 货币时间价值

货币时间价值（Time Value of Money）就是今天 1 元比一年后 1 元更值钱。以在银行存钱为例，现值存 1 元钱，通过利息 1 年后银行的钱会超过 1 元钱，因此现在拥有 1 元钱比 1 年后拥有 1 元钱更有价值。在对开发软件系统进行成本效益分析时，将来系统运行时产生的收益和维护的成本都需要考虑货币的时间价值，也就是把将来的支出和收益都转换为当前的货币值进行评估。下面我们介绍一组与货币的时间价值相关的概念。

贴现率（Discount Rate）是类似于从存款账户中获得的利息率。在大多数情况下，一个企业的贴现率是能够投资到其他项目的机会成本，包括投资到股票、基金、债券等的可能性。

我们可以根据贴现率计算出在未来任何时候 1 元的当前价值，这也可以称为贴现因子（Discount Factor）。下面给出了贴现因子的计算公式：

$$PV_n = 1 / (1+i)^n$$

其中：

（1）PV_n 表示 n 年后的 1 元钱的现值，即 n 年后货币的贴现因子；

（2）n 表示年数，i 表示贴现率。

假设公司的贴现率是 12%，那么，从现在起两年后的 1 元钱的现值（即贴现因子）是：

$$PV_2 = 1/(1+0.12)^2 = 0.79719$$

现值（Present Value）就是在未来任何时候一笔资金的当前价值。所以如果公司的投资贴现率是 12%，两年后能赚到的 10000 元钱，就相当于现在赚到 7971.9 元（0.79719 乘以 10000 元）。

2. 投资回收分析

这种技术可以用于确定投资是否可以收回以及何时收回。这就需要计算投资回收期，在计算时需要考虑货币时间价值。如果投资回收期大于等于系统使用年限的有效生命期，投资就不能收回。

投资回收期（Payback Period）是指一个项目投入使用后，直到累计收益现值大于累计成本现值的时间。

图 6-1 是一个系统候选方案的成本收益计算表，关于该图需要说明如下。

（1）货币符号¥是在“设置单元格格式”对话框中统一设置的。

（2）统一将费用（支出值）用负数来表示，而收益用正数来表示。在表中圆括号括起来的红色数字表示负数，也是在“设置单元格格式”对话框中设置的。

（3）小数点后面的小数位同样是在“设置单元格格式”对话框中统一设置的。

（4）这个系统方案运行生命期为 6 年。

系统候选方案2成本效益计算表

现金流描述	最初运行	第1年	第2年	第3年	第4年	第5年	第6年
开发费用：	(¥420,000.00)						
运行维护费用：		(¥15,100.00)	(¥16,010.00)	(¥17,020.00)	(¥18,100.00)	(¥19,030.00)	(¥20,040.00)
贴现率为12%的贴现因子：	1.000	0.893	0.797	0.712	0.636	0.567	0.507
每年支出费用的现值：	(¥420,000.00)	(¥13,484.30)	(¥12,759.97)	(¥12,118.24)	(¥11,511.60)	(¥10,790.01)	(¥10,160.28)
每年累计支出费用的现值：	(¥420,000.00)	(¥433,484.30)	(¥446,244.27)	(¥458,362.51)	(¥469,874.11)	(¥480,664.12)	(¥490,824.40)
新系统运行年收益：	¥0.00	¥150,100.00	¥171,000.00	¥190,010.00	¥210,020.00	¥230,030.00	¥250,040.00
贴现率为12%的贴现因子：	1.000	0.893	0.797	0.712	0.636	0.567	0.507
系统年收益的现值：	¥0.00	¥134,039.30	¥136,287.00	¥135,287.12	¥133,572.72	¥130,427.01	¥126,770.28
每年累计收益的现值：	¥0.00	¥134,039.30	¥270,326.30	¥405,613.42	¥539,186.14	¥669,613.15	¥796,383.43
每年的累计净现值：	(¥420,000.00)	(¥299,445.00)	(¥175,917.97)	(¥52,749.09)	¥69,312.03	¥188,949.03	¥305,559.03

图 6-1　系统候选方案成本收益计算表

由于该图的表中，在前 3 年的累计收益现值和累计费用现值（负数）之和为负数，所有一直没有收回投资，直到第 4 年这个和变为正数，并且这个值（69312 元）约为这 1 年收益现值（133572 元）的一半，因此，可以估算出系统该方案的投资回收期约为 3.5 年。

3．投资回报率分析

投资回报率（Return-on-Investment Analysis）分析技术是一种比较可选方案或项目的终生收益率的技术。它度量企业从一项投资中获得的回报总量与投资总量之间关系的百分率。它的计算公式为：

终生 ROI =（估计的终生收益-估计的终生成本）/ 估计的终生成本

从图 6-1 所示的表中可以进一步计算出下面的该候选方案终生投资回报率。

项目终生 ROI =（796383.43 元-490824.40 元）/ 490824.4 元 = 305559.03 元/ 490824.4 元 = 0.6225 ≈ 62.3%

这个值可以再除以生命期的年限数，就得到这个方案的年平均 ROI 为 62.3%除以 6，即 10.4%。

有的公司对项目投资有一个最小可接受 ROI，如果没有一个方案满足或超过这个标准值，那么就没有一个方案满足经济可行性。

4．净现值

净现值（Net Present Value）是指某个项目方案在指定期限内的收益现值减去成本现值后得到的值。由图 6-1 所示的系统候选方案的成本收益计算表中可以得到该系统方案在 6 年的生命期内的净现值为 796383.43 元加上-490824.40 元，即 796383.43 元减去 490824.40 元，得到 305559.03 元。

一般在系统方案的生命期内，其净现值越大，候选方案的经济可行性的评分就越高。

下面再举一个例子说明计算成本收益的方法。

例 6.1　为 XYZ 公司开发一个新的生产调度信息系统需要花费 105500 元，据估计在 5 年运行期间运行成本和收益如表 6-1 所示。

表 6-1　XYZ 公司 5 年运行期间的成本与收益值

年	估计的运行成本（元）	估计的收益（元）
0	105500	0
1	3300	27000
2	4400	37000
3	5200	44000
4	5900	58000
5	6900	68000

假设贴现率为 12%，请计算这个项目投资的净现值是多少？终生 ROI 是多少？

解：根据贴现率为 12%的假设，第 1 至第 5 年的 1 元钱的现值分别是 0.893、0.797、0.712、0.636 和 0.567。可用表 6-2 计算成本效益值。该表的计算如果在 Excel 中实现更为方便。

表 6-2　XYZ 公司成本效益分析计算表

年	现值	成本	成本现值	累计成本现值	收益	收益现值	累计收益现值
0	1	105500	105500	105500	0	0	0
1	0.893	3300	2946.9	108446.9	27000	24111	24111
2	0.797	4400	3506.8	111953.7	37000	29489	53600
3	0.712	5200	3702.4	115656.1	44000	31328	84928
4	0.636	5900	3752.4	119408.5	58000	36888	121816
5	0.567	6900	3912.3	123320.8	68000	38556	160372

系统运行 5 年后的净现值为：

$$\text{累计收益现值-累计成本现值} = 160372 - 123320.8 = 37051.2$$

系统的终身投资回报率为：

$$\text{累计净现值} / \text{累计成本现值} = 37051.2 / 123320.8 = 30.04\%$$

习题 6.1

一、填空题

1. 系统的成本分为________和________两类。
2. 系统的收益根据容易被量化的程度可以分为________和________两类。
3. ________在未来任何时候 1 元钱的当前价值。
4. ________是度量企业从一项投资中获得的回报总量与投资总量之间关系的百分率。
5. 现值是指____。

二、单选题

1. 下面关于净现值的描述哪个是正确的？（　　）
   A. 用新系统在使用周期内的收益值减去成本值
   B. 将新系统在使用周期内的收益值和成本值转换为现值，再相减
   C. 新系统使用周期内的收益值
   D. 新系统使用周期内的收益值的现值

2. 下面的哪个方法是确定系统方案经济可行性好坏的依据？（　　）

A. 开发费用高低

B. 维护费用的高低

C. 带来收益的大小

D. 在生命期内，预计收益总值的现值与开发和维护费用总值的现值的差值大小

任务 6.2　系统实施方案的确定与可行性分析

内容引入

掌握了确定经济可行性的成本效益分析技术后，就可以设想由分析得到的系统需求的具体实施方案，再对各个实施方案进行综合的可行性分析，从中确定一个可行性综合打分最高的方案作为继续进行系统设计的建议方案。

学习目标

✓ 掌握用候选矩阵表示系统的各个实施方案。

✓ 掌握用可行性分析矩阵对各个候选方案进行可行性分析。

6.2.1　候选系统矩阵

候选系统矩阵（Candidate System Matrix）是用来记录候选系统之间的相同点和不同点的工具。表 6-3 为候选系统矩阵的模板，矩阵的列表示不同的候选方案；矩阵的行表示候选方案的特征，其可建立在信息系统构件基础之上，还必须考虑方案的约束条件。

表 6-3　候选系统矩阵模板

	候选方案 1	候选方案 2	候选方案 3
关联人员（Stakehold）			
知识（Knowledge）			
过程（Process）			
通信（Communication）			

表 6-4 给出一个候选系统矩阵的具体示例，其矩阵的多数行组成可看成是表 6-3 的关联人员与知识、过程和通信构件的具体内容。

表 6-4　候选系统矩阵示例

特征	候选方案 1	候选方案 2	候选方案 3
计算机处理部分： 简单描述在候选方案中系统将被计算机处理的部分	将购买“番茄软件公司”的商业软件包 ABC，通过定制以满足“会员服务系统”需要的功能	“会员服务系统”与同订单履行有关的仓库职能	同候选方案 2
优势： 简单描述候选方案将实现的业务收益	这个方案可以被快速地实现，因为它是一个购买的方案	充分地支持用户需要的公司业务过程，并与会员账号更有效地交互	同候选方案 2

续表

特征	候选方案 1	候选方案 2	候选方案 3
服务器和工作站： 描述支持候选方案需要的服务器和工作站	技术架构规定使用 Xeon E5-2609、Windows2012 类服务器和工作站（客户端）	同候选方案 1	同候选方案 1
需要的软件工具： 设计和构建候选方案需要的软件工具（例如：数据库管理系统、操作系统、建模软件、语言等）。如果要购买应用软件包，则这一条一般无意义	用来定制软件包的 MS Visual C#和 MySQL，以提供报告编写和集成	MS Visual Basic 6.0，Microsoft Visio，MySQL 数据库管理系统	MS Visual Basic 6.0，Microsoft Visio，Sybase 数据库管理系统
应用的软件： 描述要购买、构建和评估的软件	软件包方案	定制方案	同候选方案 2
系统架构/数据处理方法： 通常是以下的某些组合：联机、批处理和实时	客户/服务器	同候选方案 1	同候选方案 1
输出设备和建议： 描述要使用的输出设备、特殊的输出要求（例如网络、预打印表格等）和输出因素（例如定时约束）	2 个 HP4MV 部门激光打印机，2 个 HP5SI LAN 激光打印机	2 个 HP4MV 部门激光打印机，2 个 HP5SI LAN 激光打印机，1 个 PRINTRONIX 条形码打印机，所有的内部屏幕将按照 SVGA 分辨率设计	同候选方案 2
输入设备和建议： 描述要使用的输入方法、输入设备（例如键盘、鼠标等）、特殊的输入需求（例如输入数据的新表格或改进的表格）和输入因素（如实际输入的定时要求）	键盘和鼠标	Apple“Quick Take”数码相机，15 个 PSC Quickscan 激光条码扫描仪，1 个 HP Scanjet 4C 平板扫描仪、键盘和鼠标	同候选方案 2
存储设备和建议： 简单描述将存储什么数据，将从现有的存储访问什么数据，将使用什么存储介质，将需要多少存储空间，以及将如何组织数据	MySQL 数据库管理系统 100GB 阵列存储功能	同候选方案 1	同候选方案 1

观察表 6-4 不难发现，其横行所列包括了应用程序配置环境、系统范围以及是购买还是自行开发等项内容。下面就对这些内容的设置做一简单介绍，其部分内容也是后面给各个候选方案在可行性方面打分的思考方向。

（1）应用程序配置环境。它是指新应用系统将要工作的计算机硬件要求、安装的系统软件及网络配置。

在选择或定义配置环境时，需关注的重要特征有以下几方面。

✓ 系统需求的兼容性。用户位置、访问和更新速度、安全和处理容量等需求对环境需求有重要影响，如高容量处理过程的系统（如信用卡支付过程系统）需要可靠的高速网络、强大的服务器，以及兼容的操作系统和数据库管理系统。

✓ 硬件和系统软件的兼容性。如 Oracle 和 Sun Microsystems 在软件和硬件的开发中常合作，所以 Oracle 的数据库管理系统能够在 Sun 的 UNIX 服务器上运行良好；而微软的操作系统和数据库管理系统能在 Intel 处理器的服务器的计算机上良好运行。软硬件的良好兼容性简化了系统的安装和配置，提高了系统的运行能力，减少了长期的运营成本。

✓ 外部系统所需接口。外部系统由诸如信用报告代理、客户、供应商和政府等实体进行操作。实现外部接口需要特定的系统软件，有时还需要特定的硬件。如信用报告代理通过基于 Web 的 XML 需求或 J2EE 组件提供相关服务，一个系统如果需要与此类系统进行交互，就必须能支持一种或两种此类接口，且包括与此类接口支持的软件。

✓ IT 战略规划和体系结构计划的一致性。

（2）系统实施方式。由图 6-2 可以读出如下内容：左侧的纵轴表示“构建”与“购买”两个分区，而横轴表示“自行完成”和“外购”两个分区；每个轴都表示一个连续的区域，即可能是部分外购技术资源或部分的设计构建。

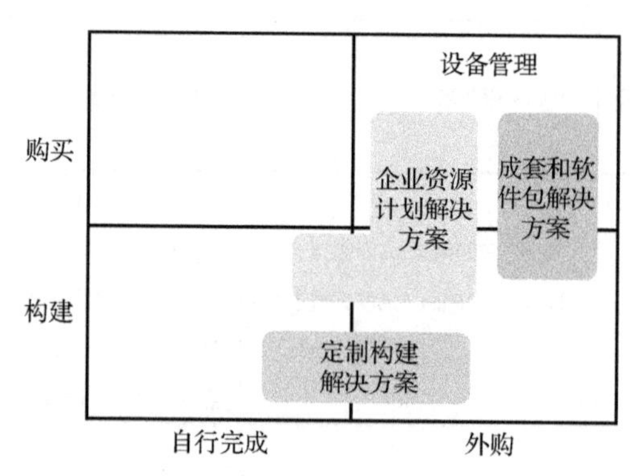

图 6-2　系统实施方式的不同选择

下面再解释一下图中的概念，其对于候选系统方案的描述有一定帮助。

设备管理是为整个组织外购所有的数据处理和信息支持功能。它将所有系统的开发、实现和操作都转交给外部的供应商，即设备管理服务公司。

对于成套和软件包解决方案，其中软件包是一些用于特定用途的、可供购买的软件系统，其安装时常要设置一些内置选项，可为整个项目的一部分提供服务；而成套系统是由外部公司提供的一个完整的解决方案，包括硬件和软件，其常是一个定制包，需要进行一些修改以适应现有的环境。

如果将成套系统引进到整个组织的所有操作功能中，即是企业资源计划（ERP）。如果这种软件的支持是涉及整个企业的，那么这类项目的配置将成为主要的任务。许多这类项目耗时一年以上进行安装。

定制软件系统是指外部供应商或内部开发人员为组织的需求而定做系统，该系统可以部分或者全部由外部组织开发。

6.2.2 可行性分析矩阵

可行性分析矩阵（Feasibility Analysis Matrix）是用来评定候选系统的工具，其形式模板如表 6-5 所示。

表 6-5 系统可行性分析矩阵形式模板

	权重	候选方案 1	候选方案 2	候选方案 3
特点描述				
运行可行性				
技术可行性				
进度可行性				
经济可行性				
综合评分				

表 6-6 是具体的可行性分析矩阵的示例。

表 6-6 可行性分析矩阵示例

可行性准则	权重	候选方案 1	候选方案 2	候选方案 3
运行可行性 功能：描述候选方案将为组织带来多大收益，以及系统的优势特点。 政策：描述从用户管理层、用户和组织观点来看这个方案的接受程度	30%	仅支持会员服务部的需求，而且当前的业务过程将不得不被修改以发挥软件功能优势。 得分：60	完全地支持用户需要的功能。 得分：100	……
技术可行性 技术：评估支持这个候选方案所需的计算机技术的成熟度、可用性（或获取的能力）和期望性。 专业知识：评估开发、运行和维护这个候选方案系统需要的技术专业知识	30%	ABC 软件包的当前发行版是版本 1.0，并刚上市 6 个星期。评估产品的成熟度有风险，而且公司需要为技术支持支付额外的月租。 需要雇佣或培训 C#专业人员来为集成需求服务。 得分：50	尽管当前的技术人员仅有 Power Builder 经验，但看过 MS Visual Basic 演示和汇报的高级分析员一致认为转换将是简单的，找到有经验的 VB 程序员要比找到 PowerBuilder 程序员更容易，而且费用更低。且 VB 是一个成熟技术。 得分：95	……
经济可行性 开发费用： 回报期（折扣的）： 净现值： 详细计算：	30%	约 350000 元 约 4.5 年 约 210000 元 见附件 A 得分：60	约 420000 元 约 3.5 年 约 305559 元 见附件 A 得分：85	……
进度可行性 评估这个方案将花费多长时间来设计和实现	10%	少于 3 个月 得分：95	9～12 个月 得分：80	……
综合评分	100%	60.5	92	83.5

从表 6-6 可以判定候选方案 2 的综合评分的分数最高，因此候选方案 2 将作为确定的方案建议被

提交，成为后续系统设计的开始。还需要说明的是，附件 A 是一个 Excel 文件，其每个工作表对应一个方案经济可行性的计算，形式参见图 6-1 所示。

任务 6.3 实训九 “罚单处理系统”的可行性分析与方案建议

内容引入

前一任务给大家介绍了有关系统设计各个候选方案的矩阵表达方式，以及各种候选方案的可行性评价的角度和依据。这个实训将安排大家完成“罚单处理系统”的可行性分析和方案建议，使大家真正理解各个候选方案建议的表达方式及可行性分析技术。这个实训的案例背景资料参看前面实训三。

课上训练

一、实验目的

视频 10

1. 掌握候选方案描述的主要部分和其含义。
2. 掌握主要可行性的含义和衡量标准。
3. 掌握成本效益的分析技术。

二、实训要求与指导

任务与指导 1. 请填写“罚单处理系统”候选方案矩阵，模板如表 6-7 所示。

表 6-7 候选方案矩阵模板

特征	候选方案 1	候选方案 2
计算机处理部分		
优势		
服务器和工作站		
需要的软件工具		
应用软件的实现方式		
采用的系统架构（C/S 或 B/S）		
输出设备和建议		
输入设备和建议		

（1）参照前面表 6-4，并根据已有的计算机软硬件知识及该系统已开发分析模型合理填写。

（2）请采用目前较流行的技术描述方案的设计。

（3）这里给出的候选方案描述是后面候选方案可行性分析的基础。可行性分析时各方案的给分及其解释要与这里的方案描述一致。

任务与指导 2. 请根据前一题列出的“罚单处理系统”两个候选方案，分别计算其生命期内的净现值和投资回收期。假设系统有效运行时间（生命期）为 5 年，贴现率为 12%，则 1 年后至 5 年后的 1 元钱的现值分别是 0.893、0.797、0.712、0.636 和 0.567，可以利用 Excel 辅助计算。

（1）假设第 1 个方案在 5 年的生命期中预计实际成本和收益如表 6-8 所示，第 2 个方案根据实际描述情况自己假设其成本和收益值。

表 6-8 “罚单处理系统”方案 1 的 5 年生命期中预计成本和收益表

年	估计的运行成本（元）	估计的收益（元）
0	110000	0
1	3500	28000
2	4600	38000
3	5400	45000
4	6100	59000
5	7000	70000

（2）进行成本效益分析时，要把表 6-8 中给出的资金转换为现值。

（3）在利用 Excel 辅助计算时，可以参见前面的图 6-1 所示的形式。

任务与指导 3. 根据第 1 题列出的“罚单处理系统”两个候选方案的描述和第 2 题计算出的两个方案的成本效益分析值，填写表 6-9 的各个方案的可行性分析表，要求打分要与各个候选方案的描述一致，并根据计算结果说出哪个方案更优。

表 6-9　可行性分析矩阵模板

可行性准则	权重	候选方案 1	候选方案 2
特点描述			
运行可行性	30%		
技术可行性	30%		
经济可行性	30%		
进度可行性	10%		
评分	100%		

（1）参考前面表 6-6 给出的可行性分析矩阵示例填写。

（2）各候选方案的描述和给分要合理，并与前面两个任务的描述和计算结果一致。

课后做一做

假设一位雇员面对两个退休金方案的选择，方案 1：在退休日，一次性收取 100 万元现金；方案 2：在退休日起每年收取 10 万元，直至第 12 年。假设企业的贴现率为 12%，则 1 年后至 12 年后的 1 元钱的现值分别是 0.893、0.797、0.712、0.636、0.567、0.507、0.452、0.404、0.361、0.322、0.287 和 0.257，利用 Excel 辅助计算哪种支付退休金的方案对于企业更有利。

单元七　面向对象系统的设计方法

前面的学习中，已经为“罚单处理系统”开发的项目案例创建了用例图、各用例详细描述、用例实现的活动图和系统顺序图、E-R 图和分析类图等，完成了该系统的分析任务。如何设计一个完整的面向对象系统来实现分析阶段所确定的用户需求就是设计阶段的主要任务。本单元就是学习与此相关的知识、技能。

任务 7.1　设计阶段主要任务和系统设计架构分类

内容引入

从本任务开始就进入设计阶段了，对设计阶段的主要工作有一个总体的了解，将对后面知识的学习有所帮助。而进入系统设计之初，要从高层次进行整体的架构设计，理解框架的分类、特点是整体设计必须掌握的知识，本任务就将介绍这些知识。

学习目标

- ✓ 理解系统设计阶段的主要任务。
- ✓ 理解集中式系统与分布式系统的区别。
- ✓ 理解信息系统的层次划分。
- ✓ 理解分布式系统的架构分类。

7.1.1　系统设计阶段的总体认识（与分析阶段对比）

1. 分析阶段的总体认识

分析阶段着重考虑的是需要系统做什么，即用户对系统的需求。它是一个分解的过程，即把一个具有复杂信息的综合问题分解成易于理解的若干小问题。它通过建立需求模型来对问题域的知识进行组织、构造并编制文档。

2. 设计阶段的总体认识

设计阶段的着眼点是系统如何构建，即定义系统的结构组件。它是一个用技术整体地考虑各个组件如何实现所有需求的过程，是对系统解决方案的构造、组织和描述的过程。

3. 系统设计的两个层次

（1）结构设计：对整个系统结构进行广泛设计，也称总体设计或概念设计。

（2）细节设计：低层设计，包括具体的类、属性和方法等程序细节设计。

7.1.2　系统设计阶段的主要任务

设计阶段的主要任务有设计应用架构、设计系统数据库、设计系统接口、设计问题域内的实体类和为满足一些设计原则而添加新类。

1. 设计应用架构

设计架构是按照数据、过程、接口和网络组件定义了一个、多个或所有信息系统使用的技术。这是一种结构设计。

设计应用架构（Application Architecture）还需考虑网络技术，及对系统的“数据”、过程”和“接口”构件在业务地点之间的分布方式做出决策。

2. 设计系统数据库

数据库是一个共享资源，会有多个程序使用，并长期使用，所以设计时要使它能适应未来的需求和变化，包括要考虑记录的大小和存储容量需求；要设计内部控制，确保在数据丢失或损坏情况下有必要的安全性和灾难恢复技术。

3. 设计系统接口

系统接口主要指系统的设计界面以及系统与其他系统的连接。为此需要向用户征求的想法和建议有格式方面和易学易用性方面的设计。

（1）对于输入设计，应该考虑系统使用的数据收集方法。如：设计一个表格，在其中对输入的数据进行初始记录；定义编辑控制，以确保输入数据的正确性。

（2）对于输出设计，必须说明输出的精确格式和布局。

（3）对于界面或对话框的设计，必须考虑的因素有：终端界面或对话形式的熟悉程度；最终用户可能遇到的错误和误解，并尽量避免；对额外知识或帮助的需要；屏幕内容和布局。

如图 7-1 和图 7-2 所示为用户界面设计举例。

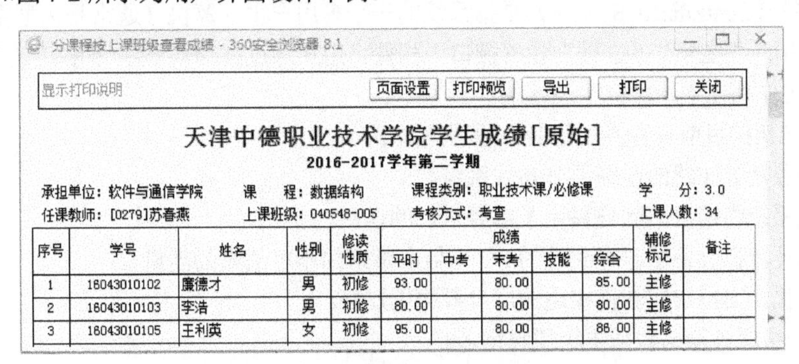

天津中德职业技术学院学生成绩[原始]

2016-2017学年第二学期

承担单位：软件与通信学院　课　程：数据结构　课程类别：职业技术课/必修课　学　分：3.0

任课教师：[0279]苏春燕　上课班级：040548-005　考核方式：考查　上课人数：34

序号	学号	姓名	性别	修读性质	成绩 平时	中考	末考	技能	综合	辅修标记	备注
1	16043010102	唐德才	男	初修	93.00		80.00		85.00	主修	
2	16043010103	李浩	男	初修	80.00		80.00		80.00	主修	
3	16043010105	王利英	女	初修	95.00		80.00		86.00	主修	

图 7-1　输出用户界面示例

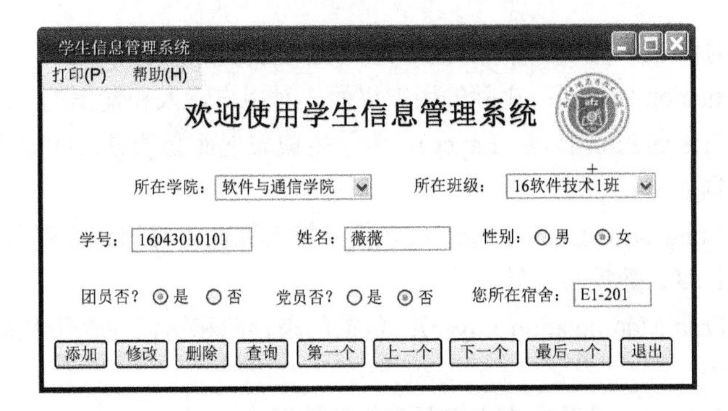

图 7-2　输入用户界面示例

4. 设计问题域内的实体类

在分析阶段所确定的分析类图中的实体类基础上，围绕用例实现为其分配的职责，为每个类添加所应具有的方法。

5. 为满足一些设计原则而添加新类

为优化设计而满足一些设计原则还需要为系统添加一些新类，比如控制器类、数据访问类和具体工厂类等。

7.1.3 应用架构

应用架构（Application Architecture）是用于实现信息系统的技术规范。架构蓝图将介绍下面的设计决策。

- ✓ 信息系统的集中或分布程度。多数现代系统都分布到网络上，包括内联网和因特网。
- ✓ 数据存储在网络上的分布。多数现代数据库要么是在网络上分布，要么是在网络上复制。
- ✓ 内部开发的所有软件将使用的实现技术。即将使用哪种程序设计语言和工具？
- ✓ 商业现成产品的集成，以及对软件的定制需求。
- ✓ 用来实现用户界面的技术，包括输入和输出。
- ✓ 用来与其他系统接口的技术。

1. 分布式系统与集中式系统

分布式系统（Distributed System）是指系统的“数据”、“过程”和“接口”构件被分布到了计算机网络中的多个地点。相应地，为支持这些构件所需的工作负载也在网络上的多个计算机之间分布。

集中式系统（Centralized System）是指系统的一个多用户主计算机（通常是大型主机）集中运行了信息系统所有的“数据”、“过程”和“接口”构件。用户通过终端与该主计算机交互，但几乎所有的实际处理和工作都在主计算机上进行。

分布式系统架构目前具有发展优势，原因是如下。

- ✓ 现代企业是分布式的，需要分布式系统。
- ✓ 分布式系统将信息和服务移近了需要它们的客户。
- ✓ 分布式计算机合并了一个企业的 PC 增值所带来的不可估量的能量。
- ✓ 一般来说，支持它的软件构造的用户界面更友好。
- ✓ PC 和网络服务器比大型主机便宜得多。

2. 信息系统的五个层次

从概念上说，任何信息系统应用都可映射到以下五个层次。

- ✓ 表现层（Presentation Layer）：实际的用户界面，对用户输入和输出的表现。
- ✓ 表现逻辑层（Presentation Logic Layer）：为了生成表现而必须进行的处理，如编辑输入数据和格式化输出数据。
- ✓ 应用逻辑层（Application Logic Layer）：包括支持实际业务应用和规则所需的所有逻辑和处理，如信用检查、计算、数据分析等。
- ✓ 数据处理层（Data Manipulation Layer）：包括用来存储和访问往来于数据库的数据所需的所有命令和逻辑。
- ✓ 数据层（Data Layer）：是数据库中实际存储的数据。

3. 分布式信息系统架构形式

信息系统构件在网络中分布或重复被称为分布式系统架构（Distributed Systems Architechture）。根据上述五层分布地点的不同，可以将分布式信息系统架构形式分成三种，即文件服务器架构、客户/服务器架构和基于因特网的计算架构。

1）文件服务器架构（File Server System）

文件服务器架构是一种基于 LAN 的方案，其中文件服务器计算机仅装载了数据层。信息系统应用的所有其他层都在客户端 PC 上实现。

如图 7-3 所示为文件服务器架构各层的位置及服务器和客户端传递的信息，关于这种架构还需要说明以下几点。

✓ 许多 PC 数据库引擎（如 Access 和 Foxpro）使用这一架构，如可以把 Access 数据库存储在一个网络服务器上，但实际的 Access 程序必须安装到使用数据库的每个 PC 上。

✓ 文件服务器也用来存储需通过网络共享的其他非数据库文件，如字处理文档、电子表格等。

✓ 关键任务信息系统很少使用文件服务器技术。

✓ 该架构仅对共享用户数相对较少的小型数据库应用可行。

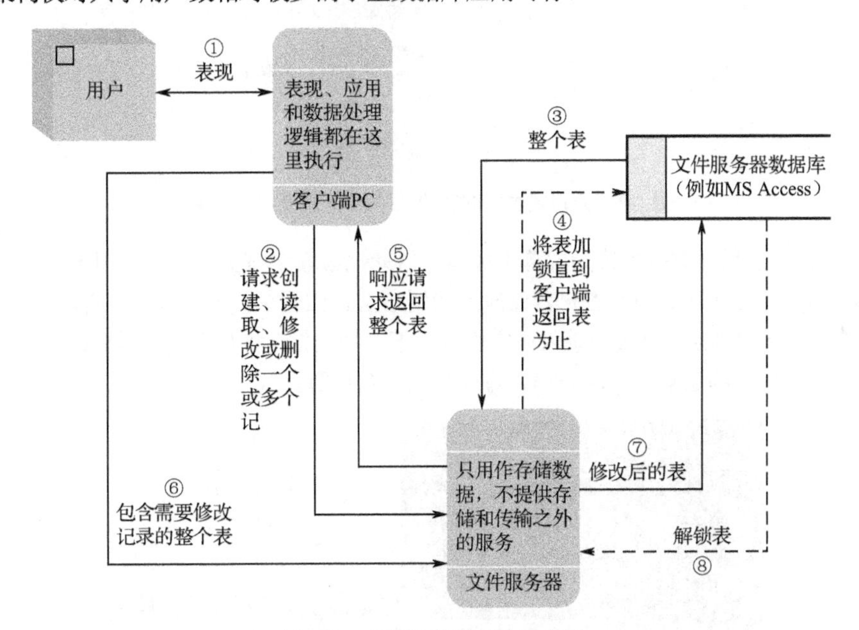

图 7-3 文件服务器架构示意图

这种架构使用局限性的原因是：如果应用仅想检查数据库中的一个记录，而记录所在整个表文件都必须先下载到执行数据处理逻辑的客户端 PC 上。所以其缺点是：客户端和服务器间需移动大量不必要的数据，降低了性能；客户端 PC 必须健壮（所谓的胖客户）；数据库完整性不易维护，访问某个记录时，需要保护整个表文件，以防止其他用户访问。

2）客户/服务器架构（Client/Server Architecture）

（1）分布式表现（Distributed Presentation）。该类系统中，表现层和表现逻辑层被从遗留系统的服务器上移到客户端，应用逻辑层、数据处理层和数据层仍保留在服务器上。

它是改造集中式系统的一种架构，增强了集中式系统的功能。大多数集中式计算机应用使用老式的字符界面（CUI），在改造中将其移到客户端，并采用图形用户界面（GUI）。

其优点有：实现起来比较快，因遗留应用系统的大部分都保持不变；用户得到一个友好熟悉的用户界面。

其缺点有：应用系统的功能不能被明显地提高；没有充分发挥客户端 PC 的功能。

如图 7-4 所示为这种分布式表现的客户/服务器架构各层位置及数据传递的方式图。

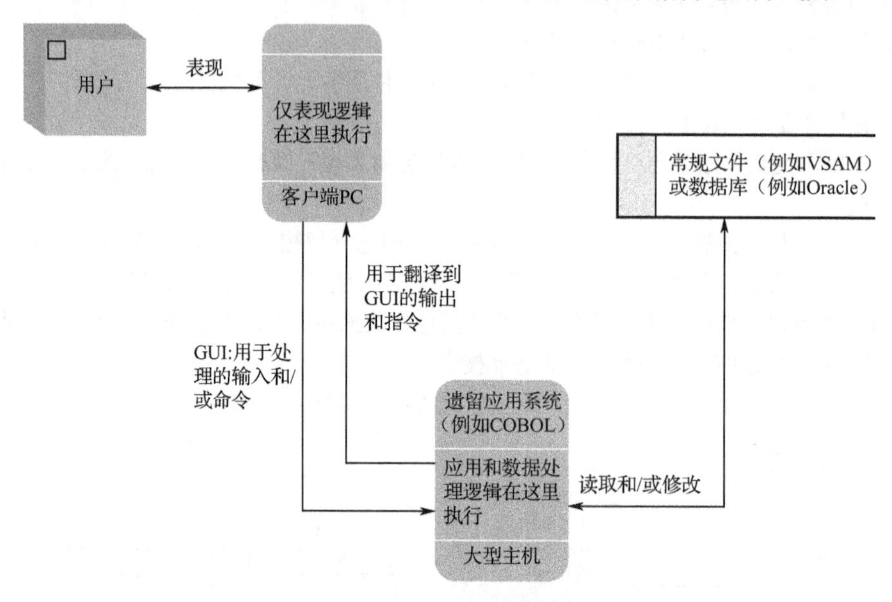

图 7-4　分布式表现的客户/服务器系统架构示意图

有一类 CASE 工具（有时被称为屏幕生成器）自动地读取字符图形界面（即 CUI），并生成一个可以通过图形用户界面（即 GUI）编辑器修改的初始 GUI。如图 7-5 所示为一个从 CUI 构造一个初始 GUI 示例，其后可以将学院、班级的录入内容修改为下拉列表框，将是否是团员等设置为单选按钮组，再修改命令按钮及标签的名字，重新布局、添加修饰的图片等。

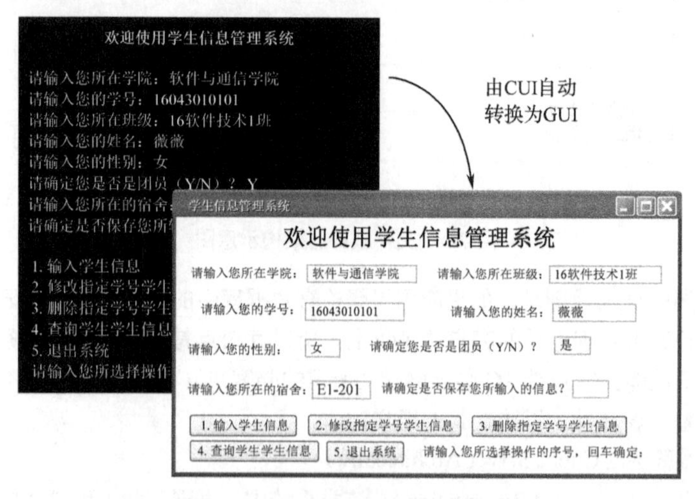

图 7-5　从一个 CUI 构造一个 GUI

（2）分布式数据（Distributed Data）。该类系统中，数据层和数据处理层放置在服务器上，而应用逻辑层、表现逻辑层和表现层放置在客户端，也称两层客户/服务器计算。

下面是进一步的说明。

✓ 所有高端数据库引擎，如 Oracle 和 SQL Server 都使用这种架构。

✓ 为处理应用逻辑层，客户端工作站仍必须相当健壮。常用一种客户/服务器编程语言编写，如 Sybase 公司的 PowerBuilder、微软公司的 Visual Basic 或 Visual C++。

如图 7-6 所示为分布式数据的客户/服务器系统各层的分布位置与数据的传递方式。

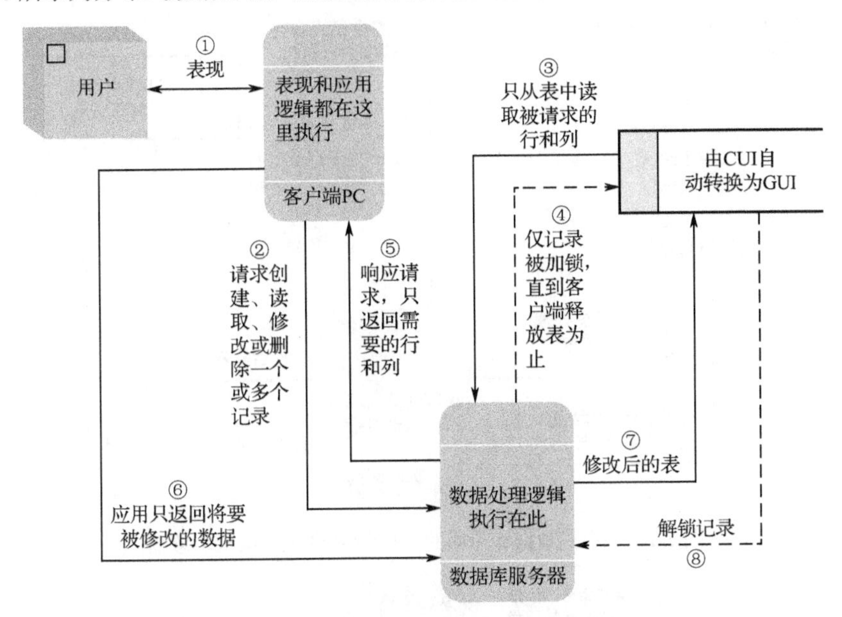

图 7-6　分布式数据的客户/服务器系统架构示意图

其缺点是：应用逻辑必须在所有客户端上复制和维护，可能有几百或几千个客户端，设计人员必须为版本升级做计划。

（3）分布式数据和应用（Distributed Data and Application）。客户/服务器系统中，数据层和数据处理层放置在各自的服务器上，应用逻辑层放置在各自的服务器上，表现逻辑层和表示层放置在客户端上，这也称三层或 n 层客户/服务器计算。下面是对其的进一步说明：

✓ 三层系统引入一个应用和/或事务服务器，这样应用逻辑仅需在服务器上维护，而不需在所有客户端上维护。

✓ 三层客户/服务器中的逻辑可使用 Visual Basic 和 C++ 之类的语言编写，并分布到多个服务器上。

如图 7-7 所示为分布式数据和应用的客户/服务器系统架构各个层的数据分布位置和其之间传送的信息。

3）基于因特网的计算架构（Internet-Based Computing Architecture）

基于因特网的计算架构是一种多层方案，其中表现层和表现逻辑层在客户端的 Web 浏览器中使用从某个 Web 服务器下载的内容实现。然后表现逻辑层连接到运行在应用服务器上的应用逻辑层，它最终连接到后台的数据库服务器。下面是对其的进一步说明：所有的信息系统都在浏览器中运行；所有工作都在 Web 浏览器上运行，所以不用担心存在不同的桌面操作系统。

如图 7-8 所示为基于因特网的计算机系统架构各个层次的分布位置和其之间传递的信息。

基于因特网开发的系统所涉及的技术包括以下几种。

✓ 用于应用逻辑层的程序设计语言采用 Java。

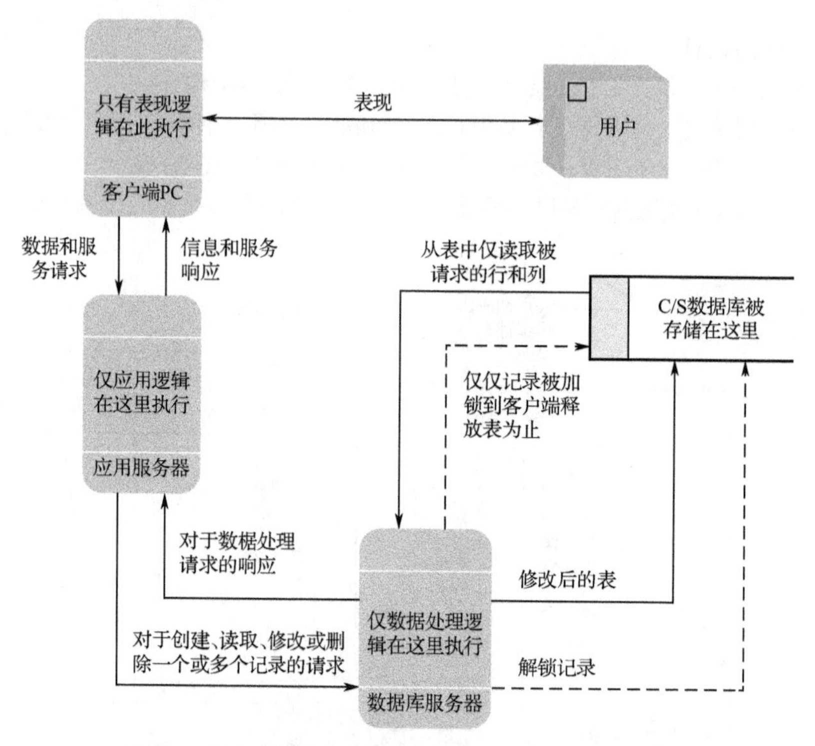

图 7-7 分布式数据和应用的客户/服务器系统架构示意图

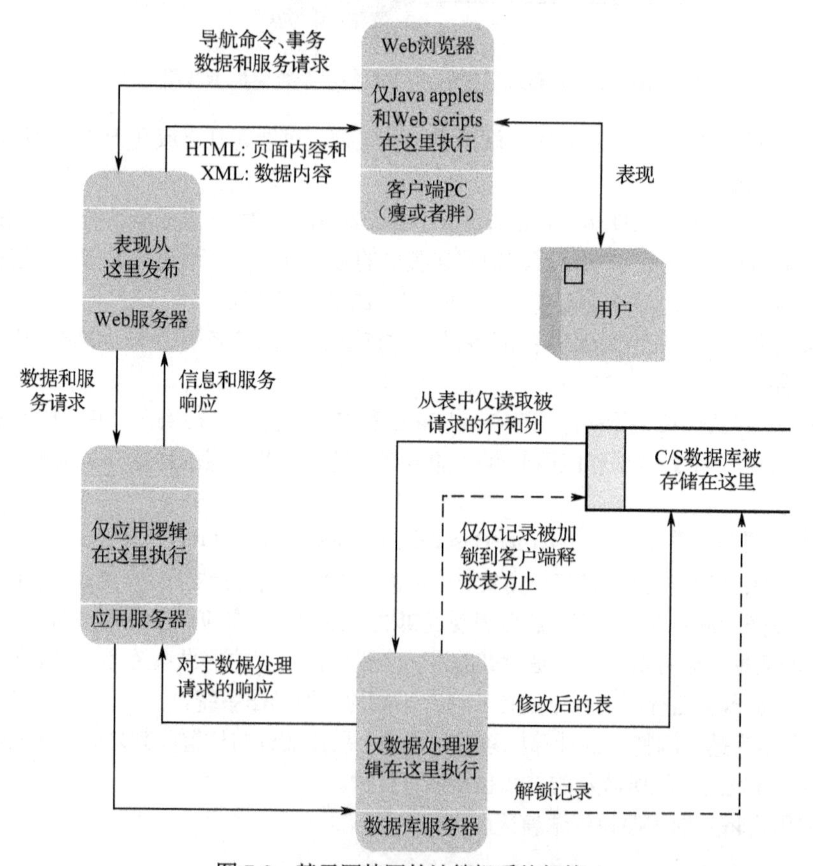

图 7-8 基于因特网的计算机系统架构

✓ 用于表现层和表现逻辑层的界面语言采用 HTML，用于创建在浏览器中运行的网页。当前 XML，使得开发人员可定义传递到 Web 页面的数据结构，对于基于 Web 的电子商务等信息系统来说，这是一个重要需求。

✓ 数据层和数据处理层可能将继续使用 SQL 数据库引擎实现。

✓ Web 浏览器可能最终比桌面操作系统更重要。

4. 各类系统架构的特点和关系

如图 7-9 所示总结了各类系统架构的特点和关系，方便理解、记忆这部分知识。

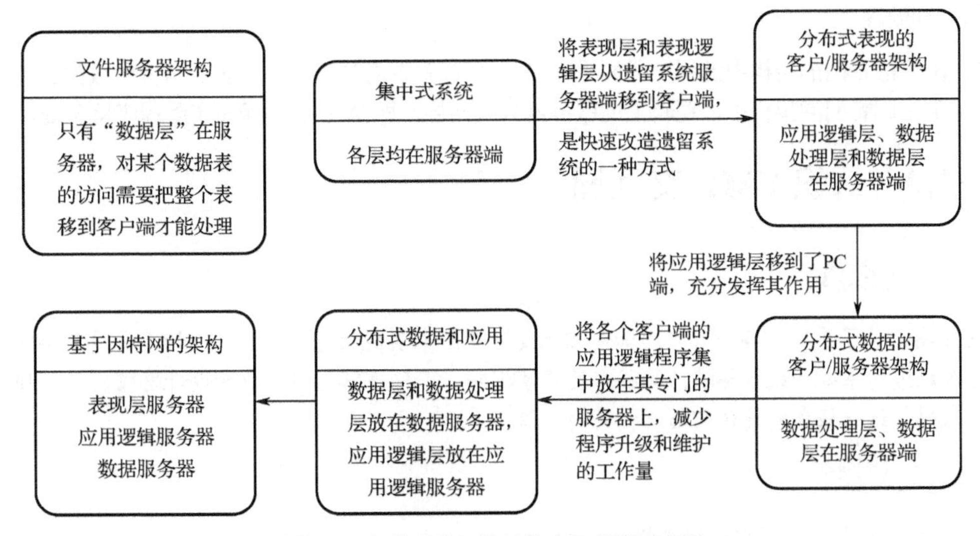

图 7-9　各类系统架构的特点和关系示意图

习题 7.1

一、填空题

1. 系统设计可以分为____________和____________两个层次。

2. 就分布式系统而言，可划分为__________、__________和__________。

二、单选题

1. 实际的用户界面，是对用户输入和输出的表现，是关于哪个层的定义？（　　）

A. 表现层　　B. 表现逻辑层　　C. 应用逻辑层　　D. 数据处理层

2. 为了生成表现而必须进行处理的层，如编辑输入数据和格式化输出数据，是关于哪个层的定义？（　　）

A. 表现层　　B. 表现逻辑层　　C. 应用逻辑层　　D. 数据处理层

3. 包括支持实际业务应用和规则所需的所有逻辑和处理的层，是哪个层的定义？（　　）

A. 表现层　　B. 表现逻辑层　　C. 应用逻辑层　　D. 数据处理层

4. 包括用来存储和访问往来于数据库的数据所需所有命令和逻辑，是哪个层的定义？（　　）

A. 表现层　　B. 表现逻辑层　　C. 应用逻辑层　　D. 数据处理层（　　）

5. 下面哪种类型的客户/服务器系统的数据层和数据处理层与应用逻辑层分别放在各自的服务器上？（　　）

A．分布式表现　　　　　　　　　　B．分布式数据和应用
C．分布式数据　　　　　　　　　　D．所有客户/服务器的类型

三、多项选择题

1．分布式表现客户/服务器架构中，下面哪个层被分布到了客户端？（　　）
A．表现层　　　B．表现逻辑层　　　C．应用逻辑层　　　D．数据逻辑层
2．分布式数据客户/服务器架构中，下面哪个层分布在客户端？（　　）
A．表现层　　　B．表现逻辑层　　　C．应用逻辑层　　　D．数据逻辑层

四、判断题

1．基于因特网的架构中的用户界面是在 Web 浏览器中用 HTML 和 XML 语言生成的。（　　）
2．基于因特网的架构中，逻辑上的服务器只有两层，即 Web 服务器和应用程序服务器。（　　）

任务 7.2　认识 UML 交互图

内容引入

交互图记录了系统的各个对象间如何相互发送消息来实现特定的功能。设计人员要掌握它，以便使用它来记录对系统的设计思路；编程人员要掌握它，以便理解它所记录的设计思路，并转换成对应的程序代码。这一任务就是介绍与此相关的知识。

学习目标

✓ 理解什么是静态模型和动态模型。
✓ 理解什么是交互图。
✓ 理解两种交互图（顺序图和通信图）的绘制规则。
✓ 理解、掌握交互图与 Java 程序代码之间的对应关系。
✓ 理解、掌握开发顺序图和通信图的方法。
✓ 掌握使用 Microsoft Visio 绘制顺序图和通信图的方法。

对象模型总的来说可以分为静态模型和动态模型两种，UML 类图就是典型的静态模型，顾名思义，这类模型用于记录系统固有的一些特征，其有助于设计类名、类中属性和方法特征标记（不是方法体）的定义，后面示例中的 UML 包图也属于静态模型。而这一任务要讲的交互图是动态模型，这类模型用于记录系统动态执行过程中对象的交互和变化，其有助于设计逻辑、代码行为或方法体，以前介绍的活动图和后面单元将介绍的状态机图也都属于动态模型。

7.2.1　交互图及其类型划分

交互图（Interaction Diagram）是用来描述为实现某个目标对象之间相互发出、接收消息过程的 UML 模型图，是面向对象的系统设计的工具。顺序图和通信图都属于交互图，各有优势，应用在不同场合。

1．顺序图（Sequence Diagram）

顺序图的特点是：以一种栅栏格式描述交互；在右侧添加新创建的对象；从上到下表示调用流的顺序，阅读方便。

图 7-10 展示了一个简单的顺序图，帮大家对顺序图先有一个直观的认识。另外，作为一个软件从业人员，应该掌握顺序图与程序的对应关系。

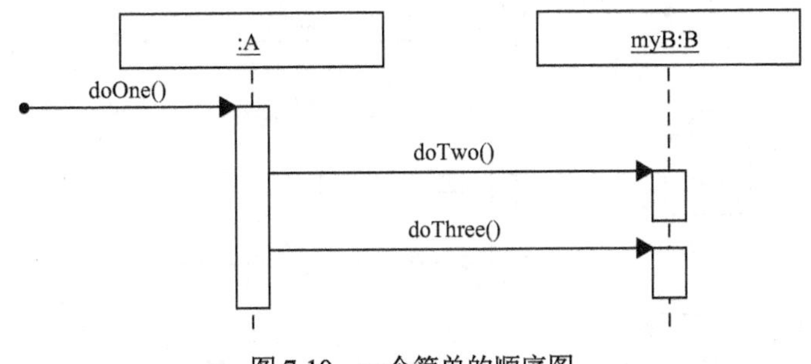

图 7-10　一个简单的顺序图

下面就以图 7-10 为例做介绍，它说明了类 A 具有名为 doOne 的方法和 B 类的属性 myB。而 doOne 的方法的实现要通过 myB 调用 B 类的 doTwo 和 doThree 的方法。由此可以推出如下形式类 A 的 Java 语言定义的片段：

```
public  class  A
{  private  B  myB = new  B( );
   public  void  doOne( )
   {  myB.doTwo( );
      myB.doThree( );
      ......         }
     // ......
}
```

2. 通信图（Communication Diagram）

通信图中对象可放置于图中任何位置，这些对象之间可以相互发出、接收消息，其形式就像数据结构中的图或网络的逻辑结构图，而消息的发出顺序需要通过顺序编号来表示。如图 7-11 所示是一个简单的通信图，帮大家对通信图有一个直观的认识。它和程序的对应关系与顺序图类似。

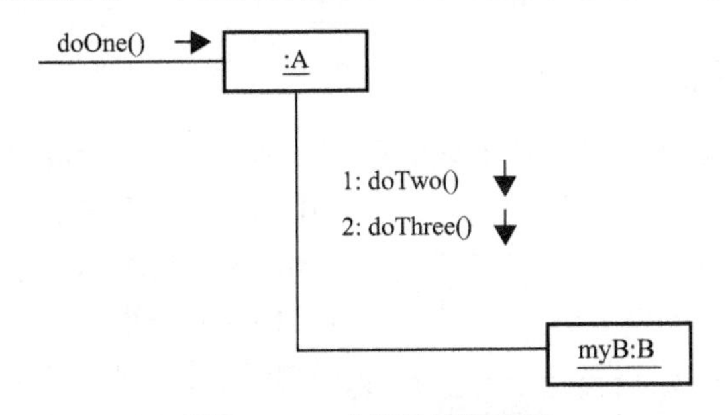

图 7-11　一个简单的通信图

7.2.2　顺序图的表示法

1. 基本顺序图的构成

基本顺序图的构成如图 7-12 所示。

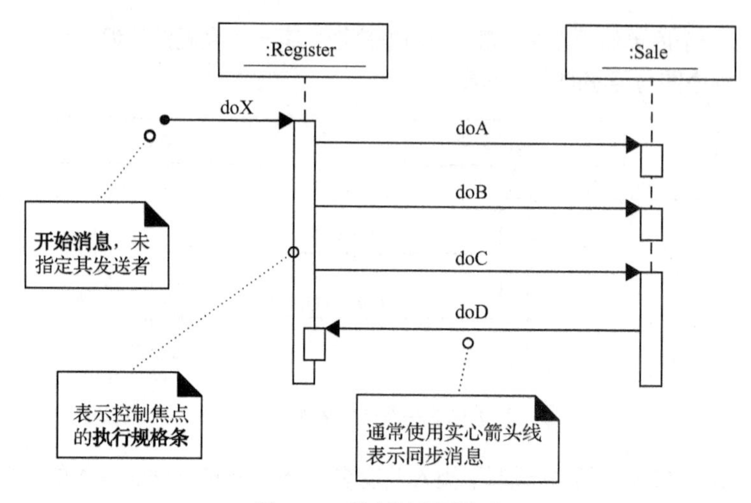

图 7-12　基本顺序图构成

下面对图 7-12 各部分的作用给出简单的说明。

✓ 可用执行规格条表示消息执行的控制期。

✓ 实心圆作为起点表示创始消息，如果消息的发起者不确定或者可能是多个消息发起者，则用实心圆表示。

2. UML 消息表达式语法

UML 消息表达式语法（UML Message Expression Syntax）基本形式如下：

```
return := message( parameter : parameterType ) : returnType
```

其中，消息（message）的参数类型（parameterType）部分和返回类型 returnType 部分可省略。比如，下面给出的三个消息表达式都是正确的。

```
spec := getProductSpect( id )
spec := getProductSpect( id : ItemID )
spec := getProductSpect( id : ItemID ) : ProductSpecification
```

3. 表示参与者的框图

图 7-13 参照类的表示给出了参与者在交互图中的表示方式。左面的矩形框表示一个 Sale 类，中间的矩形框表示一个 Sale 类的任意实例，右面的矩形框表示一个 Sale 类的实例 s1。由于顺序图是动态模型，参与交互的是类实例，这里给出的是 UML 技术文档中标准的类实例的表示形式。多数建模取件也采用这一形式。但这一文档的顺序图示例的类实例没有加下画线，在非正式描述和实践中也允许其表示不加下画线。

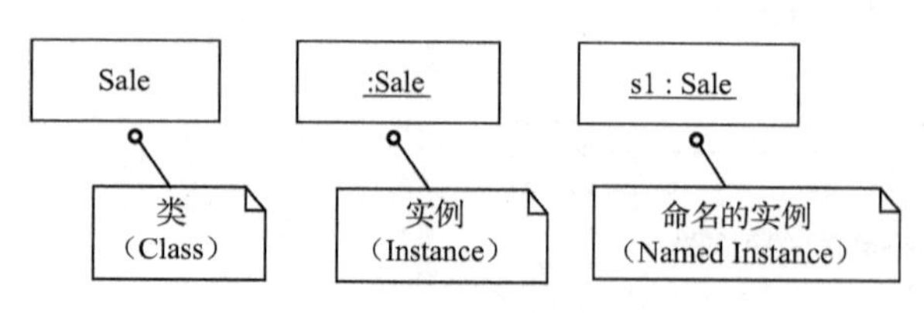

图 7-13　交互图中的参与者表示形式

4. 单实例类对象

该模式所含的意思是：对类进行实例化时，只能存在一个实例，决不能是两个。图 7-14 中的 Store

类对象的右上角有一个数字“1”，就是单实例类的图标。

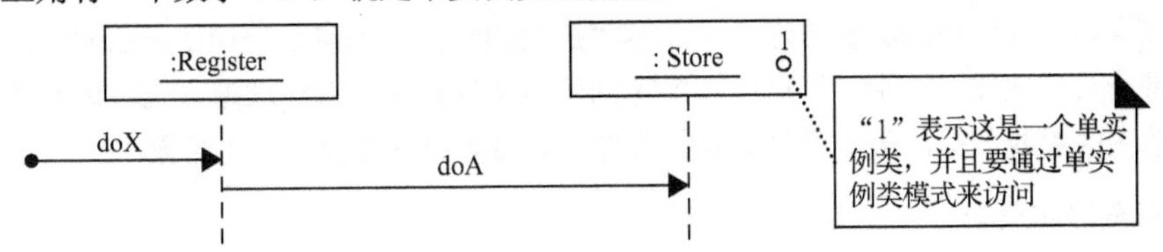

图 7-14　顺序图中的单实例类对象表示

5. 两种消息返回方式

可以用以下两种方式表示消息的返回结果。

（1）使用消息语法 returnVar = message(parameter)。

（2）在活动条末端使用应答（或返回）消息线。

上述两种方法都很常见。图 7-15 给出了这两种方法的示例。建议在草图中使用第一种方法。因为这种方法比较简单。如果使用应答线，一般要在线上加以标记，以描述返回值。如图 7-15 中的第 3 条线所示。不难发现，这里省略了前面消息表达式中等号前面的冒号，因 UML 允许使用某种程序设计语言的语法表示消息。

6. 可用嵌套的活动条表示对象发送给自身的消息

图 7-16 的消息 clear 就是 Register 类的对象发送给自身的消息。

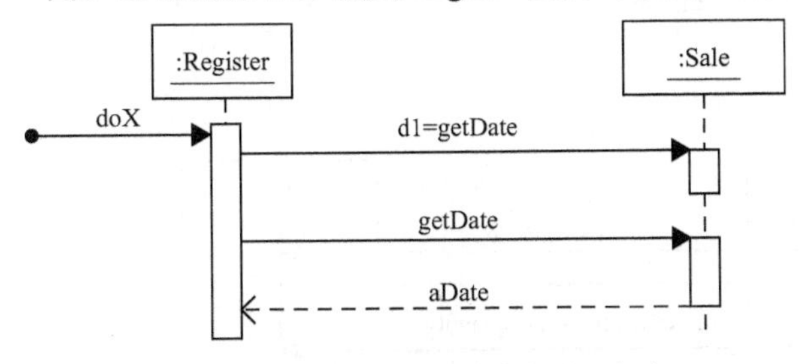

图 7-15　顺序图中两种消息返回方式

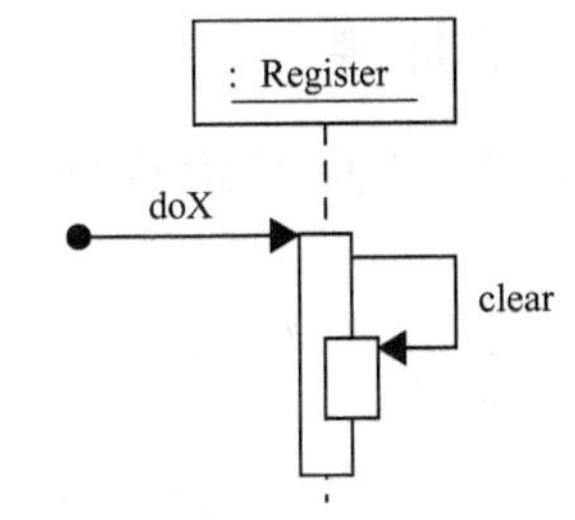

图 7-16　顺序图中向自身发送的消息

7. 新创建的对象在顺序图中的表示方法

顺序图中新创建对象的表示方法如图 7-17 所示。

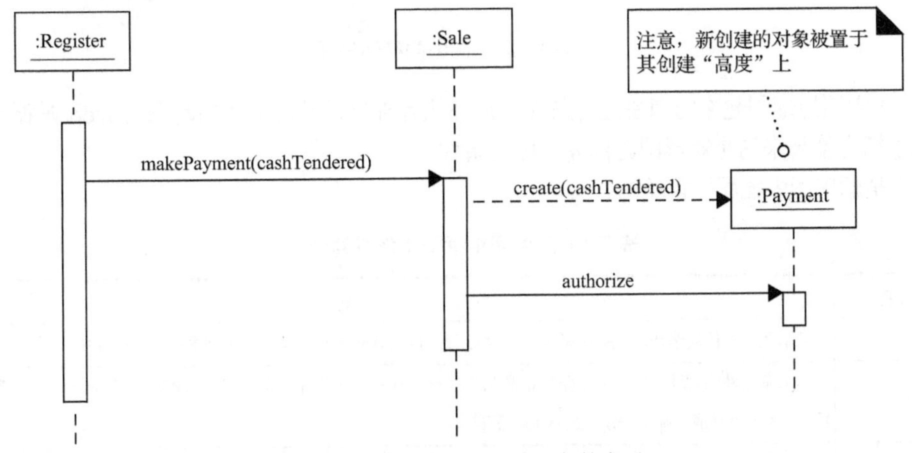

图 7-17　顺序图中新创建对象的表示

图 7-17 中“create(cashTendered)”消息是创建新的对象的消息，表示创建一个新的 Payment 类的对象，并且该类对象的构造函数被传递一个表示“提交的现金”的参数 cashTendered，发送创建对象的消息线为带箭头的虚线，但由于早期的规范对创建对象的消息没有要求是虚线，因此有的工具软件没有提供带箭头的虚线图标，可以用带箭头的实线加 create 消息名表示创建对象。

8. 对象的销毁

顺序图中对象销毁的表示方法如图 7-18 所示。

图 7-18 中<<destroy>>标记的消息是对象销毁的消息，其连接线是带箭头的实线，箭头指向要销毁对象的生命线处，在交点画一个叉（即×）。该顺序图表示的是销毁 Payment 类的对象。

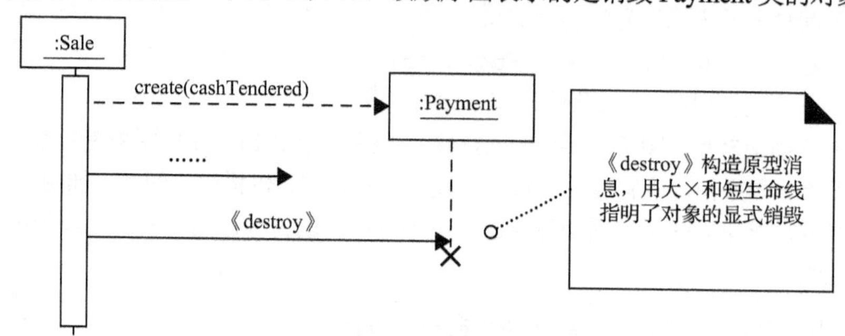

图 7-18　顺序图中对象销毁的表示

9. 循环框图

图 7-19 是一个具有循环框的顺序图。

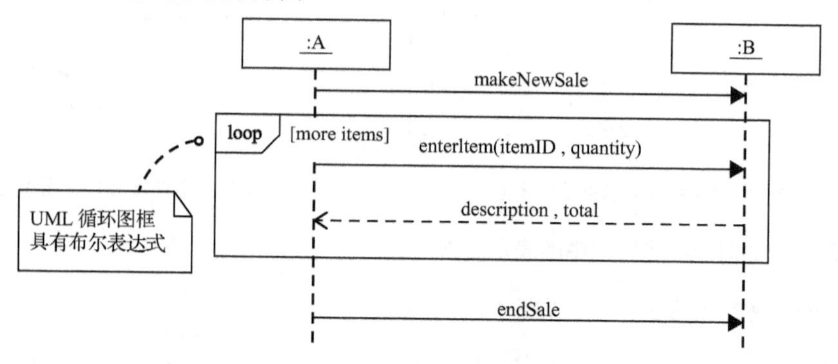

图 7-19　顺序图中的循环框图

图 7-19 中用矩形围起来的消息是有条件地循环执行部分，其左上角括起来的 loop 是循环标记，其旁边用中括号括起来的是矩形围起部分循环的条件。

表 7-1 是顺序图中框图操作符的含义。

表 7-1　顺序图中框图操作符的含义

框图操作符	含　义
alt	表示互斥条件的选择，根据中括号里条件信息是否为真而选择性执行矩形框中两个不同片段
loop	表示有条件的循环。中括号里条件信息为真则循环执行矩形框中片段。可以直接写为 loop(n)，以指明循环的次数 n，还可以写成 loop(i,1,10)，表示 for 循环
opt	表示有条件的单选片段，当中括号中的条件信息为真时，执行矩形框中的可选片段

续表

框图操作符	含　义
par	表示并行执行，即每个片段都并发执行
region	表示只能执行一个线程的临界片段

10. 表示条件选择的顺序图

在 UML 顺序图中可表示分支结构，下面就具体介绍一下 if 和 if …else…的逻辑在顺序图中的表示方式。

（1）有条件的单选消息顺序图。图 7-20 中用在矩形框的左上角括起来的 opt 表示有条件地发出消息，其旁边中括号括起来的是消息发出的条件。矩形框中的消息表示条件为真时发出的消息。该图的有条件发出消息部分表示当 color 等于 red 时，Foo 类对象向 Bar 类对象发出消息 calculate。

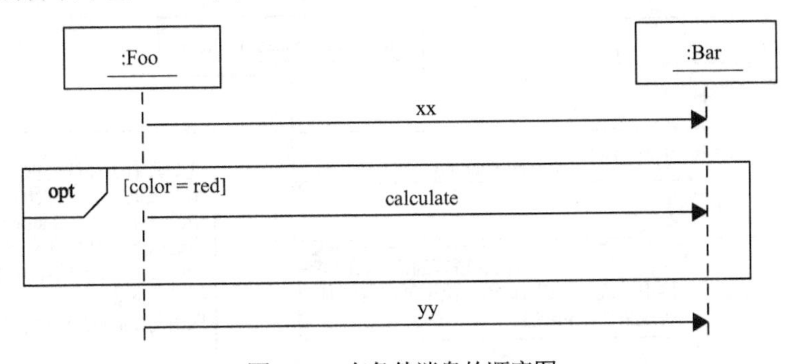

图 7-20　有条件消息的顺序图

在 UML 1.x 中，可以不把有条件发出的消息放到矩形框中，而是直接在消息名的前面放上用中括号括起来的发出条件。具体如图 7-21 所示，其选择部分表示当 color 等于 red 时，Foo 类对象向 Bar 类对象发出消息 calculate。

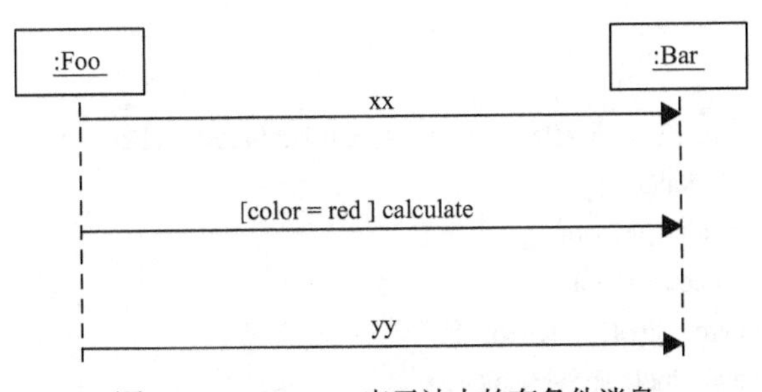

图 7-21　UML 1.x 表示法中的有条件消息

（2）互斥的有条件消息表示。图 7-22 中用在矩形框的左上角括起来的 alt 表示互斥的有条件发出消息，其旁边用中括号括起来一个条件。矩形框用虚线分成两部分，上面部分是条件为真发出的消息，下面部分是条件为假发出的消息。该图表示当 x<10 时，A 类对象向 B 类对象发送消息 calculate，否则，A 类对象向 C 类对象发送消息 calculate。

11. 对集合中每个元素迭代访问的顺序图

如果循环的目的是对集合中的每个元素进行类同的操作，在顺序图中的表示要在一般循环的基础上加一些特别的约定。如果是要向每个元素是 SalesLineItem 类型的数组发送消息 getSubtotal，返回值赋值给 st，如图 7-23 所示。

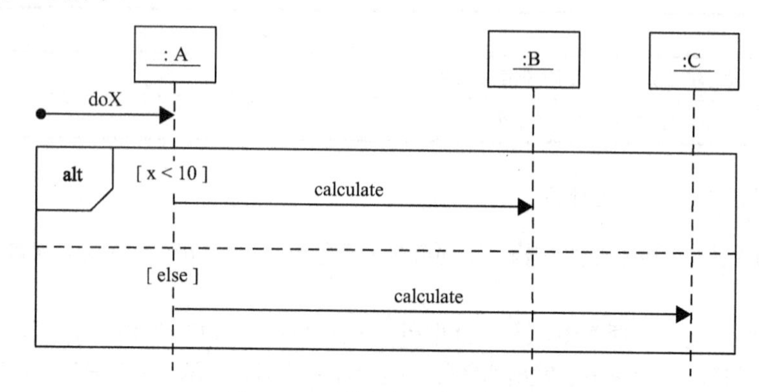

图 7-22　互斥的有条件消息示例

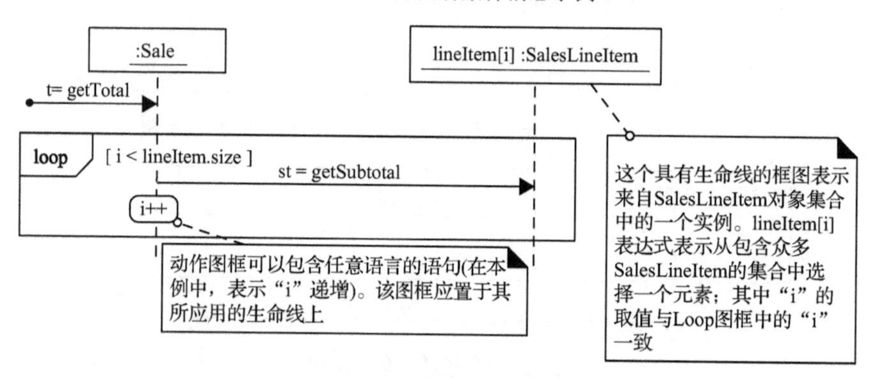

图 7-23　隐含表示的集合迭代

我们只有将顺序图与具体的程序对应起来，将顺序图转换成对应的程序代码，用顺序图表示用例实现设计思路才有意义，下面给出图 7-23 所示顺序图对应的 Java 语言代码框架。它使用 for each 循环迭代集合中的元素。

```
public class Sale   {
    private   List<SalesLineItem> lineItem   = new ArrayList<SalesLineItem>() ;
    public   Money   getTotal()   {
        Money   total = new   Money( );
            Money   subtotal = null   ;
        for (SalesLineItem   lineIt : lineItem) {
                subtotal=lineIt.getSubtotal( ) ;
                total.add(subtotal) ;            }
            return total;
    }
     //……
}
```

上面描述的集合迭代在顺序图中还可以用图 7-24 隐含地表示集合的迭代。

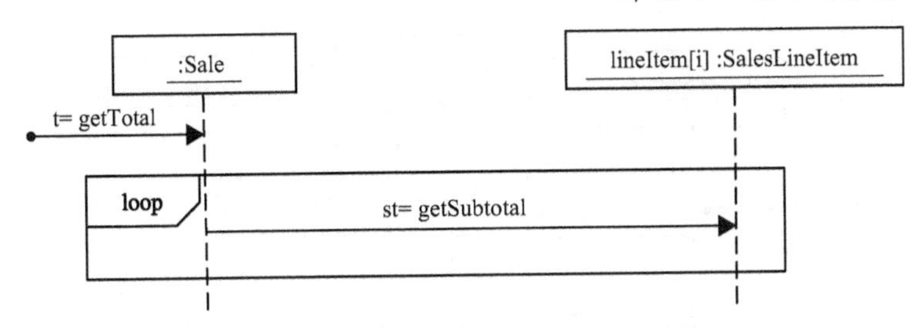

图 7-24 隐含地表示集合的迭代

12. 关联的顺序图表示

有时由于绘图区较小，不能在一个绘图区完整地绘制出一个顺序图，就需要分多个区域绘制，并把它们连接起来，如图 7-25 所示。

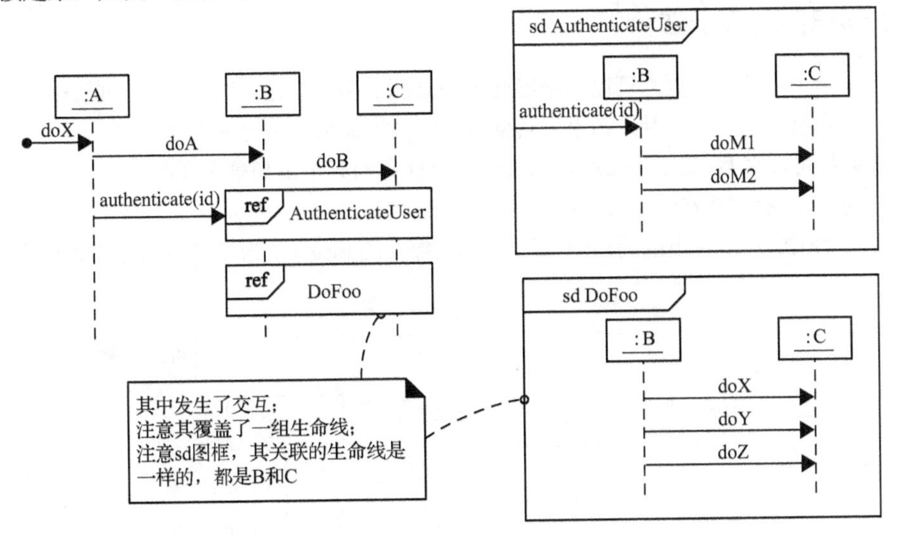

图 7-25 关联的顺序图绘制示例

在图 7-25 左面的顺序图中先后包含了右面的两个顺序图 AuthenticateUser 和 DoFoo，需要包含其他顺序图块时，在所要包含的顺序图位置画一个矩形框，该框括起其涉及的类对象生命线，在这个矩形框的左上角标注 ref 标记；可能被调用的顺序图块可以画在另外的一个矩形区域，该区域的左上角用框括起来一个 sd 标记加所画顺序图块的名字。

13. 调用异步对象的表示

异步对象就是定义了独立线程类的对象，比如，在 Java 语言中该类定义了 run( )方法，作为独立线程运行的程序段就写在这个方法中，当这个类对象的线程启动后，在 CPU 为它分配时间段时就运行该 run()方法中的内容。这个类对象与启动它的程序在不同的线程中，因此不同步，称为异步对象。图 7-26 展示了一个调用异步对象的示例。通过 creare 消息创建了一个线程类 Clock 的对象，随后该对象被启动，这个对象就为异步对象，当系统为其分配了 CPU 处理时间后，就调用其 run()方法。当观察该图时可以发现，UML 用喇叭箭头消息线表示异步调用，线程对象也称主动对象，其生命线两侧加双竖线。

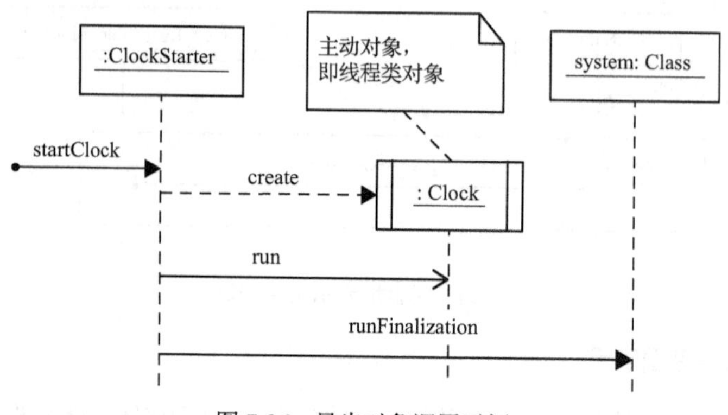

图 7-26 异步对象调用示例

7.2.3 通信图的表示法

图 7-27 是一个通信图示例，可以总结出通信图绘制的基本规则。对其需要说明是：

✓ 一般不为第 1 个消息编号，如果为其编号，则会增加消息编号的层次；

✓ 消息编号可以嵌套，2.1 和 2.2 表示完成 2 号任务的第 1 步和第 2 步；

✓ 折角的矩形表示对特定内容的注释。

请自己思考由图 7-27 给出的通信图，可以推出类 A 的 msg1( ) 方法的方法体大致内容是什么？

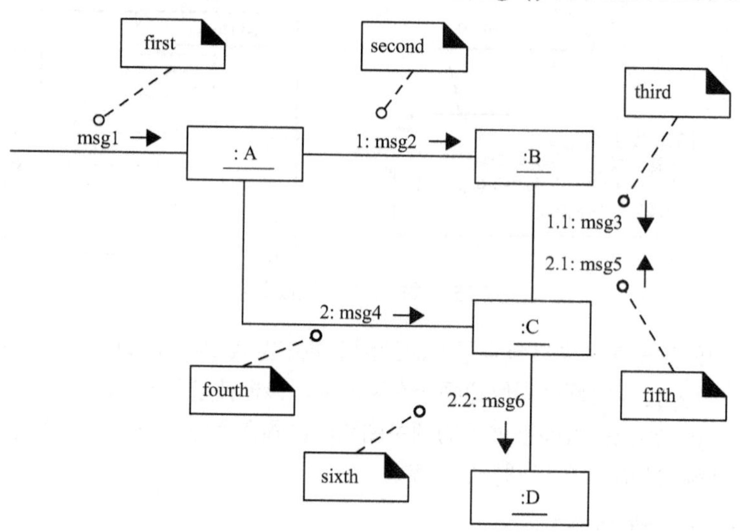

图 7-27 通信图基本构成示例

下面对各类特定作用的通信图的绘制方法做一简单介绍。

1. 通信图有条件消息的表示

图 7-28 的通信图表示 Foo 类对象当 color 值等于 red 时，向 Bar 类对象发出一个消息。注意，条件和消息名之间有冒号。

2. 通信图中互斥消息的表示

图 7-29 中的 1a 和 1b 表示序号为 1 的消息的 a 和 b 的两个分支，“1a[test1]:msg2”表示 1 号消息当 test1 值为真时，是 A 类对象向 B 类对象发出消息 msg2；“1b[not test1]:msg4”表示 1 号消息当 test1

值为假时，是 A 类对象向 D 类对象发出消息 msg4。

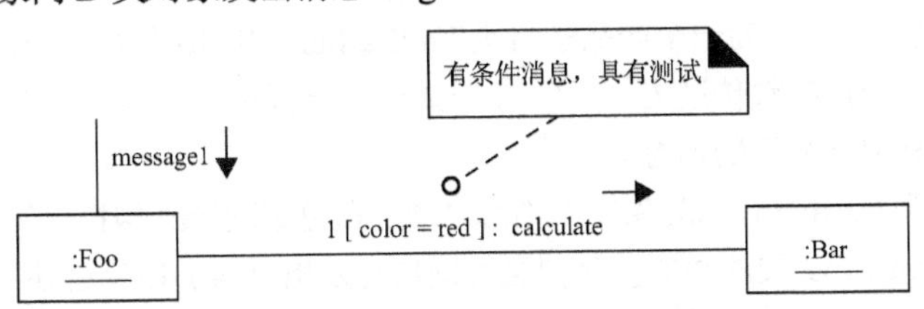

图 7-28　通信图中有条件消息的表示

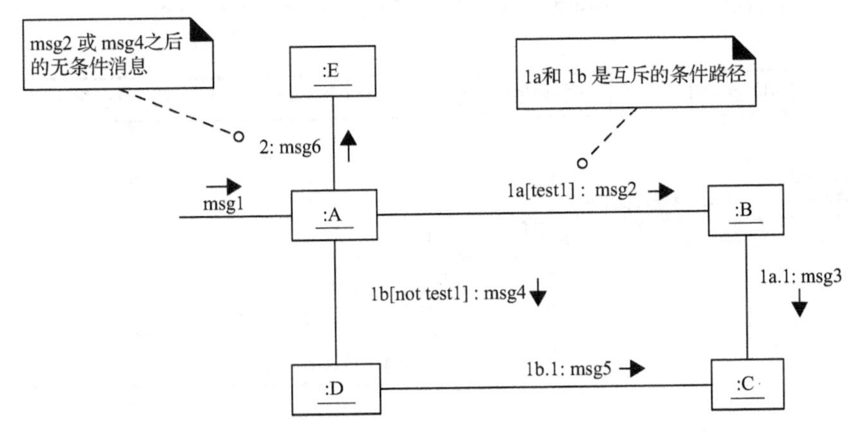

图 7-29　通信图中互斥消息的表示

3. 通信图中对集合对象的迭代表示

图 7-30 给出了两种通信图对集合对象的迭代访问的表示。图中有此方法的注释。

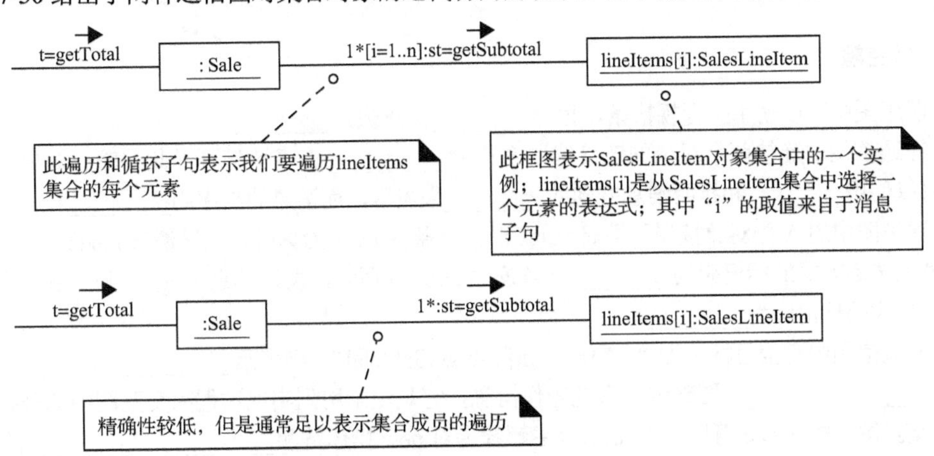

图 7-30　通信图中集合对象的迭代访问

【例 7.1】 请将下面描述的“在电子商务系统的购物推车中增加新商品条目”用例实现的思路用顺序图表示出来，建议用 Microsoft Visio 工具软件规范地绘制该图。

（1）首先一个参与者“顾客”向购物车界面类“CartInterface”的对象发出“增加一双白色运动袜到购物车”的消息。

（2）该购物车界面类 CartInterface 的对象将上述消息转发给一个购物车控制器类 CartMgr 的对象。该 CartMgr 类对象为完成上述消息传达的任务，进行如下工作。

✓ 向产品管理器类 ProductMgr 的对象发出消息“获取一双白色运动袜”。该对象为完成“获取一双白色运动袜”的请求，向一个产品条目类 ProductItem 的对象发出消息“查找产品”，并将“白色运动袜”作为查找参数传过去，然后该 ProductItem 类的对象向一个 WhiteSportSocks 类的对象 wss 发出“获取产品”的消息。

✓ 向购物车条目类 CartItems 的对象发出消息“增加白色运动袜到购物车”，并将 wss 作为该消息的参数，当 CartItems 类的对象接到消息后向自身发出“增加白色运动袜到购物车”的消息。完成向购物车中添加一个新项目的任务。

解：根据上面的描述，用 Microsoft Visio 绘制出如图 7-31 所示的顺序图。

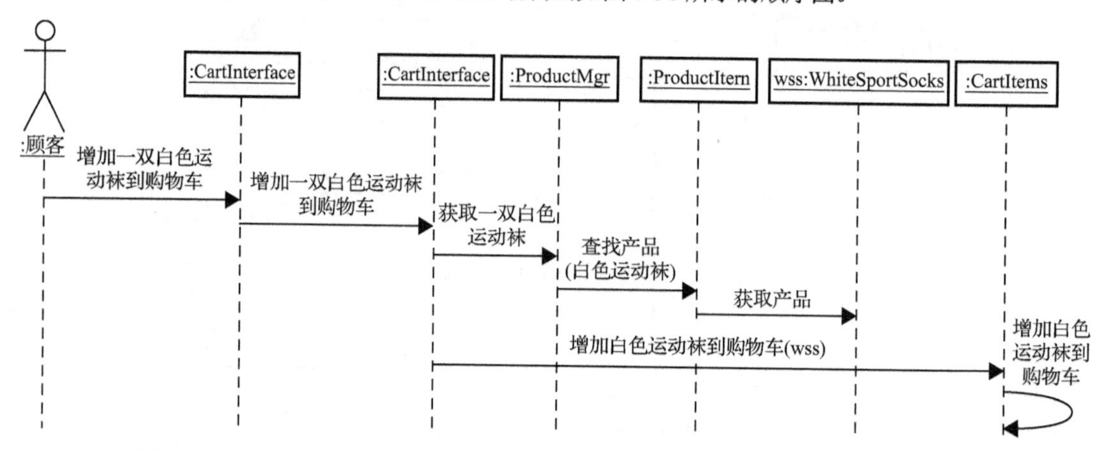

图 7-31 “在电子商务系统的购物推车中增加新商品条目”用例实现思路的顺序图表示

习题 7.2

一、填空题

1．顺序图中可以使用执行规格条，也称________，来表示________。

2．在通信图中连接两个对象的连接线通常称为________，许多消息可沿此传输；对象间的每个消息都可以使用________和指明消息方向的________来表示，而消息的次序用________表示。

3．通信图中的 A 类对象接受了消息 msg1 时，当条件 test1 为真时，发送消息 msg2，则其链上表示这种消息传递方式的标记应为________；当条件 test1 为假时，发送消息 msg4，则其链上表示这种消息传递方式的标记应为________。

4．在通信图中有消息标记为“1 * [i=1…n] : st=getSubtotal”，则表示____________________。

5．________________图确定了系统操作消息，它是记录用到实现过程的交互图中的开始消息。

6．交互图中的 create 消息在 Java 语言中解释为对 new 操作符和__________________的调用。

二、单选题

1．下面有关顺序图和通信图描述错误的是（　　）。

A．顺序图更方便地表示调用流的顺序，只需由上至下阅读即可

B．顺序图和通信图的信息调用顺序都无需序号标识

C．通信图更具有空间效用，即能在二维空间内灵活地增加新对象

D．都能够描述对象间的消息传递

2．顺序图中创建对象的消息在 UML 中的习惯表示是（　　）。

A．实线加顶端的刺形箭头　　B．虚线加顶端的实心箭头
C．实线加顶端的实心箭头　　D．虚线加顶端的刺形箭头

3．为支持有条件和循环地传送消息，UML 使用了框图，其左上角的符号“alt”表示（　　）。
A．并行执行的并行片段
B．当相关生命线上方括号内的条件信息为真时执行的可选片段
C．当相关生命线上方括号内的条件信息为真时循环执行的片段
D．选择性片段，用于表示相关生命线上方括号内的条件信息所表达的互斥条件逻辑

4．为支持有条件和循环地传送消息，UML 使用了框图，其左上角的符号“loop”表示（　　）。
A．并行执行的并行片段
B．当相关生命线上方括号内的条件信息为真时执行的可选片段
C．当相关生命线上方括号内的条件信息为真时循环执行的片段
D．选择性片段，用于表示相关生命线上方括号内的条件信息所表达的互斥条件逻辑

5．为支持有条件和循环地传送消息，UML 使用了框图，其左上角的符号“opt”表示（　　）。
A．并行执行的并行片段
B．当相关生命线上方括号内的条件信息为真时执行的可选片段
C．当相关生命线上方括号内的条件信息为真时循环执行的片段
D．选择性片段，用于表示相关生命线上方括号内的条件信息所表达的互斥条件逻辑

6．为支持有条件和循环地传送消息，UML 使用了框图，其左上角的符号“par”表示（　　）。
A．并行执行的并行片段
B．相关生命线上方括号内的条件信息为真时执行的可选片段
C．相关生命线上方括号内的条件信息为真时循环执行的片段
D．选择性片段，用于表示相关生命线上方括号内的条件信息所表达的互斥条件逻辑

三、多项选择题

1．下面给出的 UML 模型图，哪些是静态模型？（　　）
A．顺序图　　B．通信图　　C．包图　　D．设计类图

2．下面哪类模型描述了特定场景中消息在对象之间的交互？（　　）
A．通信图　　B．顺序图　　C．系统顺序图　　D．部署图

3．下面有关顺序图的绘制正确的描述是（　　）。
A．嵌套的活动条表示对象发送给自身的消息
B．用带实心箭头的实线并附以消息表达式的方式表示对象间的每个消息
C．通常场景中新创建的对象被置于其创建的“高度”上
D．消息的返回结果就必须使用应答消息线表示

4．下面哪类模型可以表示为完成某项任务对象之间的动态交互过程？（　　）
A．类图　　B．顺序图　　C．系统顺序图　　D．通信图

四、判断题

1．顺序图左上角标记为 ref 的框图可引用左上角标记为 sd 和框图名的框图所包含的顺序图。（　　）
2．异步消息不用等待响应，不会阻塞，可在.NET 和 Java 等多线程环境中使用。（　　）
3．在 UML 的顺序图中，同步调用常用喇叭形箭头表示。（　　）
4．UML 的通信图中，约定不为第一个消息编号。（　　）

5．UML 的通信图中，约定用括号内的编号表示消息的嵌套。（ ）

6．UML 的静态模型有助于设计逻辑、代码行为或方法体。（ ）

7．UML 的动态模型有助于设计包、类名、属性和方法特征标记的定义。（ ）

五、简答题

1．将下面文字描述的含义分别用顺序图和通信图表示出来，并根据已有信息写出 Sale 类的 Java 语言定义主体。

（1）makePayment 消息被发送给 Register 类的一个实例，并将支付金额（cashTendered）作为参数。

（2）该 Register 类的实例将完成 makePayment 操作的职责转交给一个 Sale 类的实例。

（3）该 Sale 类的实例为了完成 makePayment 操作职责，要创建一个 Payment 类的实例，创建时还将支付金额（cashTendered）作为参数。

2．根据图 7-32 所给的顺序图，请推断出类 A 可能的定义体，要体现顺序图所给出的信息。

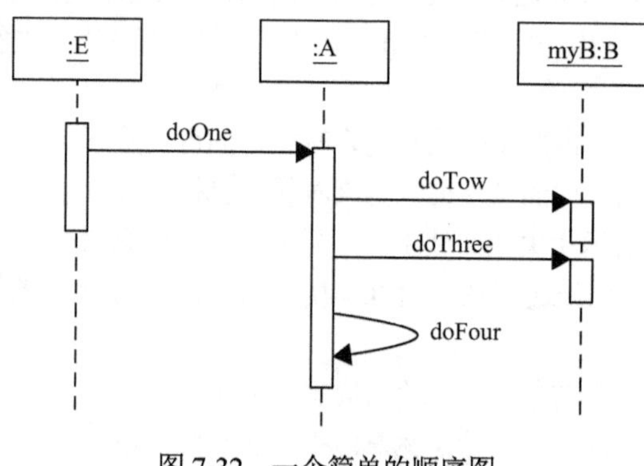

图 7-32 一个简单的顺序图

任务 7.3 实训十 使用 Rational Rose 绘制 UML 交互图

内容引入

前一任务给大家介绍了有关交互图的知识，包括：交互图是用来描述为实现某个目标对象之间相互发出、接收消息过程的 UML 模型图，是面向对象的系统设计的工具；通信图和顺序图都是交互图，以及这两种图的详细绘制规则等。熟悉用建模工具软件绘制标准化的交互图也是将来职业要求的必备技能，本任务将帮助大家熟悉、掌握这方面技能。

课上训练

视频 11

一、实训目的

1．掌握使用 Rational Rose 绘制顺序图的方法。

2．掌握使用 Rational Rose 绘制通信图的方法。

3．掌握使用 Rational Rose 将顺序图与通信图相互转换的方法。

视频 12

二、实训要求与指导

任务与指导 1. 使用 Rational Rose 绘制前面图 7-27 的通信图基本构成示例

（1）在窗口左侧浏览窗口的 Logical View 或 Use Case View 处右击→选择 new→选择 Collaboration Diagram，此时在左侧浏览区出现一个新的默认名字的通信图的图标，将其更名为“协作图_1”，双击该图标，在右侧打开其对应的绘制通信图的窗口。此时界面如图 7-33 所示。

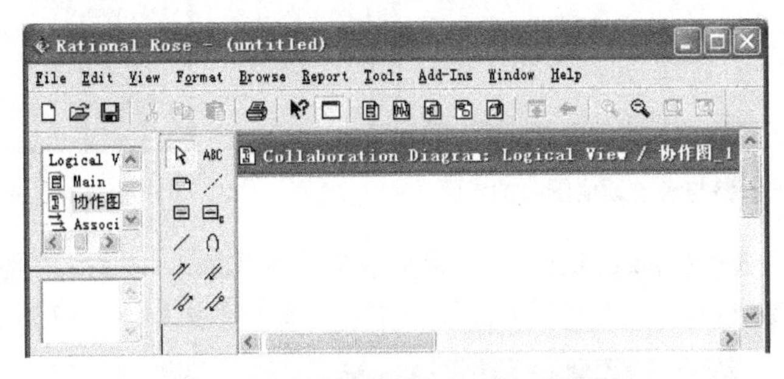

图 7-33 绘制通信图示例的初始界面

（2）在通信图的绘图环境中需要在第 1 个消息 msg1 的左侧添加一个“参与者”，才能画出 msg1 消息的指向 A 类对象的连接线。具体方法是，按照图 7-34 所示的步骤建立参与者，即在 Use Case View 处右击→选择 new→选择 Actor，此时在左侧的浏览窗口出现新的默认名字的参与者图标，将其更名为“参与者”。

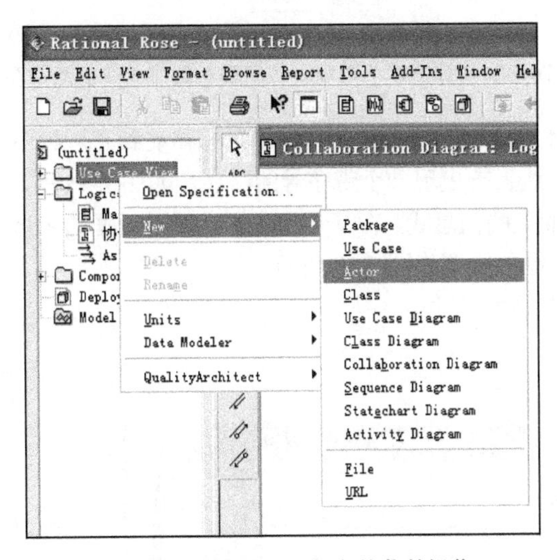

图 7-34 选择建立参与者的菜单操作

（3）将“参与者”图标用鼠标拖动到右侧的绘图窗口的右上角适当位置，效果如图 7-35 所示。

（4）从绘图工具栏选择 Object 绘图工具，在绘图窗口的“参与者”右侧单击鼠标生成一个默认的类对象，在该对象处右击，在弹出的快捷菜单中选择 Open Specification 项，弹出如图 7-36 所示的对话框。

（5）在图 7-36 所示对话框的 Class 下拉列表框中选择 new 选项，弹出“类设置”对话框，在其中定义一个 A 类，单击 OK 按钮后返回图 7-36 所示对话框，其中 Name:旁文本框要保持空，单击 OK 后完成 A 类对象的创建。

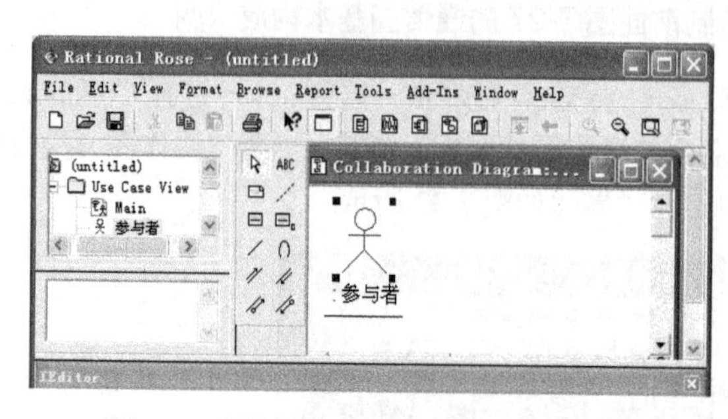

图 7-35 添加了参与者的通信图绘图界面

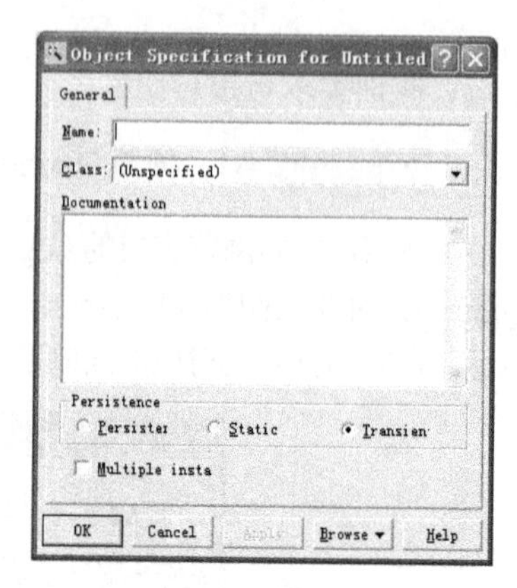

图 7-36 对象设置对话框

（6）在绘图工具栏选择 Object Link 工具，鼠标移动到绘图窗口“参与者”图标处，按下鼠标左键拖动到 A 类对象，再放开鼠标就建立它们之间的连接线，此时效果如图 7-37 所示。

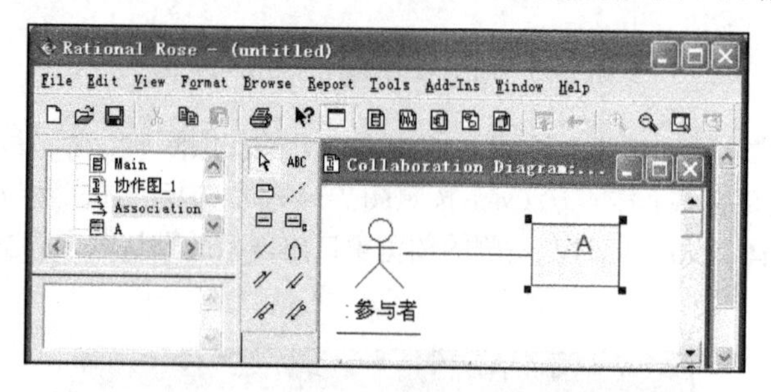

图 7-37 建立了“参与者”与类对象连接线的通信图

（7）在绘图工具栏选择 Linked Message 工具，将鼠标移动到右边绘图窗口，单击“参与者”和 A 类对象之间的连接线，在该线上方出现一个带序号的箭头，如图 7-38 所示。

（8）双击图 7-38 的带箭头的消息线，在打开的消息设置对话框的 Name:旁文本框中输入“msg1”，然后单击 OK 按钮。该对话框的设置如图 7-39 所示。

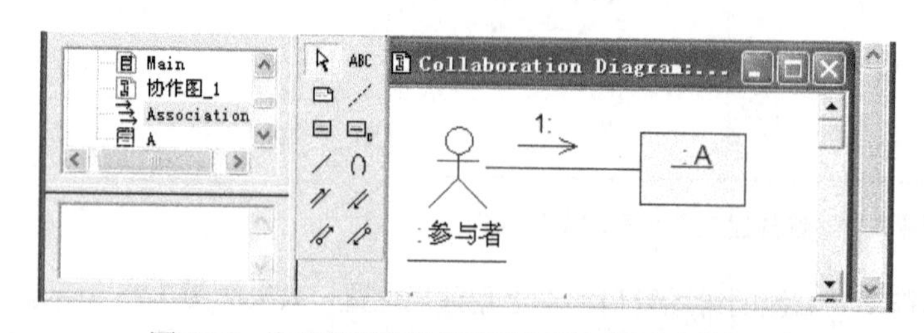

图 7-38 为对象间的连接线添加了初始消息的通信图

图 7-39 消息设置对话框设置示例

（9）接着要去掉消息线上自动产生的序号，以便自己根据需要输入序号，方法是：从菜单 Tool 中选择 Options，打开 Options 对话框，选择其中 Diagram 选项卡，使 Collaboration numbering 处于未选中状态，为后面绘制顺序图方便，使“Sequence numbering”也处于未选中状态，效果如图 7-40 所示。

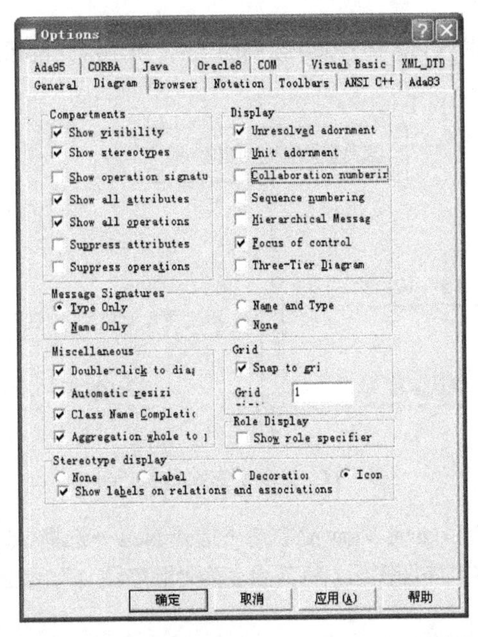

图 7-40 使通信图和顺序图不能自动产生序号的选项对话框设置

（10）在绘制 A 类对象和 C 类对象之间的折线连接线时，先画出直线的连接线，再用鼠标选中直线向左下角拖动为折线。然后模仿这个过程绘制完成指定的通信图。

任务与指导 2. 使用 Rational Rose 的转换功能将上题绘制的通信图转换为对应的顺序图

（1）按照图 7-41 所示过程将所绘制的通信图转化为对应的顺序图，即选择 Browse→Create Sequence Diagram 菜单项。顺序图中表示消息顺序的规则是上面的消息先发出，如果自动转化的顺序图消息或对象的位置有错，可以用鼠标拖动它们来调整到适当的位置。

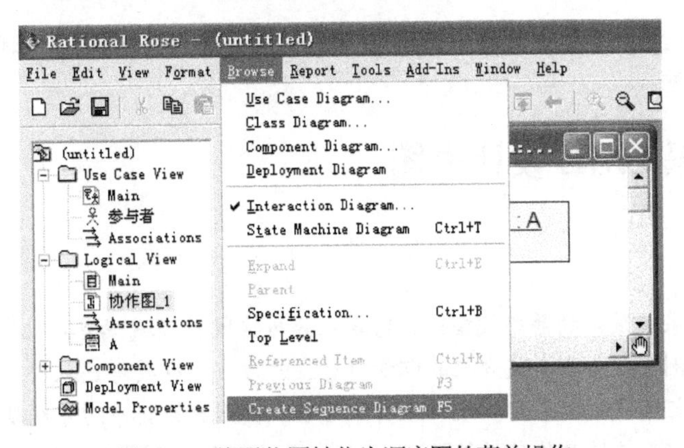

图 7-41 将通信图转化为顺序图的菜单操作

（2）由通信图自动转化为顺序图的消息线端最初为表示普通对象消息的线端，而不是表示过程调用的三角形线端。请参见实训六的任务指导提供的方法，将其转换为表示同步消息的三角形线端的消息线。

任务与指导 **3．使用 Rational Rose 绘制图 7-42 所示形式的顺序图**

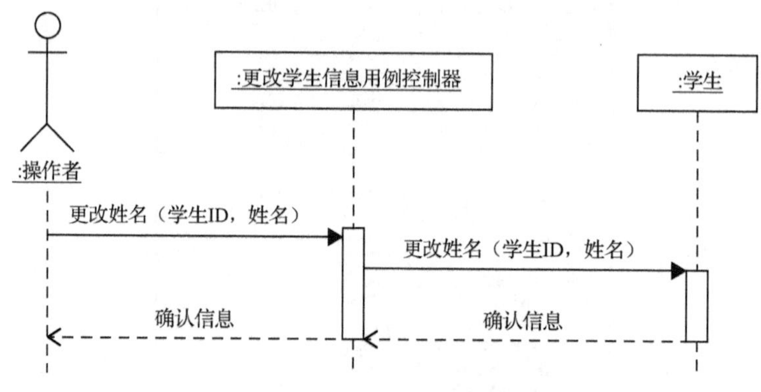

图 7-42　更改学生姓名顺序图

（1）在左侧的浏览窗口的 Logical View 处右击→选择 New→选择 Sequence Diagram，此时左侧浏览窗口就出现一个新默认名字顺序图图标，将其更名为“顺序图_1”，双击这一图标，在右侧打开绘制这一顺序图的绘图窗口。

（2）顺序图绘制的方法参见前面实训六的系统顺序图绘制方法。

任务与指导 **4．使用 Rational Rose 的转换功能将上题绘制的顺序图转换为对应的通信图（协作图）**

将所绘制的顺序图转化为对应的通信图的步骤是：单击菜单 Browse→Create Communication Diagram，系统自动将所绘制的顺序图转化为对应的“通信图”，接着用鼠标将转化后的通信图的各组成部分拖动到适当位置。

课后做一做

请用下载的 StarUML 和 JUDE-Community 建模软件分别探索绘制通信图和顺序图的方法，以及它们之间的相互转化方法。

任务 7.4　认识 UML 设计类图

内容引入

设计类图是记录系统设计的静态模型图。它是在分析阶段的领域模型类图基础上发展起来的，它的创建要考虑围绕用例实现为各个类分配的职责所对应的方法，也要考虑软件实现的类成员的访问权限，还要考虑类和类之间关系的表示。设计人员学习它以便用它来记录对系统软件类的设计；构造人员学习它以便能读懂它来构造具体的软件类。这一任务及后续的实训就是学习与此相关的知识和技能。

学习目标

✓ 理解设计类图与领域模型类图的区别。
✓ 理解、掌握 UML 设计类图中属性和方法的各种表示方式。
✓ 理解、掌握 UML 设计类图中接口、依赖关系、构造函数的表达方式。

✓ 理解、掌握类图与Java代码之间的对应关系。

UML中可用类图（Class Diagram）表示类、接口及其相互之间的关联。其属于静态模型。类图表示概念领域模型的可视化时，即为领域模型类图或概念类图（Conceptual Class Diagram）；表示软件设计模型的可视化时，即为设计类图（Design Class Diagram）。

7.4.1 基本设计类图的构造

1. 常用设计类图表示法

图7-43展示了类图中类和类之间常见关系和类成员的表示方法，比如类的继承关系、接口的实现、依赖关系、导航可见性、类的静态成员和类的访问权限的表示方式。后面将对这方面的规则进行系统介绍。学完这一任务，大家可以回头看这个图，回顾有关设计类图绘制的主要规则。

注释：图7-43中的下划线表示类或接口中的静态成员。

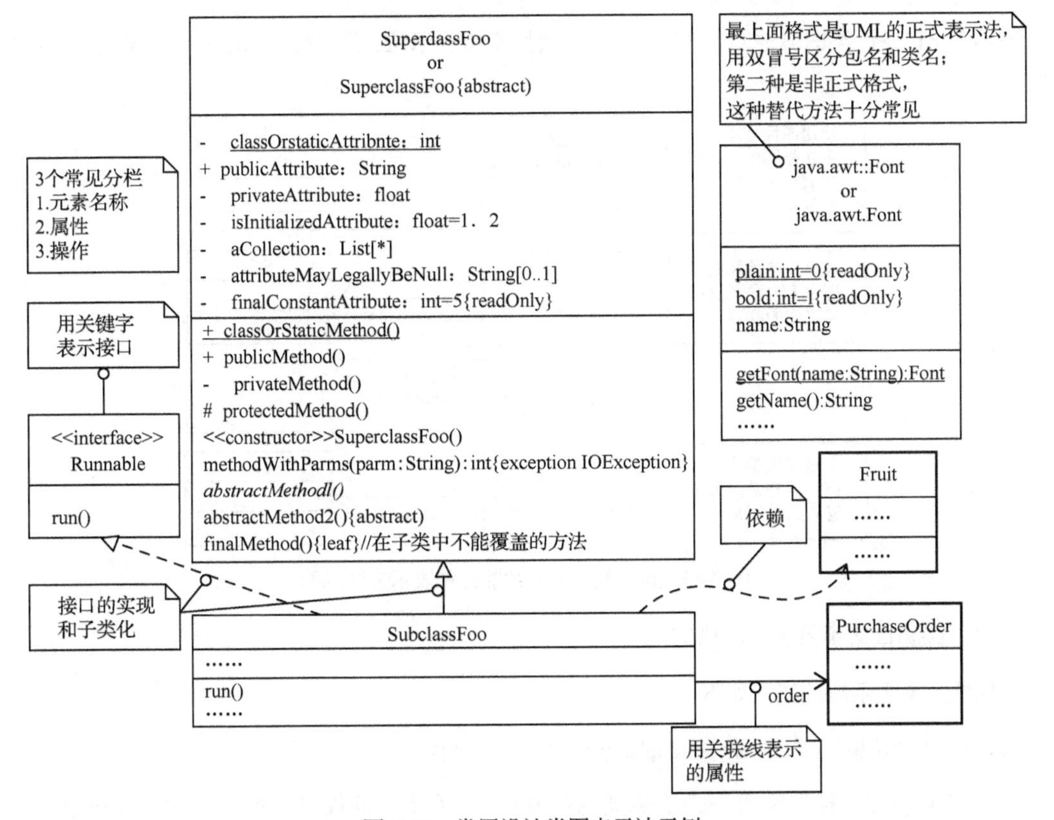

图7-43 常用设计类图表示法示例

2. 设计类图与概念类图的比较

通过观察图7-44可以初步发现，概念类图的类符号包括类名和属性两部分，且类之间的连接线没有方向；而设计类图的类符号包括类名、属性和方法三部分，且类之间的连接线的线端是可能有变化的。类中定义的方法是围绕用例实现为类分配的职责，分配一个职责意味着要定义一个对应的方法。这里要说明一下，图中Sale类的属性total前加了一个“/”，表示total是一个派生属性，它的属性值是可以从其他属性值导出的。

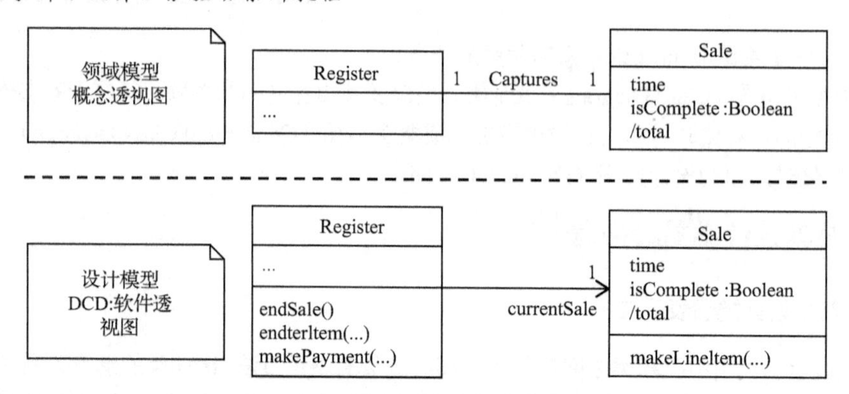

图 7-44　概念类图与设计类图区别示例

7.4.2　UML 设计类图的属性表示方式

表示 UML 设计类图属性的方式有三种，即属性文本表示法、关联线表示法和两者兼有，如图 7-45 所示。

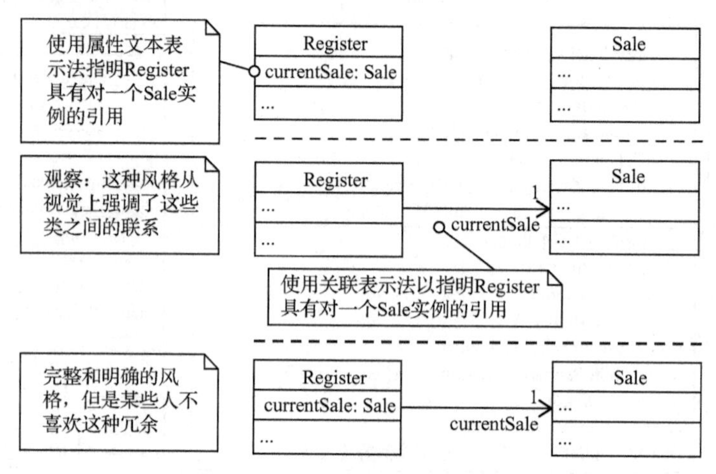

图 7-45　设计类图中属性的三种表示方法示例

1. 类属性文本表示法的格式

类属性文本表示法的格式如下。

可见性　属性名称 : 属性类型　multiplicity = 默认值 { 特性字串 }

其中，“可见性”标记包括：+（公共访问权限）、-（私有访问权限）和#（保护访问权限）。需要注意的是，类的属性默认可见性是私有访问权限，Multiplicity 表示多重性。

2. 关联线表示属性风格详述

关联线表示法的风格如下。

✓ 导航性箭头由源对象指向目标对象，即由包含对象类属性的一端指向该属性所属的类的一端。
✓ 通常多重性放置在目标一端，是表示类间关联数量的重数，形式如 “*” “0..1”。
✓ 通常角色名（Role Name）也放置在目标一端，表示该类类型对象的名称。
✓ 通常不需要标记关联名称。

✓ 可使用特性字符串描述关联线，如{ ordered }表示集合中的元素是有序的，{ unique }表示一组唯一元素，{ list }表示某集合属性将通过实现了 List 接口的对象来实现。

3. 属性表示法使用规则

对基本类型的属性使用属性文本表示法，而对象属性的类型（即属性是类类型）使用关联线表示法。关联线能强调类之间的关联。图 7-46 是这两种表示法使用规则的示例。

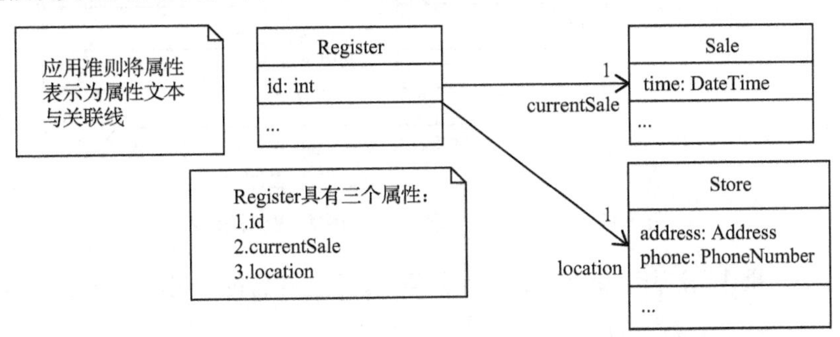

图 7-46 属性的关联线与文本表示法的使用规则示例

下面是图 7-46 对应的 Java 语言程序代码。

```
public  class  Register
    {  private  int   id;
       private  Sale  currentSale;
       private  Store  location;
       //...     }
```

通过上面的代码和对应的图 7-46 可以清楚地看到，属性 id 是基本数据类型 int，在类定义符号中用文本来表示；而属性 currentSale 是自己定义的 Sale 类类型的，属性 location 是自己定义的 Store 类类型的，它们的定义是用关联线表示的，从包含这些属性的类到该属性所属的类类型画一个带箭头的实线，即导航性连接线，在箭头指向的目标端标出属性名，比如在一个目标端 Sale 类用符号标出属性名 currentSale，而在另一个目标端 Store 类用符号标出属性名 location。

4. 集合属性的表示

下面是 Java 语言定义的集合。

```
public  class  Sale
{  private  List<SalesLineItem> lineItems = new  ArrayList <SalesLineItem> ()  ;
    //......          }
```

下面就这个定义的集合属性，在 UML 设计类图中用两种属性表示法来表示。

7.4.3 UML 设计类图中的操作/方法

一般操作的语法形式如下。

```
可见性 方法名称（参数列表）: 返回值类型 { 属性字符串 }
```

如果没有表示可见性，通常类方法默认的可见性是公有的。

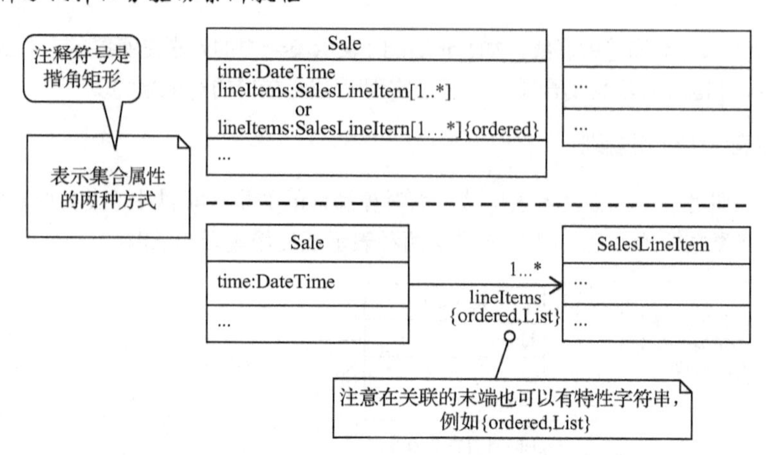

图 7-47　设计类图的属性集合的两种表示法示例

除正式的 UML 操作语法外，其允许任何编程语言编写操作特征标记，如 Java，例如：

```
+getPlayer(name : String) : Player {exception   IOException}
```

或

```
public Player getPlayer(String name)   throws IOException   // Java 语言的形式
```

要想在类图中表示方法的实现，可在交互图中通过消息的细节和顺序来表示，也可在类图中使用构造型为<<method>>的 UML 注释符号，参见图 7-48。

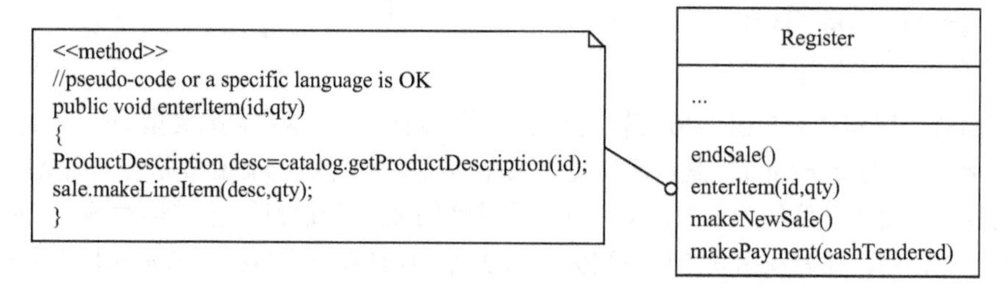

图 7-48　类图中使用构造型为<<method>>的 UML 注释符号示例

有关设计类图（Design Class Diagram，DCD）中操作的进一步说明如下。

（1）交互图中的 create 消息通常解释为对 new 操作符和构造函数的调用，如果在设计类图中在构造函数名前面加构造型标识符 <<constructor>>，则更为清楚。

（2）提取和设置属性的访问操作，如 getX()和 setX(int x)，通常不包含在类图中，这样更为简洁、清晰。

（3）抽象类名称使用绘图工具时可表示为斜体字。

7.4.4　UML 设计类图中常用符号含义

1. UML 设计类图的关键字及元素特征的文本表示

UML 的设计类图关键字是对模型元素分类的文本修饰。大部分关键字用“<< >>”符号表示，但有些用大括号“{　}”表示。以下是预定义的 UML 关键字样例。

<<interface>> 表示所修饰的是特殊类，即接口。

{abstract}　　表示抽象元素，不能实例化。通常置于所修饰的类名称或操作名称之后。

{ordered}　　表示具有强制顺序的一组对象，置于关联的端点。

元素特性的文本表示为{ 特性名 1=值 1，特性名 2=值 2 …… }的形式，如：{ abstract = true }。

2. 依赖及依赖关系的表示

依赖是某个元素的确定与其他元素相关联，当其他元素变化时会对该元素产生影响。

相互依赖的元素也可以认为是耦合的，即有关联的。图 7-49 中，依赖关系用带箭头的虚线指向被依赖的元素来表示。

有些关系本身就暗示着依赖关系，如子类与超类、实现接口的类与接口、具有关联线的类关系。

依赖线还可描述对象之间的方法参数依赖、局部变量依赖和静态方法调用的依赖。如图 7-49 和图 7-50 所示分别用图示来展示类之间的依赖关系。

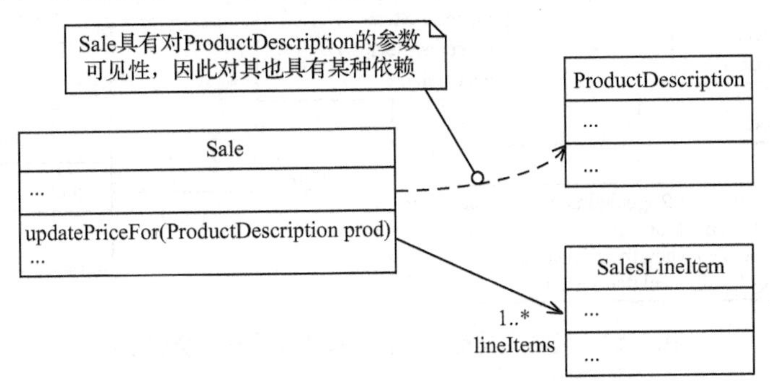

图 7-49　方法的参数依赖

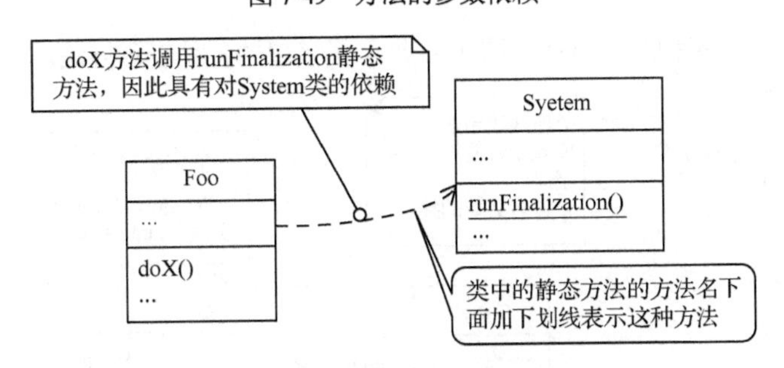

图 7-50　调用静态方法的依赖

依赖标签为表示依赖的类型，或为代码生成工具提供帮助，可给依赖线附加关键字或构造型。示例如图 7-51 所示。

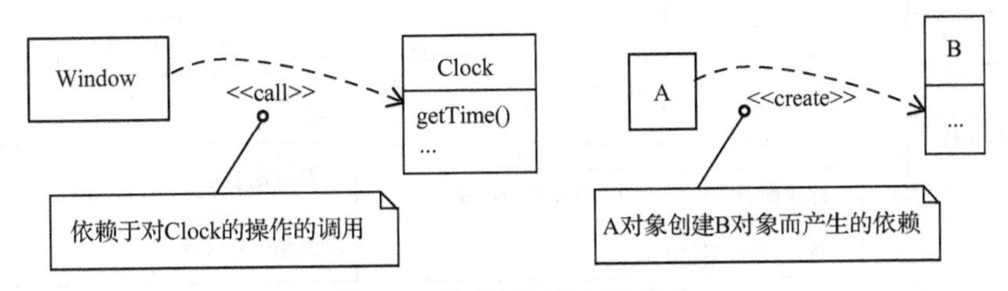

图 7-51　依赖标签的使用示例

类之间具有导航和依赖关系的设计类图的示例如图 7-52 所示。

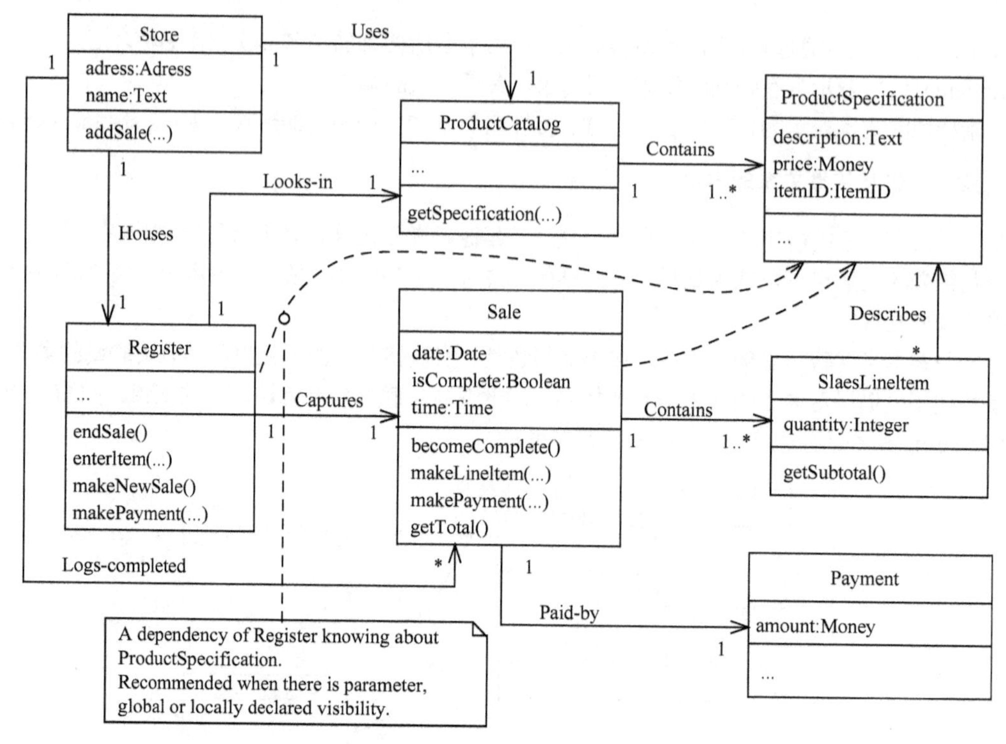

图 7-52　类之间具有导航和依赖关系的设计类图示例

3. 接口的表示法

在设计类图中接口有多种表示方法，图 7-53 展示了接口的各种表示方法。

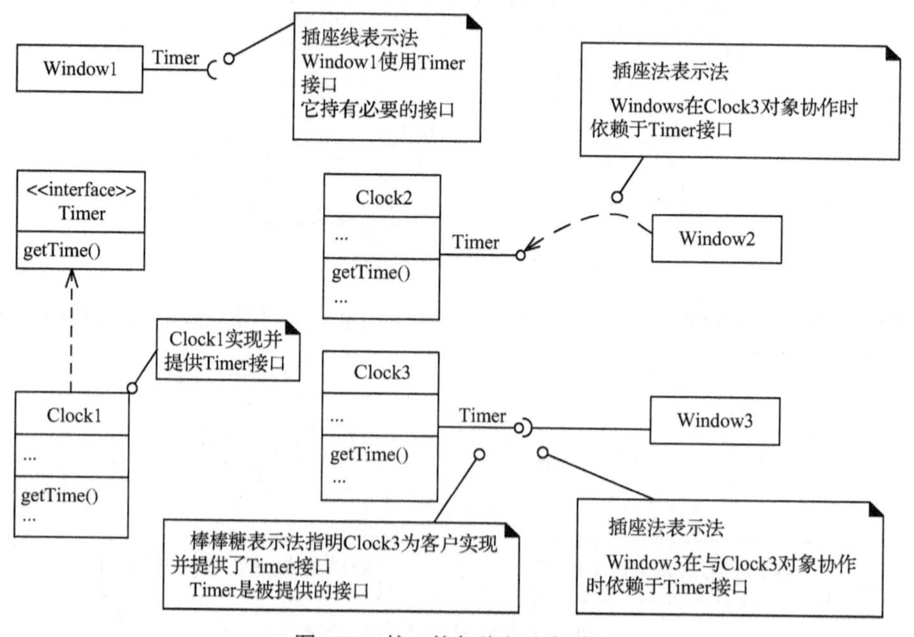

图 7-53　接口的各种表示法示例

4. 主动类的表示

其对象运行于自己控制的线程之上的类称为主动类。如 Java 系统中自己定义的多线程类即为主动类。主动类要在普通类的两边分别加上竖线，形成双竖线，有主动类的设计类图如图 7-54 所示。

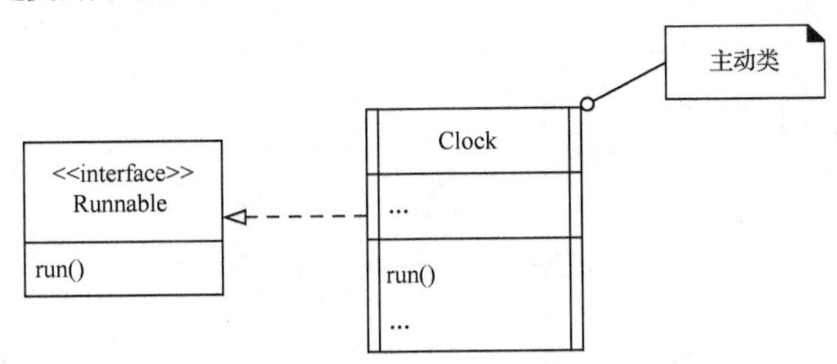

图 7-54　实现了 Runnable 接口的主动类的设计类图

5. 默认的可见性

如果类成员的可见性没有被显式地表示出来，意味着在 UML 中没有指定。通常约定，缺省的属性可见性是 private，缺省的方法可见性是 public。

在本任务的最后，给大家用图 7-55 展示设计类图与 UP 中其他模型的关系。

习题 7.4

一、填空题

1. 一种面向对象软件的设计模式是，对一个类进行实例化时，只能存在一个实例，而决不能是两个，其称为________模式，绘制此类对象时要在生命线框图的右上角标注________。

2. 如果设计类的属性是基本数据类型，则建议使用属性的________表示法表示，若其属性是其他类的对象，则建议使用属性的________表示法表示。

3. 依赖关系可以用从依赖者到被依赖者之间的________表示。

二、单项选择题

1. 在 UML 设计类图中表示私有访问权限的符号是（　　）。

A. 默认　　B. +　　C. -　　D. #

2. 在 UML 设计类图中表示公有访问权限的符号是（　　）。

A. 默认　　B. +　　C. -　　D. #

3. 在设计类图的构造函数前通常要加上哪种构造型标记？（　　）

A. <<actor>>　　B. <<constructor>>

C. <<abstract>>　　D. <<interface>>

4. 抽象类在使用绘图工具时可表示为（　　）。

A. 粗体字　　B. 加{ abstract }标记

C. 斜体字　　D. 加下画线

5. 在设计类图中静态方法名应表示为（　　）。

A. 粗体字　　B. 加{abstract}标记

C. 斜体字　　D. 加下画线

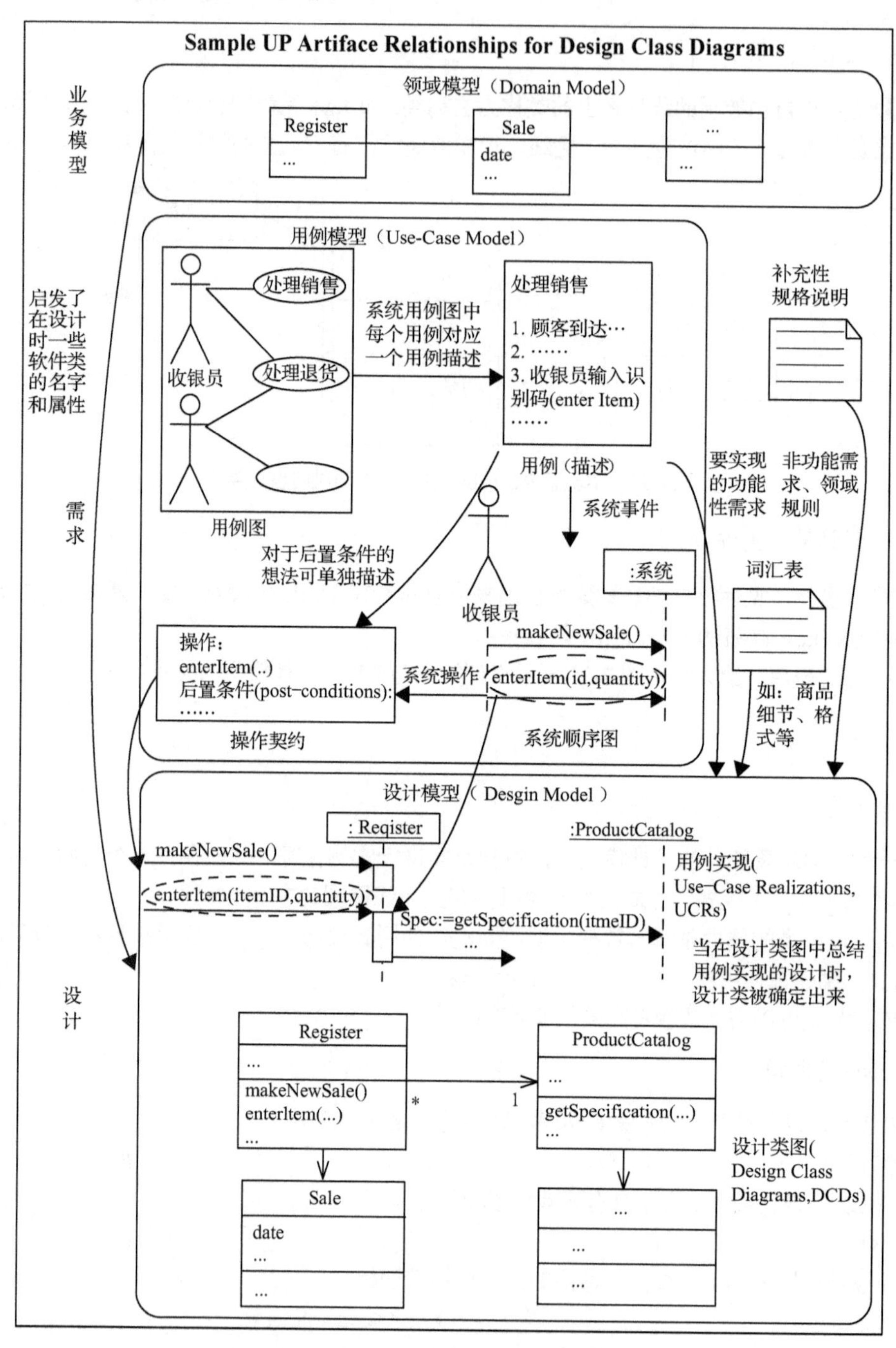

图 7-55 设计类图与 UP 中其他模型的关系

6．设计类图中元素的约束条件应该放在（ ）。

A．一对大括号间　　B．一对中括号间

C．一对尖括号间　　D．两对尖括号间

三、多项选择题

1．下面哪种情况说明类 A 依赖于类 B？（ ）

A．类 B 的实例作为类 A 中方法的参数　　B．类 B 的实例作为类 A 中方法的局部变量
C．类 A 的实例作为类 B 中方法的参数　　D．类 A 的实例作为类 B 中方法的局部变量

2．设计类图中，有关关联线表示属性的风格描述正确的是（　　）。
A．导航性箭头由源对象指向目标对象
B．通常多重性放置在源端，而不是目标端
C．角色名通常只放置在目标一端，用以表示属性名称
D．通常不需要标注关联名称

3．在设计类图中可以用依赖线描述 A 类对象对 B 类对象的哪些依赖？（　　）
A．A 类对象方法的参数是 B 类对象类型　　B．A 类对象的方法中创建 B 类对象
C．A 类对象调用 B 类中定义的静态方法　　D．A 类对象调用 B 类对象中定义的静态属性

4．下面关于由设计图确定代码的描述正确的是（　　）。
A．由设计类图创建类的定义
B．由交互图创建方法的定义
C．导航关联线端的角色名代表线端的起点类所包含的属性名
D．在 Java 中只有数组类型能实现导航关联线上目的端的多重性

四、判断题

1．设计类图里可以包含操作的标识，而概念类图里通常不包含操作的标识。（　　）
2．领域模型类图中通常使用导航性箭头表示概念类之间的关联。（　　）
3．设计类图中类的属性的默认可见性是私有的，类的操作（方法）默认可见性是公有的。（　　）
4．在 UML 的设计类图中，只能表示类操作（方法）的标识，而不能表示其实现的方法体。（　　）
5．设计类图中通常要表示出对类的所有属性进行提取或设置的操作，如 getPrice（）和 setPrice（float x）。（　　）
6．在设计类图中如果两个类之间已标记了继承关系，则不再需要使用依赖线。（　　）

五、简答题

请逆向工程表 7-2 中 Java 代码，绘制出体现其类名、属性名、方法名和关联关系的 UML 设计类图。

表 7-2　酒店管理系统的 4 个类定义代码片段

<table>
<tr><td>public class Restaurant {
public Restaurant() {　}
public Server staff [] ;
public Permit thePermit[] ;
}</td><td>public class Server {
public Server() {　}
public String getServerName() {　}
private String firstName ;
private String lastName ;
}</td></tr>
<tr><td>public class Owner {
Restaurant myPlace ;
public void Owner() {　}
}</td><td>public class Permit {
public Permit() {　}
public String getPermitName() {　}
private String expiry ;
}</td></tr>
</table>

任务 7.5　实训十一　用 Rational Rose 逆向工程与绘制 UML 设计类图

内容引入

前一任务给大家介绍了有关设计类图的知识，包括设计类图绘制的基本规则，如成员的访问权限的表示、导航关联和依赖关系的表示等。并将设计类图与 Java 程序代码的对应关系做了介绍，方便两者之间的转化，以辅助系统的分析与设计。有时系统的开发任务是对已有系统的改造，这时就要了解已有系统的设计结构，可以自己阅读程序来绘制对应设计类图，但许多计算机辅助开发软件可以帮助我们自动生成已有程序对应的设计类图，来加速对已有系统的改进开发项目的分析与设计。这一任务就是帮助大家掌握用 CASE 工具通过逆向工程来实现由程序代码到设计类图的过程，以及用 CASE 工具绘制设计类图的方法。

课上训练

视频 13

一、实训目的

1．掌握利用 Rational Rose 由代码逆向工程得到其所对应设计类图的方法。
2．熟练掌握在 Rational Rose 环境下绘制设计类图的方法。

二、实训要求与指导

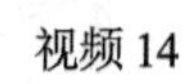

视频 14

任务与指导 1．根据前面的表 7-2 中的 4 段 Java 代码，建立 4 个 Java 的源程序文件，并利用 Rational Rose 的逆向工程功能绘制出其对应的设计类图。

（1）在 D 盘的根目录建立文件夹 practice，将表 7-2 的 4 个类定义分别放到 d:\practice 路径下的 4 个 Java 源程序文件中，如 Restaurant 类的定义放到 d:\ practice\Restaurant.java 文件中。

（2）从菜单 Tools 下拉菜单项中选择 Java/J2EE 菜单项，再选择下一级的 Reverse Engineer 菜单项，打开如图 7-56 所示的 Java Reverse Engineer 对话框。

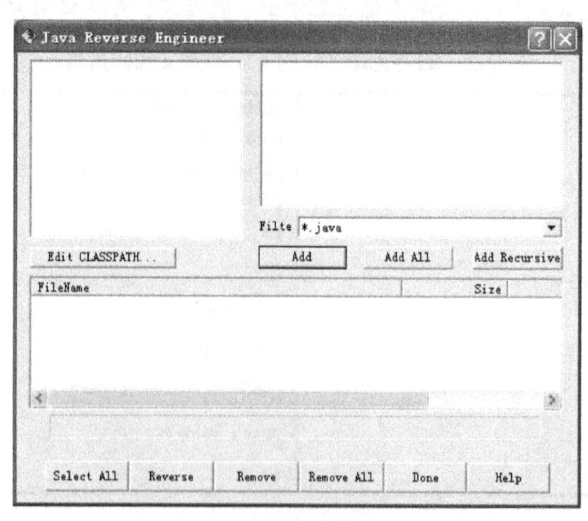

图 7-56　Java 的逆向工程设置对话框

（3）如果左上方的列表框中有要逆向工程文件的路径，则选中该路径，然后按照第（7）步后面的提示操作。如果没有这个路径，则单击 Edit CLASSPATH 按钮，设置要逆向工程文件所在的路径，此时会弹出如图 7-57 所示对话框，单击其中 Classpaths 行右侧的第 1 个按钮，鼠标悬停在其上时会提示信息 New（Insert），单击这个按钮后会在下面出现一个空行，其最右侧是一个“...”标识的按钮，此时效果如图 7-58 所示。

图 7-57　逆向工程之项目设置初始对话框

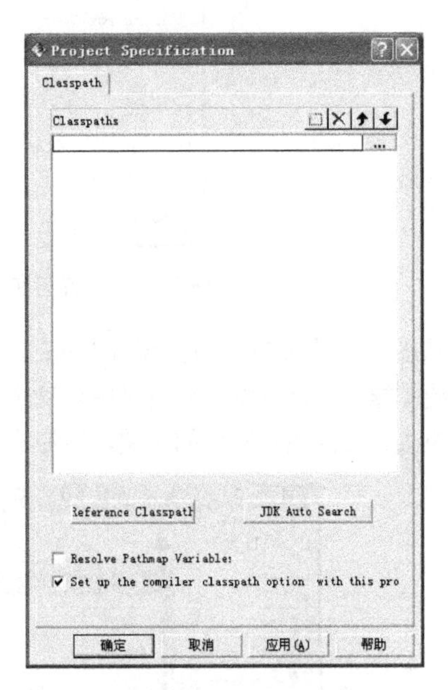

图 7-58　选择新建路径后的项目设置对话框

（4）单击图 7-58 中“...”按钮，出现图 7-59 所示的对话框。

（5）单击图 7-59 所示对话框中的 Directory 按钮，在弹出的目录选择对话框中选择 d:\practice 目录，此时效果如图 7-60 所示。

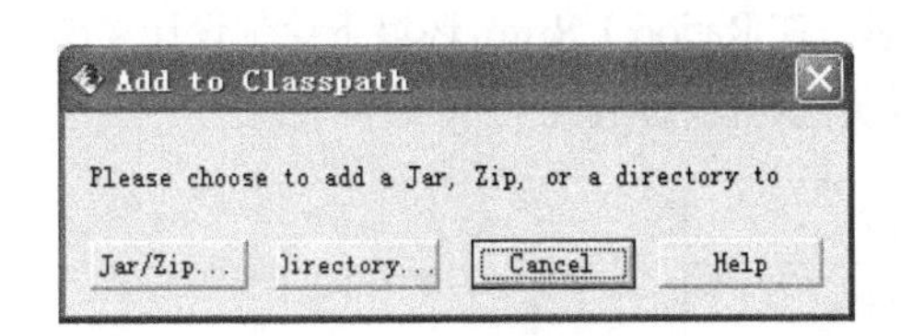

图 7-59　添加路径对话框

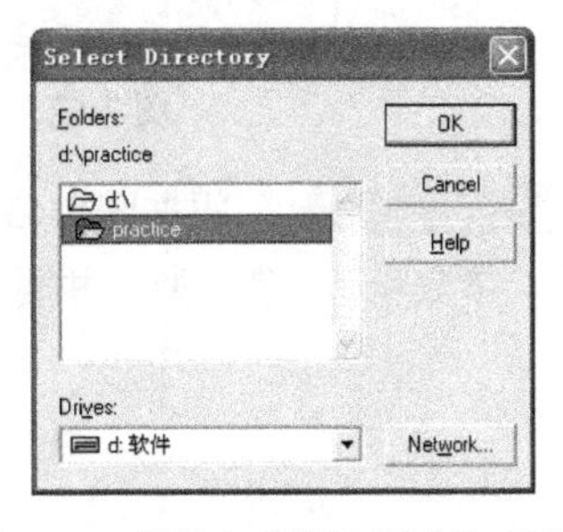

图 7-60　设置完成的选择路径对话框

（6）接着在图 7-60 中单击 OK 按钮，返回“项目设置”对话框，再单击“确定”按钮。返回 Java Reverse Engineer 对话框中，接着双击左侧显示的所确定路径 d:\practice，其目录下的 Java 源程序文件名被显示在右侧的列表框中，效果如图 7-61 所示。

（7）接着单击图 7-61 中的 Add All 按钮，把右上方显示的 d:\practice 路径下的所有文件添加到这个对话框下方列表框中，然后单击 Select All 按钮，下方的所有 Java 文件就都处于选中状态。接着单击 Reverse 按钮，进行逆向工程，根据选中的 Java 文件中的程序创建对应的设计类，最后单击 Done 按钮，关闭此对话框。

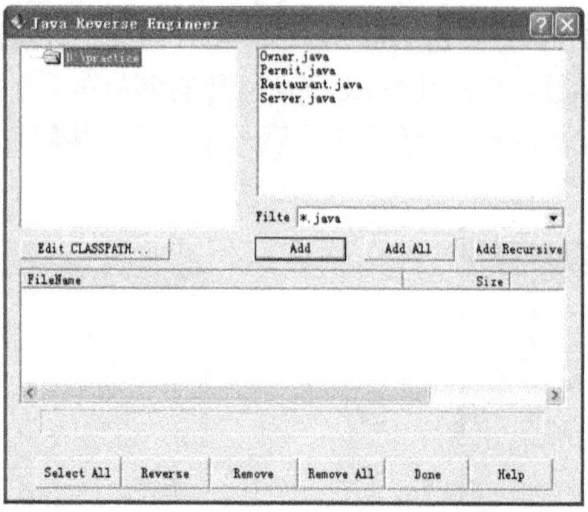

图 7-61　设置需逆向源文件后的逆向工程对话框

（8）从图 7-62 左侧的浏览区展开 Logical View 目录，双击其中的 Main 类图图标，就在右侧打开该类图的绘图窗口，接着将这一目录中自动生成的 Java 程序对应类的图标依次拖动到类图绘制窗口，并适当调整类、连接线及标识的位置，就完成了创建 Java 程序对应的设计类图的任务。

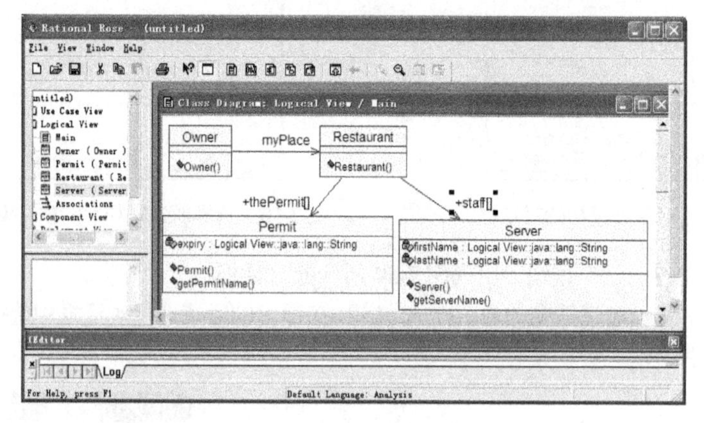

图 7-62　依据 Java 程序文件自动生成的设计类图

任务与指导 2．根据图 7-63 所给的类信息，在 Rational Rose 环境下绘制设计类图，要求显示出属性、参数和返回值类型，并要求显示类各成员的访问权限。

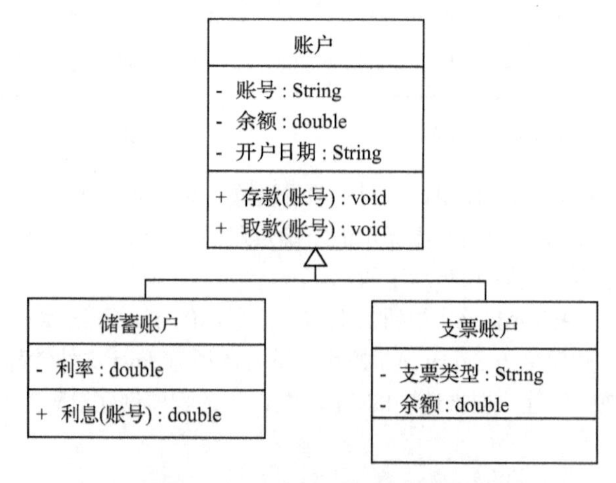

图 7-63　账户管理系统设计类图

设计类图构造的基本方法在实训一已经介绍，需要说明的是，子类和父类之间折线连接是在直线连接的基础上，用鼠标两次拖动连线中的点来实现直线的两次转折。

下面主要举例介绍类的定义符号中方法参数的定义方式。假设已经建立了“账户”类，要为其添加公有访问权限的方法“存款”，该方法有一个参数名为“账号”类型为String。

（1）双击类图绘图窗口中的“账户”类图标，弹出“账户”类设置对话框，选中Operations选项卡，得到的对话框如图7-64所示。

（2）在图7-64对话框下方空白区域右击，在弹出的快捷菜单中选择Insert项，就在这一空白区域顶端显示一个新建的方法行，将其中的Operation列的值更改为“存款”，得到的形式如图7-65所示。

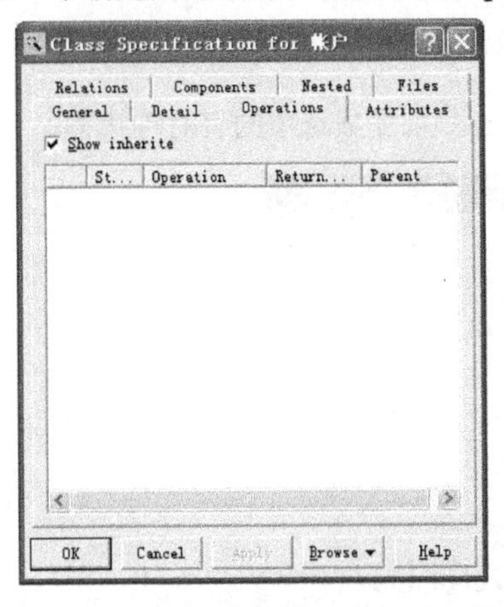

图7-64　“账户”类设置对话框选择Operations选项卡的初始形式

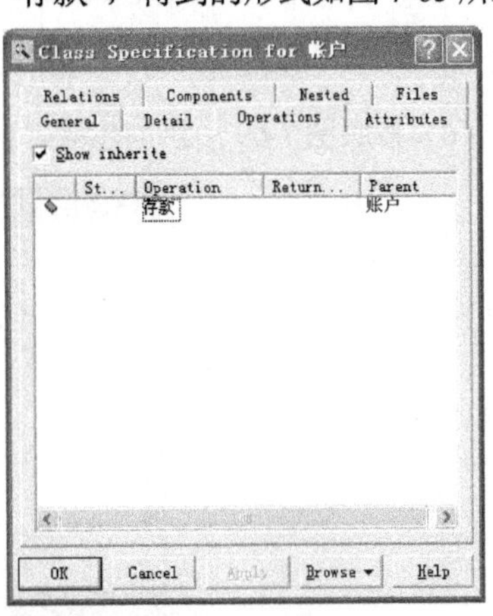

图7-65　“账户”类设置对话框创建了“存款”方法的形式

（3）双击“存款”方法行，在弹出的“存款”方法设置对话框中选择Detail选项卡，此时对话框形式如图7-66所示。

（4）在图7-66对话框中Arguments下列表的空白区域右击，在弹出的快捷菜单中选择Insert项，此处就多了一行参数描述，将其参数名（Name）设置为“账号”，类型（Type）设置为String，设置后效果如图7-67所示。接着单击OK按钮完成参数的设置。

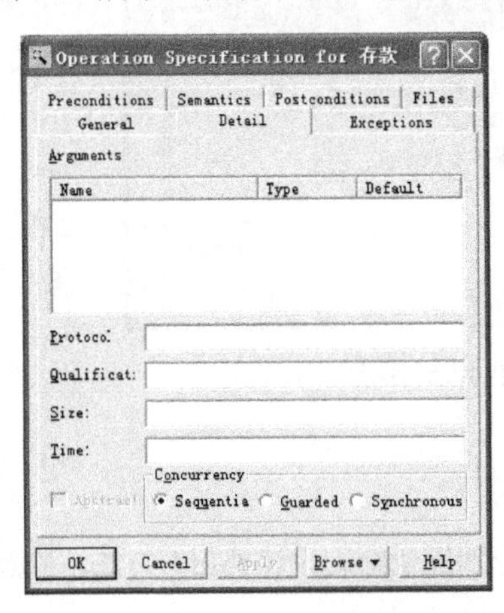

图7-66　“存款”方法设置对话框选择Detail选项卡的初始形式

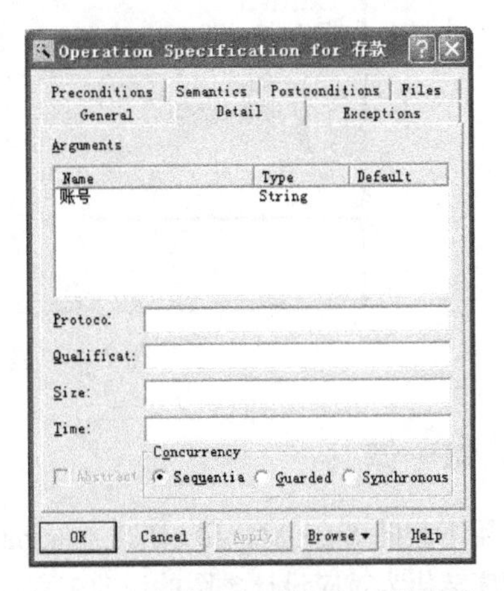

图7-67　“存款”方法设置对话框添加参数后的形式

（5）此时在绘图窗口显示的类图如图7-68所示，还没有将方法的参数显示出来。

图 7-68　未显示方法参数的设计类图形式

（6）按照图 7-69 所示的步骤，使 Show Operation Signature 项变成选中的有对钩状态。

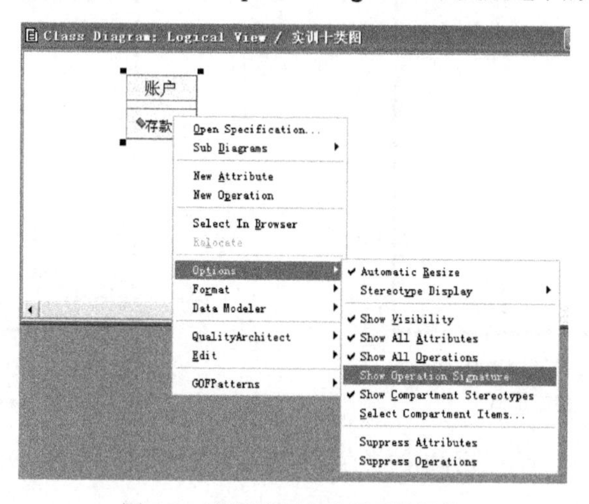

图 7-69　设置方法细节显示的操作

（7）按照前面的操作显示出类中方法的参数的类图如图 7-70 所示。

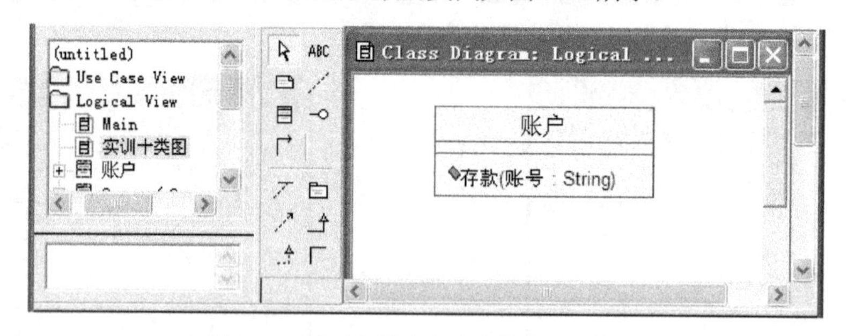

图 7-70　显示出类中方法参数的设计类图

课后做一做

请用下载的 StarUML 和 JUDE-Community 建模软件分别探索绘制设计类图的方法，以及由 Java 语言程序转化为对应设计类图的逆向工程的方法。

任务 7.6　为类分配职责——GRASP 设计原则

内容引入

系统分析中对于项目案例“罚单处理系统”开发，已确定并绘制了如图 7-71 所示形式的分析类图。

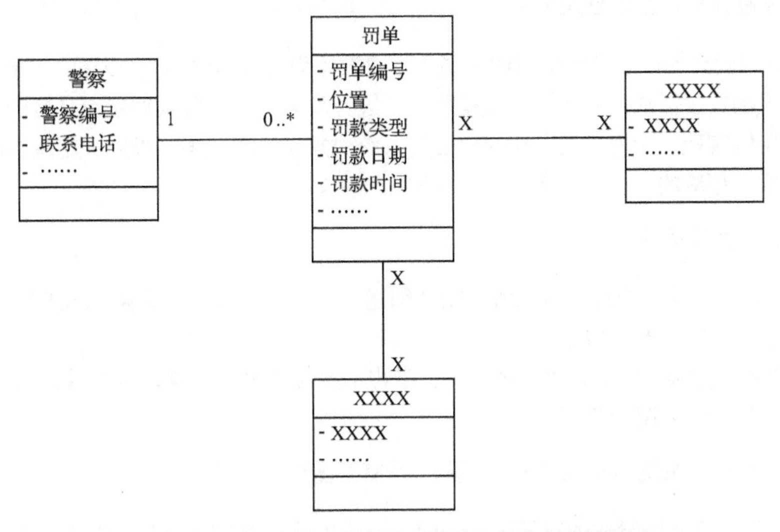

图 7-71　项目案例“罚单处理系统”的分析类图形式

对于该项目案例的“记录新罚单”用例，参与者（职员）与系统（System）的交互过程已用如图 7-72 所示形式的系统顺序图作了记录。

设计阶段就需要考虑系统接收到一个消息（用户的一个需求）后，系统内部的各个对象如何相互发送消息，即分配职责来共同完成用户的这个需求。因此设计阶段主要考虑的是“对象的职责分配”问题。

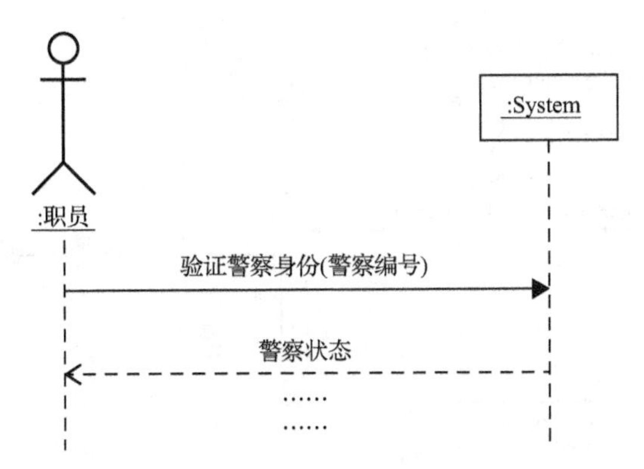

图 7-72　“记录新罚单”用例实现的系统顺序图形式

学习目标

✓ 理解对象设计的关键步骤。

✓ 理解对象的两类责任及其记录方法。

✓ 理解基本的 GRASP 系统设计原则，包括信息专家原则、创建者原则、低耦合原则、高内聚原则和控制器原则。
✓ 理解围绕用例实现进行职责分配的过程。

7.6.1 对象设计与对象职责

1. 对象设计与对象职责的关系

面向对象系统设计的核心是围绕用例实现进行“对象设计”，具体包括以下几方面。
✓ 分析阶段确定了需求，并产生领域模型后，设计阶段要确定各类对象应具有的职责。
✓ 考虑为用例实现，如何向具有相应职责的系统对象发送对应消息以完成用例功能。
✓ 为对象添加相应的方法，以实现为其分配的职责。

2. 对象的两类职责

（1）完成工作。这类工作没有返回值，如：创建一个对象或做一个计算，通过另一个对象来启动一个动作，控制、协调系统工作的活动。

（2）获取信息。这类工作具有返回值，如：获取被封装的私有数据，获取其他相关对象的信息，获取能够被派生或被计算出的事情的信息。

3. 记录用例在系统内实现过程的工具——交互图

系统设计时通过交互图表达为实现某一功能，系统中的对象和它们之间的消息传送。

UML 的交互图包括以下两类。
✓ 顺序图：在 Y 轴上显示时间，交互顺序一目了然。
✓ 通信图（协作图）：交互对象可放在任意位置，充分利用空间，用序号表示交互次序。

UML 交互图反映了围绕用例实现的对象职责分配。参见图 7-73 所示的顺序图记录职责分配的示例。

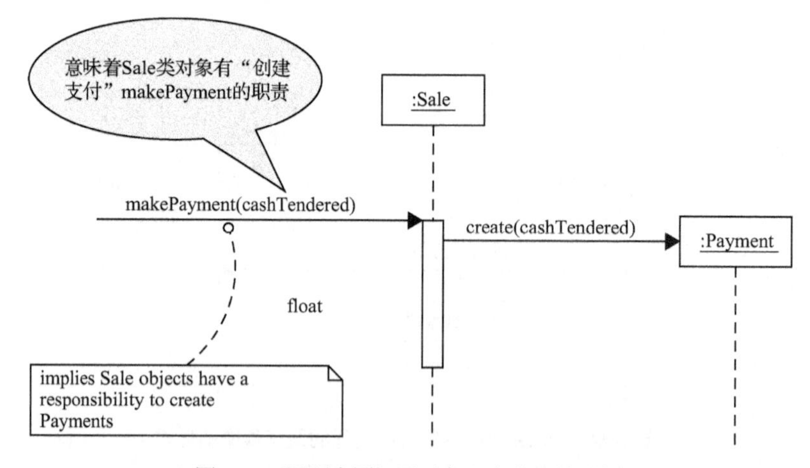

图 7-73　用顺序图记录对象职责分配的示例

7.6.2 依据 GRASP 模式分配责任

GRASP 是 General Responsibility Assignment Software Patterns 缩写，即通用的职责分配软件模式。

GRASP 涉及的重要原则主要有信息专家（Information Expert）原则、创建者（Creator）原则、低耦合（Low Coupling）原则、高内聚（High Cohesion）原则、控制器（Controller）原则共五个。

1．信息专家原则

信息专家原则是把职责分配给具有完成该职责所需信息的那个类，其回答了：给对象分配职责的基本原则是什么？

下面是“信息专家原则”使用举例。

【例 7.2】 在 POS 机系统里，销售总额必须被了解，那么哪个类应该对此负责呢？

已知该系统的领域模型类图如图 7-74 所示。

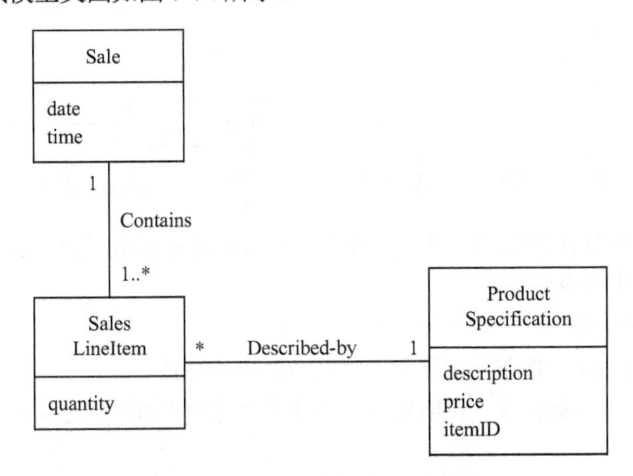

图 7-74 POS 机系统的领域模型类图

我们分析一下，计算某次销售的“销售总额”功能可分配给 Sale 类吗？

✓ 每个 Sale 类对象包含所有的销售项，销售项属于 SalesLineItem 类。

✓ SalesLineItem 类的销售项包含数量（Quantity）属性，并能读取存储在产品说明的 ProductSpecification 类中的价钱（Price）。

✓ Sale 类还包含与销售有关的日期（Date）和时间（Time）属性。

✓ ProductSpecification 存储了 Price，因此让其具有获取某个产品单价 getPrice 责任，而 SalesLineItem 中存储了某销售项数量，且能访问 ProductSpecification 类对象获取其单价，因此让其具有获取销售项销售总额 getSubtotal 责任。

✓ 由于 Sale 类可获得各个销售项的信息，因此可以完成计算某次销售的“销售总额”功能。

现在初步的感觉是应让 Sale 类对销售额汇总（getTotal）负有责任。依据“信息专家”的设计原则可以得到表 7-3。为实现“计算某次销售活动销售额汇总职责，即 getTotal()”，系统内部各个消息相互协作的过程用图 7-75 所示的通信图表示。

表 7-3 POS 机系统计算一次销售的总额职责分配

设 计 类	职 责
Sale	计算某次销售活动的销售额汇总
SalesLineItem	计算每个商品项的销售额汇总
ProductSpecification	获得产品单价

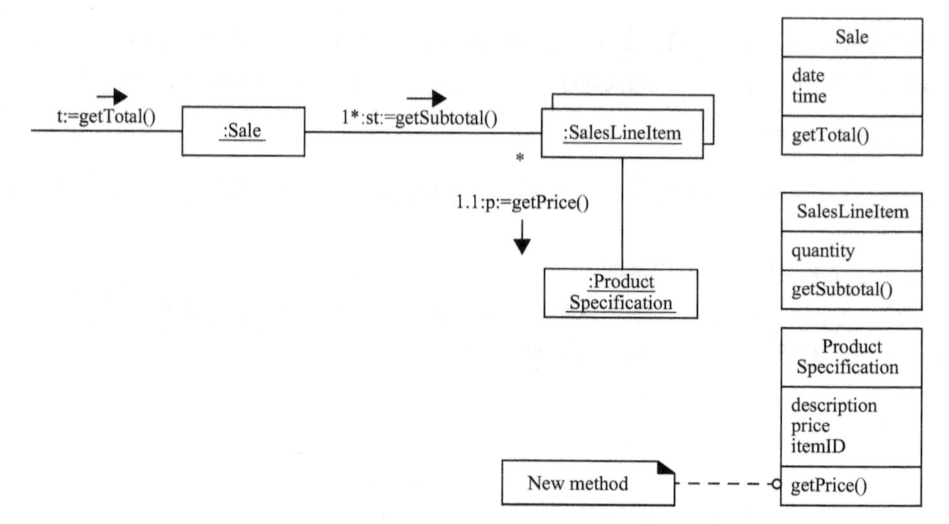

图 7-75 为实现“计算某次销售活动的销售额汇总”系统内各消息相互协作过程

最后再强调一下，将责任分配到本身具有或可以获取其履行职责所需信息的类中，即信息专家原则。关于该原则的进一步说明如下。

✓ 责任的实现经常需要在几个类之间通信。

✓ 软件对象完成的责任，常在现实世界中由对应的事物完成。

✓ 在人类的世界里，具有完成工作所需信息的人们经常被分配责任去完成这个工作。

2. 低耦合原则

耦合（Coupling）是一个元素与其他元素连接、感知及依赖程度的度量。分配职责以使各类对象之间（不必要的）耦合保持在较低水平称为低耦合。

该原则回答：怎样降低实现某个功能时类之间的依赖性，以此来减少变化带来的影响，提高软件类的重用性？

这一原则是评估职责分配方案优劣的准则之一。“低耦合原则”的好处有以下几点。

✓ 使得类更为独立。

✓ 改变可能只涉及类的本体。

✓ 使得类的重用更为可行。

下面给出一个“低耦合原则”评价准则的应用的示例。

【例 7.3】 哪个类应该负责创建一个记录某次销售活动支付信息的 Payment 类的对象，并完成记录这次销售活动的销售值？

下面是解决这一问题的两种方案的构想和依据“低耦合原则”的分析说明。

（1）Register 类完成这一职责。它先创建一个支付（Payment）类对象，再让它与一次销售（Sale）相关联来完成添加这次销售活动支付情况的职责。具体过程参见图 7-76。

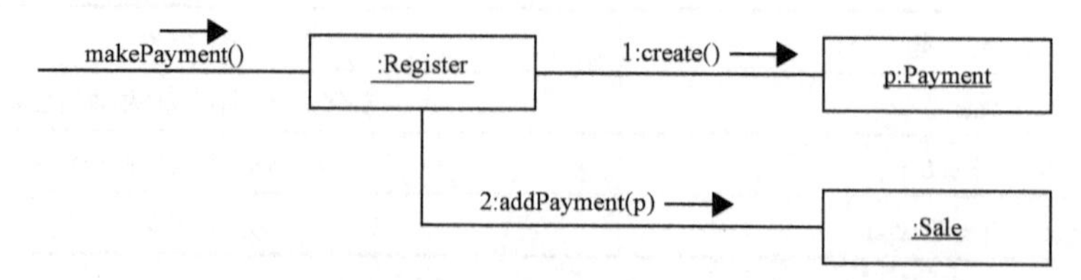

图 7-76 由通信图表示的 Register 类负责完成支付功能

（2）Register 类将责任转交给 Sale 类，让它负责完成该职责。Sale 类对象先创建一个 Payment 对象，再记录这次销售活动的支付情况。具体过程参见图 7-77。

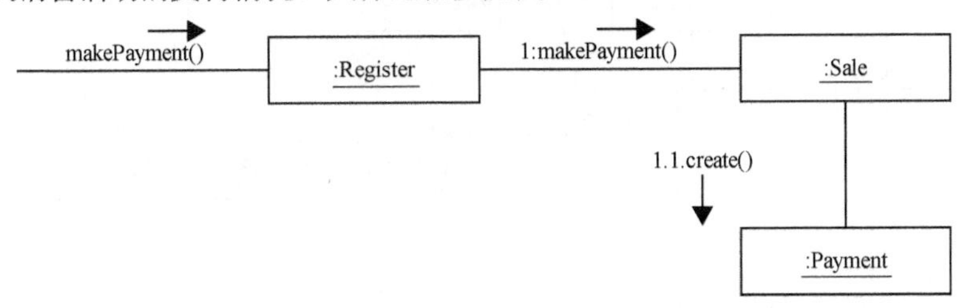

图 7-77　由通信图表示的 Sale 类负责完成支付功能

不难发现，第二种方案是较好的方法，因为它符合低耦合原则，Sale 类为完成这一职责只与 Payment 类相关联（耦合）。

下面列举一些在程序代码中可能出现耦合的情况。

✓ 一个类的属性是其他类类型的。

✓ 在一个类中调用其他类/类对象的方法。

✓ 一个类中的方法的参数是其他类类型的。

✓ 一个类继承了另一个类。

✓ 一个类实现了一个接口。

还需要说明的不恰当的低耦合情况是，一个类中包含了很多的功能，导致具有多个目的的、能做任何事情的万能的类出现的情况。这也是应该避免的。

3．高内聚原则

内聚（Cohesion）是对元素职责的相关性和集中度的度量。如果一个元素具有高度相关的职责，而没有过多的工作，那么该元素具有高内聚性。

“高内聚”通俗地讲就是如果存在许多对象，其每一个完成特殊领域内的少量工作。这一原则回答：怎样保持对象是有重点、可理解、可管理的，并且能够支持低耦合？所以说“职责分配是否保持了类的高内聚性”是另一个评估职责分配优劣的准则。

下面是“高内聚原则”评价准则的应用举例。

【例 7.4】 哪个类应该负责创建一个记录某次销售活动支付信息的 Payment 类的对象，并完成记录这次销售活动的销售值？

下面是解决这一问题的两种方案的构想和依据“高内聚原则”的分析说明。

（1）如图 7-78 所示为由 Register 类负责“记录某次销售活动的支付情况”的职责。

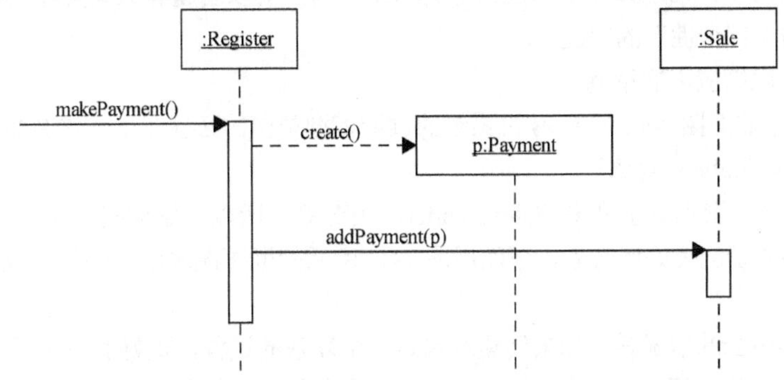

图 7-78　由顺序图表示的 Register 类负责完成支付功能

（2）如图 7-79 所示为由 Sale 类负责“记录某次销售活动的支付情况”的职责。

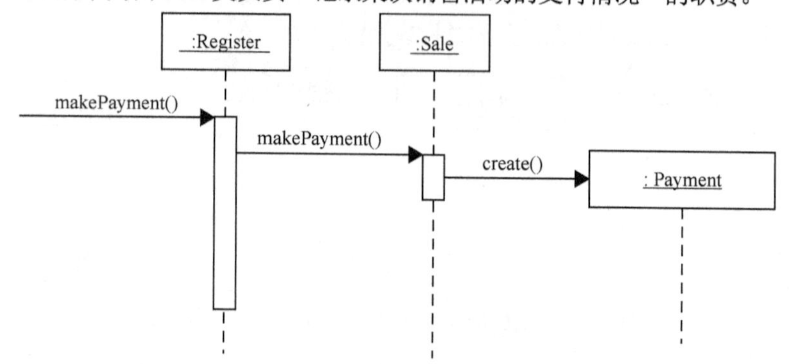

图 7-79　由顺序图表示的 Sale 类负责完成支付功能

不难发现，第二种方案更优。对于“记录某次销售活动的支付情况”，将完成这一职责的任务交由 Sale 类比交由 Register 类更符合高内聚原则，让 Sale 类关注于与一次销售活动相关的职责，包括记录支付情况职责“makePayment( )”；而 Register 类只专注于控制与协调作用。

“高内聚原则”的好处可以总结以下几点。

✓ 使得类的功能更清晰、容易理解，且通常具有明确的目标。
✓ 使得类的维护和增强更简单。
✓ 按照这一原则设计出的类常常支持低耦合。
✓ 按照这一原则设计出的类更容易被重用。

4．创建者原则

创建者原则是指如果以下条件之一为真时（越多越好），可将创建类 A 实例的职责分配给类 B：

✓ 类 B“包含”或聚集了类 A 对象；
✓ 类 B 记录了类 A 对象；
✓ 类 B 直接使用类 A 对象；
✓ 类 B 具有类 A 对象的初始化数据，并在创建 A 类对象时会将这些数据传递过去。

如果对于类 A 而言有多个类都满足上述规则中类 B 的条件，挑选一个创建者的规则如下。

✓ 与要被创建的类 A 有关系的任何类都是潜在的（候选的）创建者。
✓ 如果有多于一个类与被创建的类 A 有这些关系之一，那么挑选与被创建者具有聚合或包含关系的那个类来完成创建职责。
✓ 如果没有类满足上面准则，那么系统耦合性将提高，由此又多了一个对象间的联系。

创建者原则回答了：谁应该负责创建某个类的新实例？所以创建者原则实际上解决了“如何创建类的对象，而不增加耦合性”的问题。

下面是创建者原则应用的举例。

【例 7.5】 根据前面图 7-74 的 POS 机系统的领域模型类图，回答在下一代 POS 机的开发应用中，谁应负责创建 SalesLineItem 实例？

因 Sale 类包含（聚集）了许多 SalesLineItem 类对象，所以根据创建者原则，Sale 是具有创建 SalesLineItem 实例职责的良好候选者。下面用图 7-80 所示的顺序图表示这个示例根据“创建者原则”的设计。

创建者原则不适合的情况是，如果创建对象是一个复杂的过程，最好有一个代理类（称具体工厂 Concrete Factory 或抽象工厂 Abstract Factory）去完成这个创建，如基于外部特性值有条件地创建一个或一组类的对象。

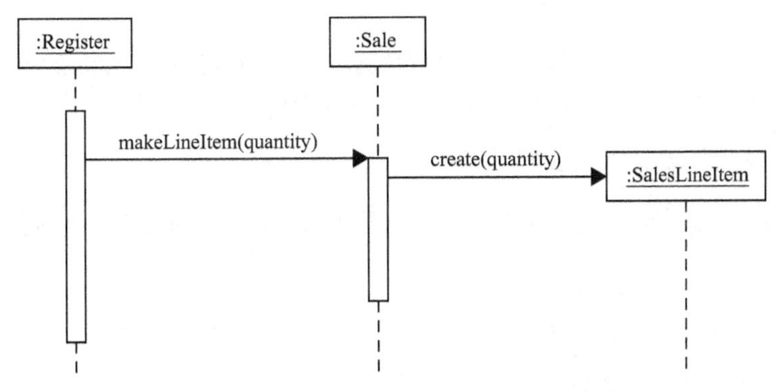

图 7-80　用顺序图表示的“创建者原则”的设计

5. 控制器原则

根据控制器原则，所开发的面向对象系统中至少存在以下几类。

（1）用户界面类：UI（表示层）中包括的类。

（2）实体类：是具有独立性的、永久性的类，其可以从领域模型中的类进化而来。

（3）控制器类：是一个用户界面层和概念领域层之间的对象，其负责接收用户界面层发出的消息并分配给领域层的实体类对象，或者接收实体类对象发送的消息，转给用户界面层。

控制器原则的几点说明如下。

- ✓ 控制器职责范围可以是从对于整个系统的事件到对于单独用例场景的事件。
- ✓ 它不是一个用户界面类对象。
- ✓ 用户界面层对象是通过外部事件来请求控制器处理，如结束销售的事件对应处理方法 endSale()，要求拼写检查事件对应处理方法 spellCheck()。
- ✓ 不要给控制器太多的责任。
- ✓ 控制器委派出去所有的工作，自身仅仅是协调作用，但要注意并不一定是简单的转发，可能有简单的工作分解。

该原则回答了：在 UI 层之上首先接收和协调（控制）系统操作的第一个对象是什么？

对于“输入条目”，即 enterItem 事件处理的控制器设置举例如图 7-81 所示。

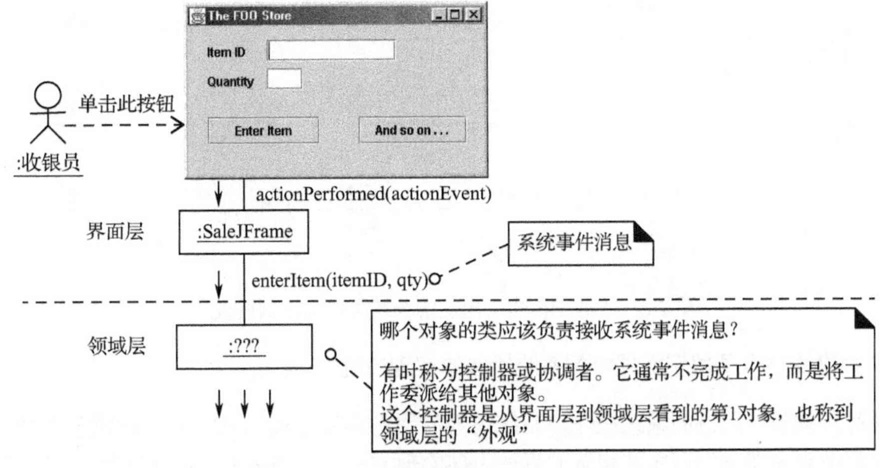

图 7-81　哪个对象应该是 enterItem 的控制器

7.6.3 用例实现设计系统示例

用 POS 机“处理销售”用例实现的设计过程举例，展示为实现用例功能，运用 GRASP 设计原则进行职责分配的过程，加深学生对 GRASP 设计原则具体应用的理解和掌握。

1. 系统顺序图（SSD）是实现用例的起始点

如图 7-82 所示给出单元四所示的由用例描述推导出系统顺序图的示例，这说明系统顺序图是用例实现的起点。

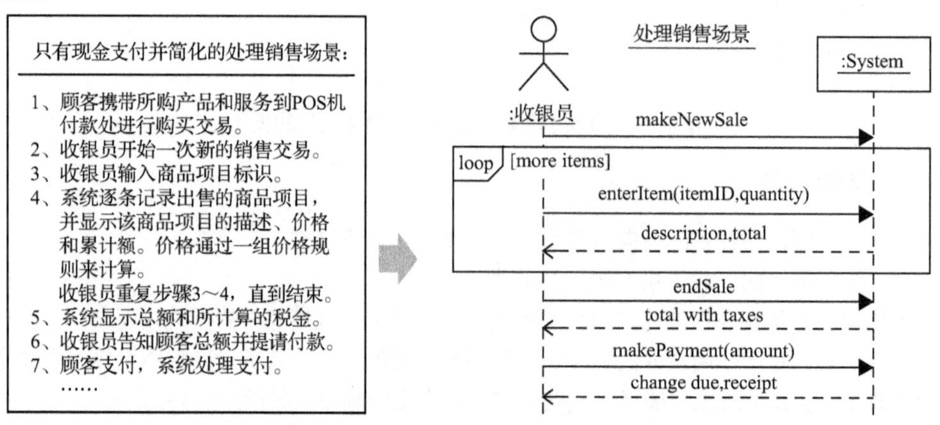

图 7-82 “处理销售”用例描述与对应系统顺序图

POS 系统的“处理销售”用例的 SSD 中所确定的系统操作有 makeNewSale、enterItem、endSale 和 makePayment。

将 SSD 中的系统操作作为领域层控制对象的起始消息进行设计，具体如图 7-83 所示。

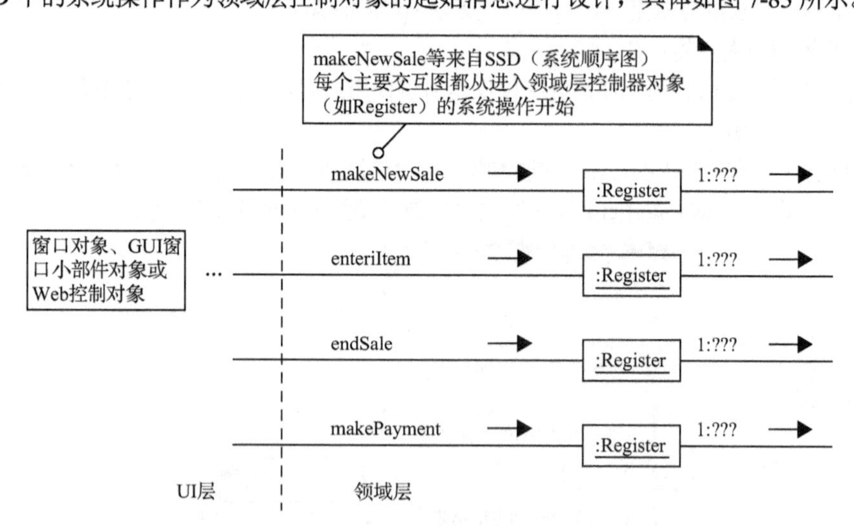

图 7-83 “处理销售”用例的系统操作与控制器设置

2. 顺序图展示了用例实现中各系统操作的实现过程

对于“处理销售”用例的系统操作与系统内部的用例实现方式的设计可以用顺序图表示，图 7-84 展示了其中两个系统消息用顺序图表示的系统内部实现方式，系统内部的职责就涉及了 GRASP 设计原则的应用。

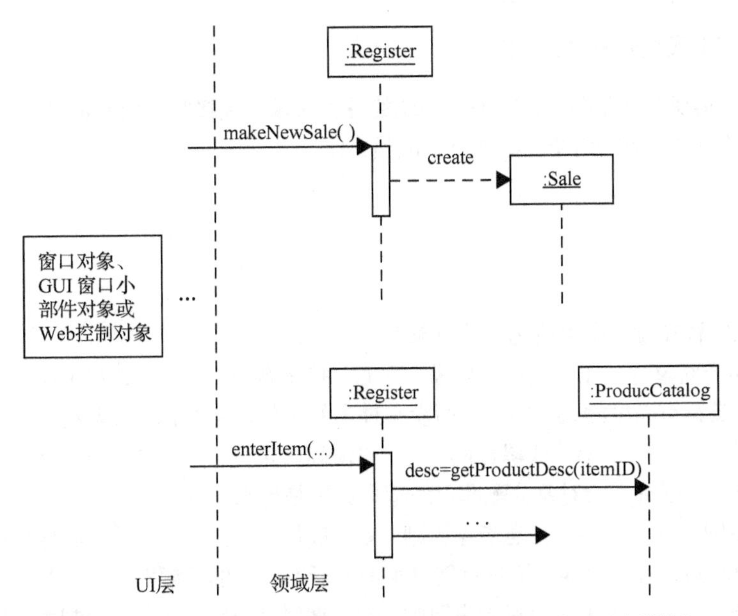

图 7-84　用顺序图表示的系统操作的系统内部实现方式应用举例

下面就举例说明怎样应用 GRASP 设计原则为软件类分配职责，对于创建软件类 Sale 的对象，根据其"创建者原则"，即创建某个类对象，必须满足能聚集、容纳或记录要创建的对象的条件。由于可认为 Register 类对象记录了 Sale 类对象，因此将创建 Sale 类对象的任务交给它，这一设计思路可参见图 7-84 的上半部分。

当创建 Sale 时，还必须创建一个空的集合来记录所有将来会添加的 SalesLineItem 实例（对象）。该实例将包含在 Sale 实例（对象）中，并由 Sale 实例（对象）维护，所以 Sale 类是创建该集合的合理候选。如图 7-85 所示用交互图反映了这一设计思路。

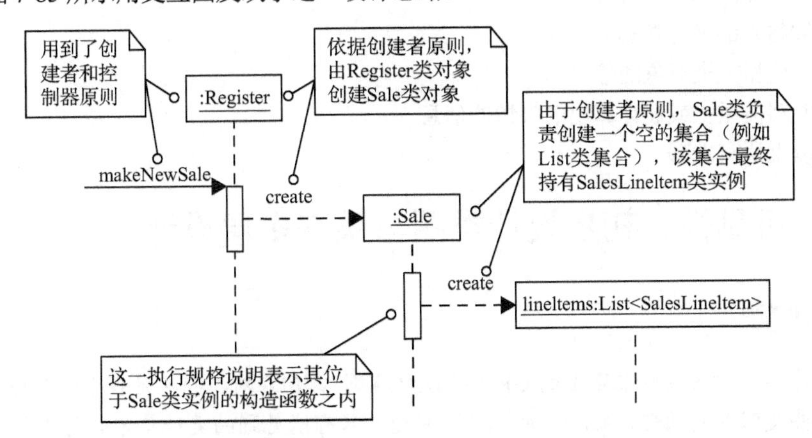

图 7-85　用顺序图解释 Sale 对象和 lineItems 类对象集合创建的设计

3. 围绕用例实现开发初步顺序图方法

（1）明确用例实现所需的所有对象：用例控制器类对象（如:Register）来替换:System 对象；添加其他用例实现过程中需要包含的对象，领域模型中的概念类是确定软件类设计的主要依据和来源。

（2）为实现用例功能，设计对象间的消息传递，这一过程应符合 GRASP 设计原则。这个过程为接收消息的类对象分配了相应的职责。

4. 围绕用例实现开发设计类图

综合各个用例实现的顺序图，确定整个系统的各类对象需要接收的所有消息，在设计类图中各类对象所接收的一类消息对应为这个类添加一个成员方法。

习题 7.6

单选题

1. 面向对象的程序设计中可能包括的对象有（　　）。
A. 用户界面类对象　B. 实体类对象　C. 控制器类对象　D. 以上所有类的对象
2. 如果某个类具有高度相关的职责，而没有过多的工作，那么称该类具有的特性是（　　）。
A. 高耦合性　B. 低耦合性　C. 高内聚性　D. 低内聚性
3. 下面哪个原则回答了给对象分配职责的基本原则是什么？（　　）
A. 创建者原则　B. 信息专家原则　C. 高耦合原则　D. 控制器原则
4. 下面哪个原则回答了“谁应该负责创建某类的新实例”的问题？（　　）
A. 创建者原则　B. 信息专家原则　C. 高耦合原则　D. 控制器原则
5. 下面哪个原则回答了“怎样降低依赖性、减少变化带来的影响和提高重用性”的问题？（　　）
A. 创建者原则　B. 信息专家原则　C. 低耦合原则　D. 控制器原则
6. 下面哪个原则确定了要在 UI 层和领域层对象之间添加控制、协调对象？（　　）
A. 创建者原则　B. 信息专家原则　C. 高耦合原则　D. 控制器原则
7. 对象完成工作的职责包括（　　）。
A. 创建一个类对象或做一个计算　B. 通过另一个类对象来启动一个动作
C. 控制、协调系统工作的活动　D. 包括以上所有选项
8. 对象获取信息的职责包括（　　）。
A. 获取被封装的私有数据
B. 获取其他相关类对象的信息
C. 获取能够被派生或被计算出的事情的信息
D. 包括以上所有选项

任务 7.7　可见性、初步设计类图与系统多层设计

内容引入

前面已经学习了“为类分配职责的 GRASP 设计原则”，但在对“罚单处理系统”进行设计之前，还需要考虑一些更深入的问题，比如“可见性”问题，只有能见到的类对象才能向其发送消息，那么怎样才能实现“可见”？“可见性”的设计有自身的原则吗？又如，实际的系统开发可能需要定义表示用户界面的类、实现业务功能的类和专门访问数据库的类，有时需要将这些类对象的交互过程在交互图中表示出来以相互交流，并传达给编程人员。

这一任务就是介绍与此相关的知识和技能。下一任务将引导大家运用这些知识对“罚单处理系统”进行初步的设计。

学习目标

✓ 理解、掌握可见性的概念、设计意义和设计依据。
✓ 理解、掌握初步设计类图和设计类图的创建方法。
✓ 理解、掌握导航可见性、参数可见性、局部可见性和全局可见性的概念和设计方式。
✓ 理解、掌握系统多层设计顺序图的表达方式。
✓ 了解用包来组织不同类型的类。
✓ 加深理解、掌握初步顺序图设计过程。

7.7.1 可见性及其分类

1. 可见性（Visibility）的引入

对象之间传递消息时，为使发送对象能向接收对象发送消息，发送对象必须具有对接收对象的可见性，即发送对象必须拥有对接收对象的某种引用方式。也就是说，当设计对象间为实现用例而相互发送消息时，必须要保证接收消息的类对象对于发送消息的类对象而言具有某种形式的可见性。换句话说，发送消息的类对象必须拥有对接收消息的类对象的某种形式的引用方式。这就涉及可见性的设计。

所谓可见性就是对象“看到”或引用其他对象的能力。具体地说就是实现 A 类对象到 B 类对象的可见性，通常有以下四种方式。

✓ 属性可见性：B 类对象是 A 类的属性。
✓ 参数可见性：B 类对象是 A 类中方法的参数。
✓ 局部可见性：B 类对象是 A 类中方法的局部对象。
✓ 全局可见性：B 类的成员具有某种方式的全局可见性。

可见性的动机可以概括为，为了使 A 类对象能够向 B 类对象发送消息，对于 A 类（对象）而言，B 类（对象）必须是可见的。

2. 属性可见性

当 B 类对象作为 A 类的属性时，则存在由 A 类到 B 类的属性可见性（attribute visibility）。这是一种相对持久的可见性，因只要 A 类和 B 类存在，这种可见性就会保持。这是可见性最常见形式。

在设计类图中，从 A 类到 B 类画出带箭头的实线来表示类之间的这种关系。

如图 7-86 所示给出一个表示属性可见性设计示例的顺序图。观察图 7-86 可以发现，Register 类能通过它的 ProductCatalog 类类型的属性 catalog 调用 ProductCatalog 类定义的 getProductDesc(…)方法。因此称存在 Register 类到 ProductCatalog 类的属性可见性。

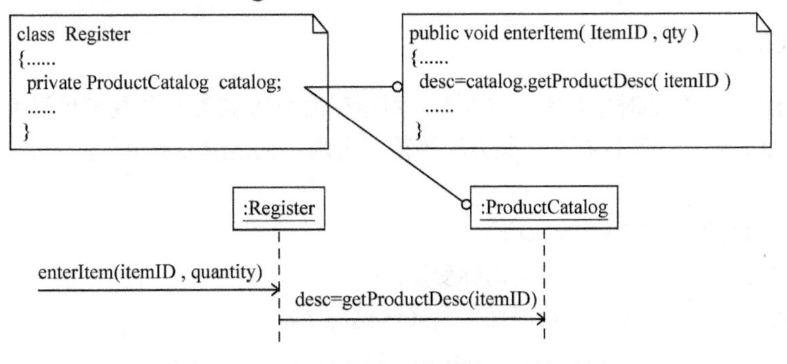

图 7-86 用顺序图表示的属性可见性示例

3. 参数可见性

当类 A 中的方法具有类 B 类型的参数时，存在由类 A 到类 B 的参数可见性（Parameter Visibility）。参数可见性相对是暂时的，因它只在类 A 中的方法范围内存在，在方法调用时才为参数分配存储空间。它是属性可见性之后第二种常见的可见性形式。

图 7-87 给出了参数可见性设计用通信图表示的示例，进一步解释这种可见性。

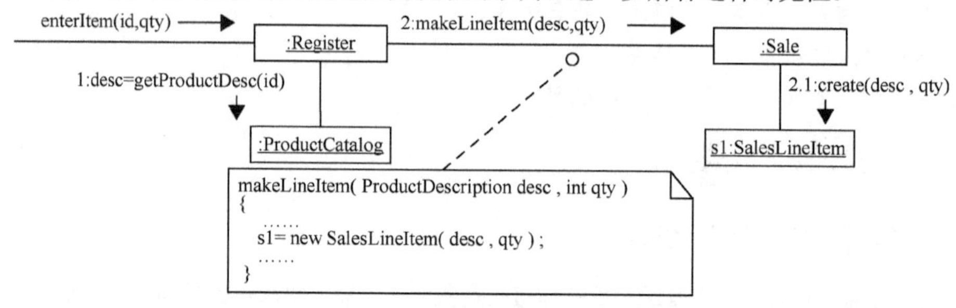

图 7-87　用通信图表示的参数可见性的设计

观察图 7-87 可以发现，当向 Sale 类的实例发送 makeLineItem 消息时，ProductDescription 类对象 desc 作为一个参数被传递。因此，在 Sale 类对象的 makeLineItem（desc,qty）方法范围内具有对 ProductDescription 类对象的参数可见性。

将参数可见性转换为属性可见性很常见，可以在初始化方法中将参数值赋值给属性。图 7-88 是这方面设计、实现的示例，SalesLineItem 类的构造函数中将其参数 ProductDescription 类型的参数 desc 赋值给同类型的成员变量 s1。

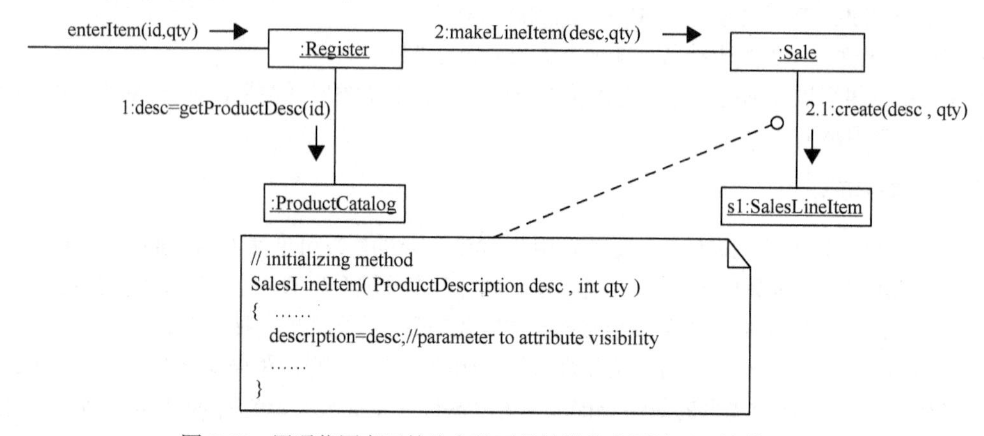

图 7-88　用通信图表示的将参数可见性转化为属性可见性的设计

4. 局部可见性

当类 A 的方法内的局部对象是类 B 类型时，则存在由类 A 到类 B 的局部可见性（local visibility）。该可见性是相对临时的，因其仅存在于某方法的范围之内。它是继参数可见性之后的第三种常见可见性形式。

实现局部可见性的两种常见方式如下。

✓ 创建新的局部对象并将其分配给局部变量。

✓ 将方法调用返回的对象分配给局部变量（参见图 7-89）。

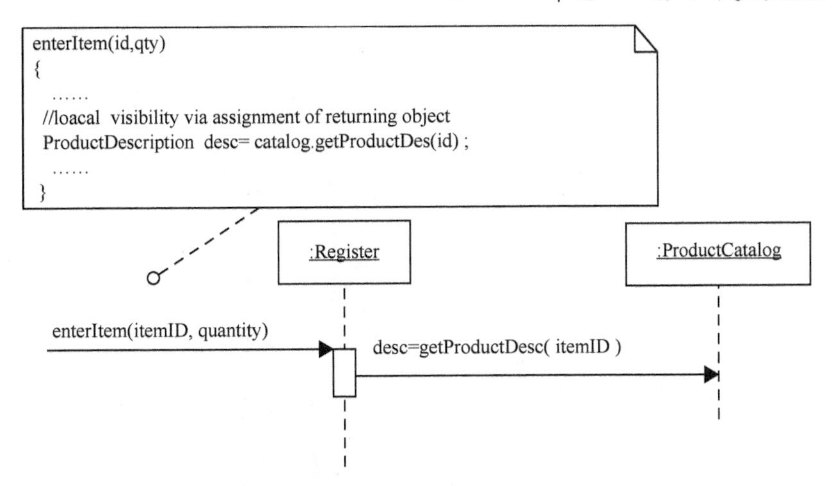

图 7-89 用顺序图表示的局部可见性设计示例

观察图 7-89 的顺序图可以发现，Register 类中方法 enterItem（id, qty）中定义了 ProductDescription 类类型的局部变量 desc，因此 Register 类在方法 enterItem（…）内有到 ProductDescription 类的局部可见性。

5. 全局可见性

当类 B 对于类 A 是全局时，存在由类 A 到类 B 的全局可见性（Global Visibility）。它是相对持久的可见性，只要类 A 和类 B 存在，这种可见性就存在。

实现全局可见性的一种方式是将类实例分配给全局变量，在 C++等语言中可以实现，但 Java 不支持。最初级的实现方式是将类中用到的成员变量和成员方法设置成静态和公有的，类也定义成公有的，这样通过类名可以随处直接调用其成员，即这种类全局可见。另外其实现较规范的方式是定义单实例类。

只有唯一实例的类即为“单实例类”，其对象需要全局可见性和单点访问。解决方式是，在类中定义静态方法用以返回单实例。如图 7-90 所示为单实例类模式的实现举例，也不难发现单实例类创建实例的方法是静态和公有的，可以在任何地方创建其对象，因此对于其他类这种单实例类具有全局可见性。

说明如下：

（1）这里也使用了具体工厂——ServicesFactory 类。

（2）就单实例类的实现可能存在一个疑问：为什么不将所有的服务方法都定义成类自己的静态方法，而是使用具有实例方法的实例对象？如可以将 getAccountingAdapter()定义成静态方法，但我们没有这样做，原因如下。

✓ 实例方法允许定义单实例类的子类 ，在子类中以对其进行精化，静态的方法在多数语言中不允许在子类中对其覆盖。
✓ 大多数面向对象的远程通信机制（如 Java）只支持实例方法的远程使用，而不支持静态方法。
✓ 类并非在所有应用场景中都是单实例类。在一个应用中，它可能是单实例类，但在另一个应用中，它又可能是多实例的。而且，在开始设计时就考虑使用单实例类的情况并不少见，这时有可能在将来发现使用其多实例的需要，因此，我们选择的使用实例方法的解决方案，如此提供类更为灵活。

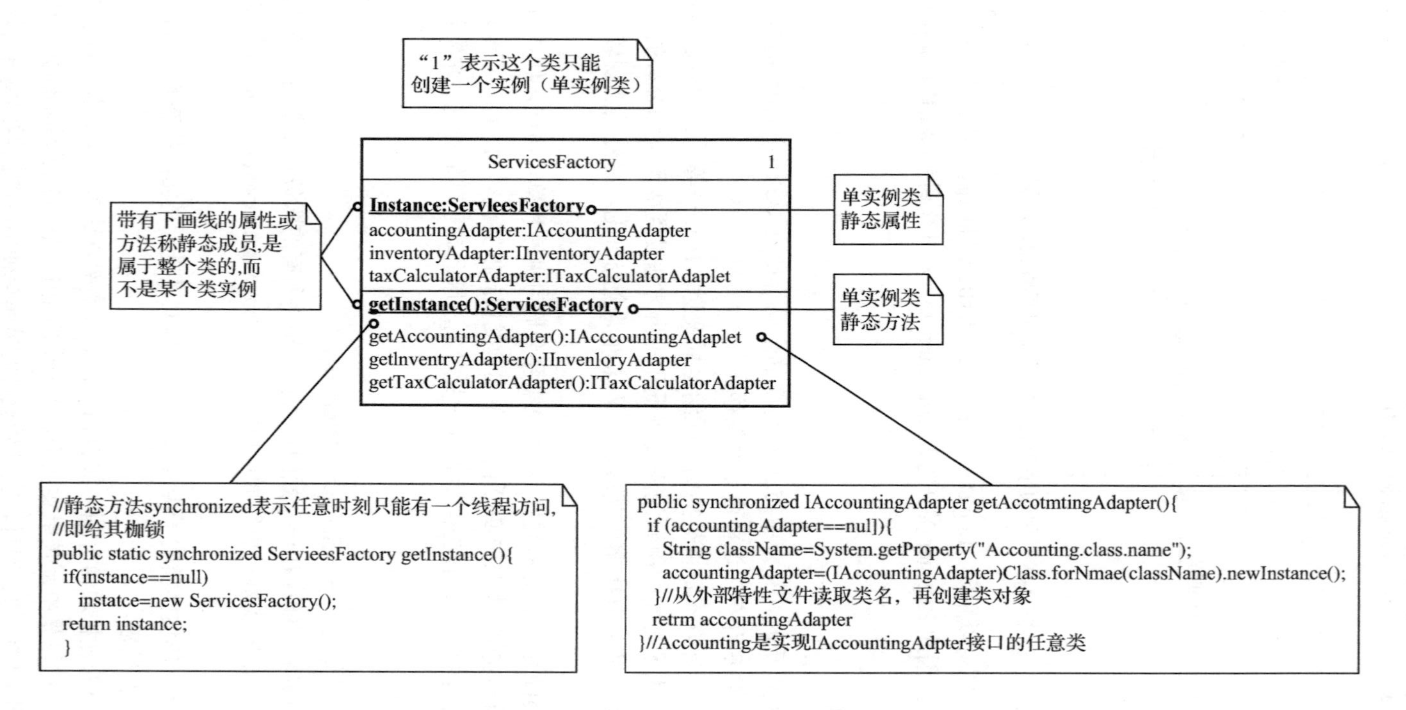

图 7-90 在 ServicesFactory 类工厂中的单实例类模式

7.7.2 可见性与初步设计类图

开始设计时，建议基于领域模型开发一个“初步设计类图”，除了添加必要的控制四类之外，还需要以下两个步骤。

（1）给属性添加类型。

（2）添加类之间的初步可见性。

前面讲了四种可见性的类型，其中“属性可见性”是从具有属性的类向属性所属类型的类画一个带箭头的实线；而其他可见性都是向需要访问的类画一个带箭头的虚线，表示这个类依赖于它需要访问的类，我们可将这两种线都称为（可见性）导航线。

设置可见性导航线的一些原则如下。

✓ 一对多的关系：它通常是上级/下级关系，一般设置一对多的导航线，即设置由上级到下级的可见性导航线。

✓ 强制关系：在这种关系里，一个类的对象在没有另一个类的对象的情况下是不能存在的。如图 7-91 中的 Customer 类到 Order 类的可见性导航线。

✓ 可见性导航线的箭头可以双向。

如图 7-91 所示为可见性导航线设计示例，类 Customer 和类 Order 之间的关系中，没有类 Customer 存在就没有类 Order。因此从类 Customer 向类 Order 设置可见性导航线。还需要说明的是，这里设想类 Customer 有一个属性是类 Order 类型的，这个属性应该是一个动态数组，如 Java 中的 Vector 和 ArrayList 类型，其每个元素都为类 Order 类型。因此这两个类之间的导航线画成了实线。

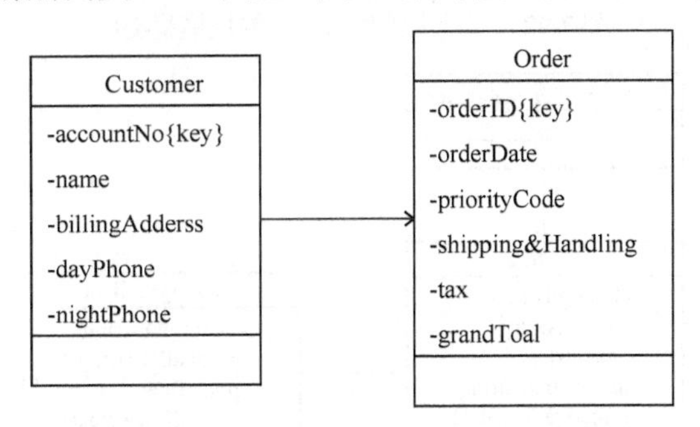

图 7-91　Customer 类与 Order 类间的导航关系

具体实现上可以理解为，每个 Customer 类的对象负责创建自己的 Order 实例，每创建一个就添加到自己的属性集合中，即为该动态数组添加一个元素，最后应该在导航线的 Order 类端为这个动态数组标注。

图 7-92 和图 7-93 一起展示了一个完整的可见性与初步设计类图设计的示例，我们首先给出一个“网上销售系统”在分析阶段开发的领域模型类图，作为接着讲解的初步设计类图开发的基础。

按照初步设计类图的构造方法，根据图 7-92 给出的领域模型类图，围绕“网上销售系统”的“查询可用条目”用例实现所涉及的类，建立的具有可见性导航线的初步设计类图，并按照控制器原则，添加了控制器类后的形式请参见图 7-93。

关于图 7-93 的进一步说明如下。

（1）在自然的业务联系中，一个“目录（Catalog）”可能包含多个“目录产品（CatalogProduct）”，一个“目录（Catalog）”也可能包含多个“产品项（ProductItem）”，而一个“产品项（ProductItem）”又由于“尺寸（size）”等的不同包含多个“库存项（InventoryItem）”。这种关系决定了“目录（Catalog）”处于导航层次的上层，再将新添加的控制器类（Handler）导航到它，就确定了这五个类的完整层次关系。

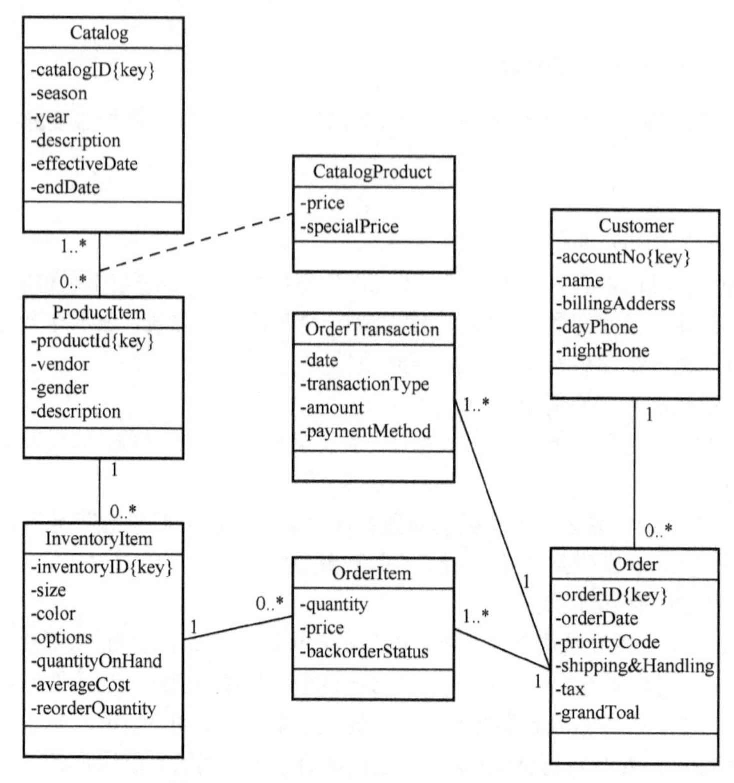

图 7-92 “网上销售系统”领域模型类图

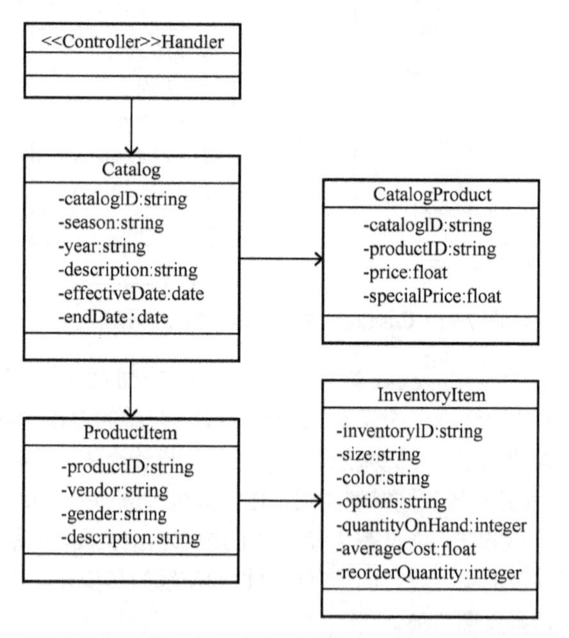

图 7-93 “网上销售系统”的“查询可用条目”用例实现的初步设计类图

（2）因为设计的细节是依据一个个用例实现完成的，所以要确保交互图的消息发送与最初定义的导航线方向基本一致，但如果用例功能实现需要，可见性导航线可以在设计过程中进行相应修改，如改变导航线方向、添加新导航线，在设计过程中还可以明确并修改导航线是实线还是虚线。消息的传输还要兼顾前面介绍的设计原则。

（3）根据前面讲到的“控制器原则”，添加用例实现所需的控制器类 Handler，由其接收用户消息并转给系统内部的实体类。

7.7.3　系统多层设计的顺序图表示

1．面向对象系统的对象组成

在面向对象系统开发中，围绕用例实现的类对象可分为用户界面类对象（可视层的类对象）、领域类对象、数据库访问类对象（数据访问层类对象）和额外完成特定功能的类对象（如登录验证的类对象）。

前面重点介绍的是领域类对象的设计，这里简单介绍一下系统的多层设计，会涉及可视层的类对象和数据访问层类对象，以后在进一步优化设计的过程中有的系统可能会添加完成额外功能的类对象。

2．围绕“用例实现”系统设计步骤

1）为用例开发初步顺序图

已知“网上销售系统”分析阶段确定的“查询可用条目”用例的系统顺序图如图 7-94 所示。初步顺序图的开发方法总结如下。

（1）明确用例所需的所有对象。如图 7-95 所示为“查询可用条目”用例实现按这一步的设计。

✓ 用例控制器类对象“:AvailabilityHandler”来替换“:系统”对象。

✓ 在其右侧添加其他在用例实现中需要包含的对象。

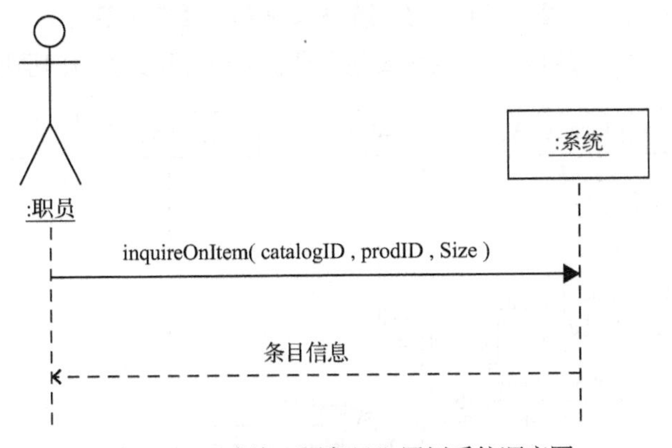

图 7-94　“查询可用条目”用例系统顺序图

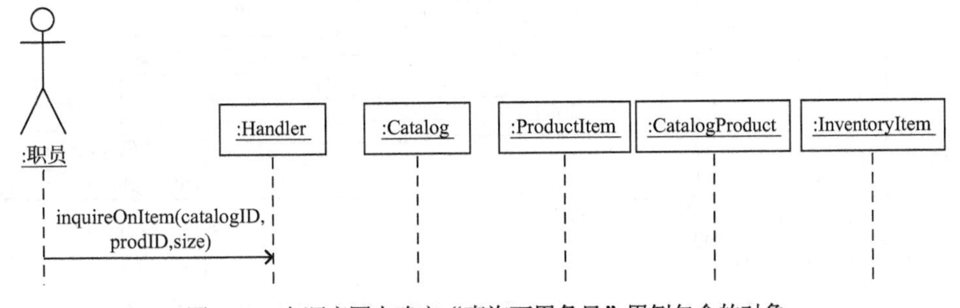

图 7-95　在顺序图中确定“查询可用条目”用例包含的对象

（2）确定为实现特定功能，对象间的消息传递，要兼顾 GRASP 设计原则，还要兼顾并进一步修改可见性导航线的设计，如图 7-96 所示为示例这一步的设计。

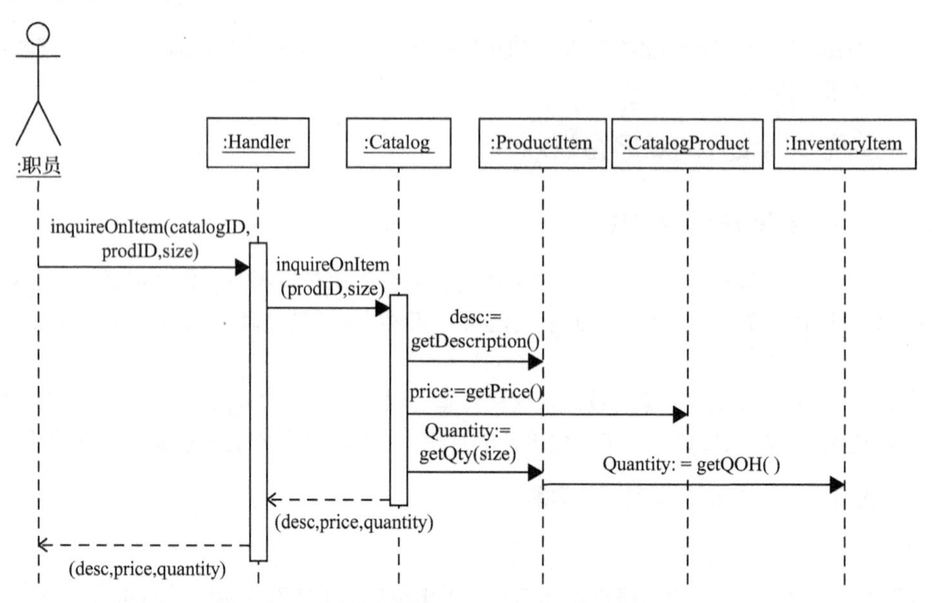

图 7-96 “查询可用条目”用例实现的初步顺序图

对于图 7-96 的说明：由于 Catalog 类对象处于导航层次结构的上层，能够直接或间接导航到查询可用条目信息所需要访问的“:ProductItem”、“:CatalogProduct”和“:Inventory”对象，因此这个职责最初交给它，由它访问其他类对象来完成这个职责是符合 GRASP 设计原则的。

2）考虑可视层和数据访问层的设计，绘制用例实现的多层顺序图

如图 7-97 所示为“查询可用条目”用例实现考虑了可视层和数据访问层设计之后的顺序图。

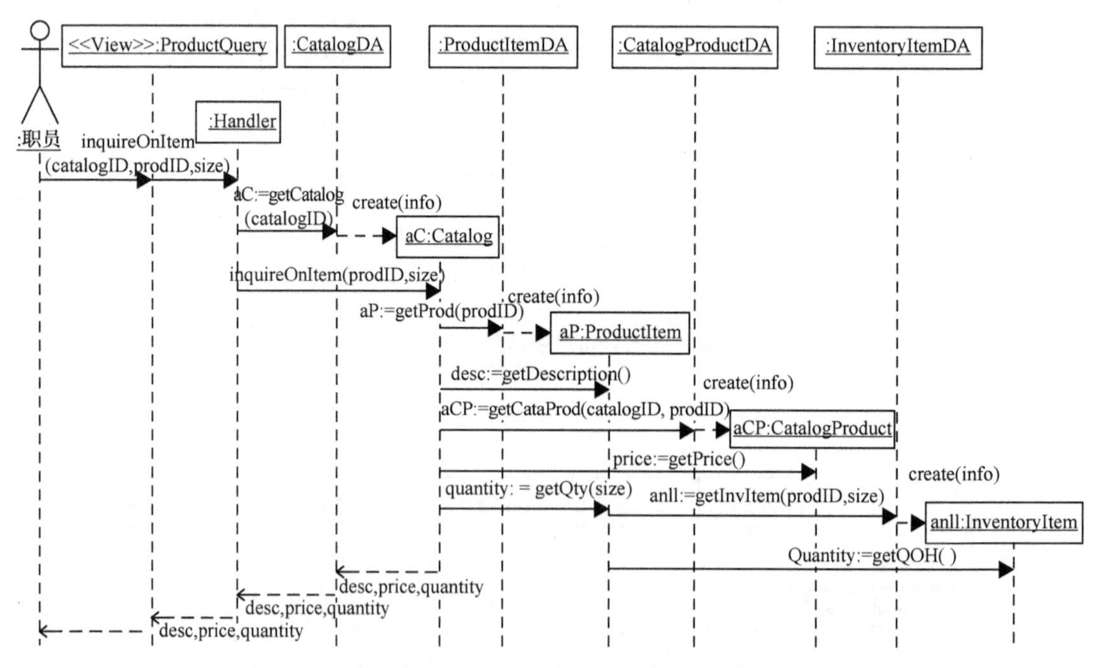

图 7-97 “查询可用条目”用例实现系统多层设计顺序图表示

对于图 7-97 的说明如下。

（1）在参与者“职员”和控制器类对象“:Handler”间添加了一个提供查询的用户界面类对象

“:ProductQuery”，这是一个用户界面层类的对象。

（2）添加了 4 个问题域类对应的 4 个访问数据库的类，但是应用模式是类似的，比如，在图 7-96 初步设计的顺序图中类对象“:Handler”向问题域类对象“:Catalog”发送消息 inquireOnItem(…)，而在图 7-97 多层设计的顺序图中类对象“:Handler”先向该问题域类对应的访问数据库的类对象“:CatalogDA”发送消息 aC:=getCatalog(catalogID)，以获取目录编号为 catalogID 的 Catalog 类对象 aC，类对象“:CatalogDA”为完成这一职责，需要访问目录数据表读取其编号为 catalogID 的记录，用获取的该记录信息作为构造函数的参数创建 Catalog 类对象 aC。最后将 aC 值返回给类对象“:Handler”。

（3）每个实体类对应的数据访问类我们假设具有全局可见性，可借助将类中所有方法设置成公有的静态方法、工厂模式或单实例模式等方式实现。

如图 7-98 所示为另一种借助数据访问类访问数据表设计的顺序图表示。

观察图 7-98 可以发现，在图 7-96 初步设计的顺序图中类对象“:Handler”向问题域对象“:Catalog”发送消息 inquireOnItem(…)，而在 7-98 多层设计的顺序图中类对象“:Handler”先调用构造函数创建 Catalog 对象 aC，并将目录编号 catalogID 作为参数传过去，构造函数为完成这一职责向对象“:CatalogDA”发送消息 readCata(aC)，将 aC 作为参数传给“:CatalogDA”，对象“:CatalogDA”根据 aC 中保存 catalogID 成员变量的值访问目录数据表读取相应的记录，并将读取的记录存入对象 aC 并返回给:Handler 对象。

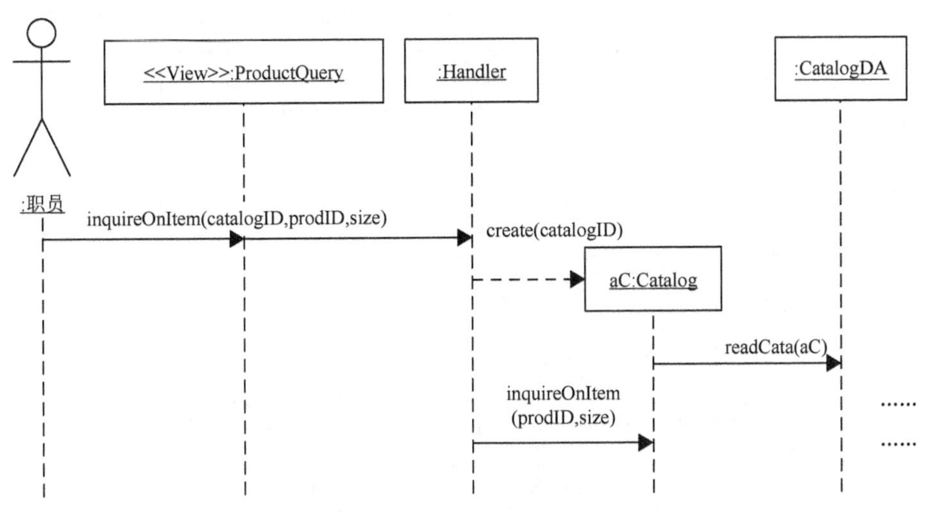

图 7-98 系统多层设计第 2 种方案顺序图表示

3）开发设计类图，向其中的类添加需要的操作（方法），并添加必要的类和内容修订

根据所有用例实现的顺序图，为初步设计类图添加必要的方法，并且添加必要的设计类，再进一步修正可见性导航线等。

如图 7-99 所示为在图 7-93 基础上围绕“查询可用条目”用例实现，为控制器类和实体类添加了其实现所需要的方法，但是省略了其构造方法。

请思考各个实体类对应的数据访问类里应该定义哪些方法？怎样定义？是设计成静态的、单实例的，还是具体工厂？

4）将系统中的类划分为层，使设计的结果更为清晰

如图 7-100 所示，从上到下，包括视图层、领域层和数据访问层。每个层对应一个包，不同层的内容放到不同的包中。最底层有时也被称为技术服务层，数据访问类是其最常见的功能类。

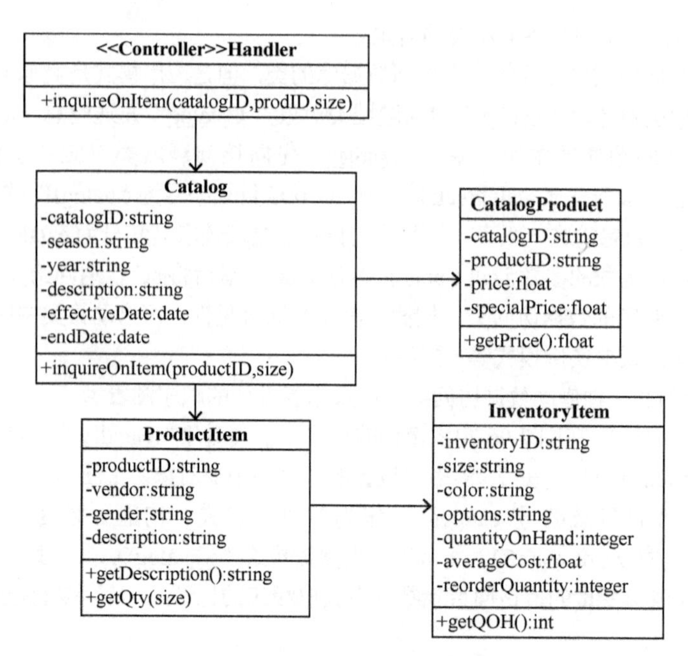

图 7-99 “查询可用条目”用例实现的领域层设计类图

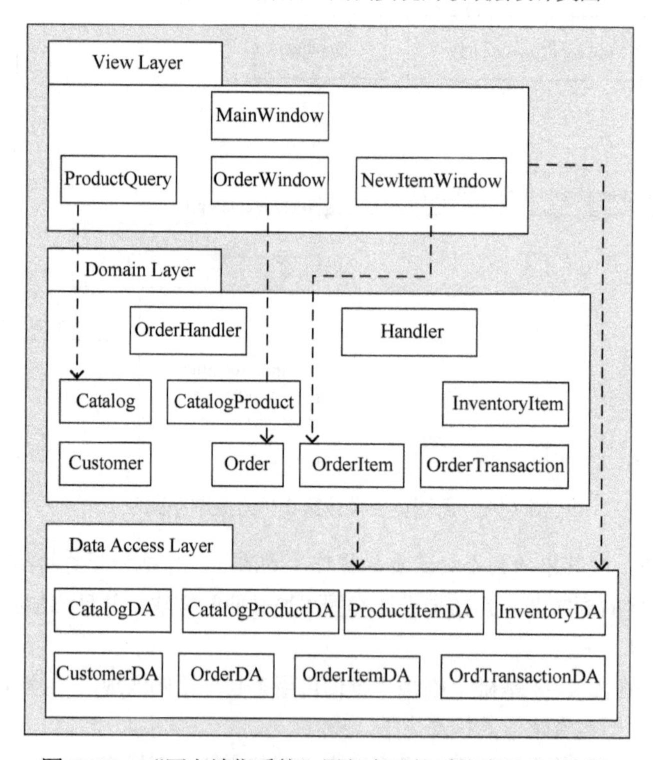

图 7-100 “网上销售系统”用包表示的系统类的多层划分

习题 7.7

一、填空题

1. 从类对象“:Register”发送到类对象“:ProductCatalog”的 getProductDescription 消息意味着________对于类 Register 实例来说是________。
2. ________是对象“看到”或引用其他对象的能力。
3. 当 B 类对象作为类 A 的属性时，则存在________________________________可见性。
4. 当 B 类对象作为参数传递给类 A 的方法时，存在________________________________可见性。
5. 当 B 类对象作为 A 类中方法的局部变量时，存在________________________________可见性。

二、判断题

1. 如果类 A 的某个属性是类 B 类型的，则存在类 A 到类 B 带导航箭头的实线，称类 B 对类 A 是可见的。(　　)
2. 如果类 A 方法的参数是类 B 类型的，则存在类 A 到类 B 带导航箭头的虚线，称类 A 对类 B 是可见的。(　　)
3. 在一对多关系的类之间，通常设置从一的类端到多的类端的可见性导航线。(　　)
4. 在一对多关系的类之间，通常设置从多的类端到一的类端的可见性导航线。(　　)
5. 如果 A 类对象在没有 B 类对象的情况下不可能存在，通常设置由 A 类到 B 类的可见性导航线。(　　)

任务 7.8　实训十二　“罚单处理系统”初步设计（用 Rational Rose 绘制所需模型）

内容引入

前一任务给大家介绍了围绕用例实现为系统内部的类分配职责的一系列设计原则，即 GRASP 设计原则，还介绍了可见性设计、系统多层设计、初步设计类图和设计类图的开发方式。综合运用这些知识就可完成“罚单处理系统”的初步设计。在这一任务中将安排大家完成这个任务，借助项目案例真正理解、掌握这些知识及其应用，并进一步熟悉用工具软件绘制顺序图和类图的方法。这个实训的案例背景资料参考前面实训三。

课上训练

一、实训目的

1. 掌握应用 GRASP 原则创建初步顺序图的方法。
2. 掌握初步设计类图和设计类图的创建方法。
3. 掌握用例实现的多层设计及其顺序图的创建方式。
4. 熟练掌握在 Rational Rose 环境下绘制顺序图和设计类图的方法。

二、实训要求与指导

假设“罚单处理系统”在前面的分析阶段已开发出如图 7-71 所示形式的“分析类图”，以及如图 7-72 所示形式的“系统顺序图”。请按照要求完成下面的实训任务。

任务与指导 1．请开发“罚单处理系统”的初步设计类图（用 Rational Rose 绘制）。

（1）一般在进入设计阶段的初期要开发“初步设计类图”，为分析类图中类的属性添加适当的数据类型，设置类之间的可见性导航线，添加适当的控制器类。设置导航线原则参见前面教材相关内容。

（2）使用 Rational Rose 绘制类图的方法请参见前面的实训八的任务指导。

任务与指导 2．绘制“记录新罚单”用例实现的初步顺序图（用 Rational Rose 绘制）。

（1）假设所用到的类对象已经创建出来，并存储在内存中。

（2）类对象的职责分配依据是“GRASP 设计原则”。

（3）将顺序图中体现的系统内部领域层对象间的消息可以暂时用中文标识，以便于理解其含义。但现实中，在真正的系统设计时要用西文标识，一般是与编程时所定义方法名字一致，且最好做到“见名知义”。

（4）为完成消息所要求的功能必须接收的数据应该设置为消息的参数。

（5）使用 Rational Rose 绘制顺序图的过程可参见前面实训六的任务指导。

任务与指导 3．绘制“记录新罚单”用例的多层设计顺序图，要求包含一般实体类的创建过程（用 Rational Rose 绘制）。

（1）所开发的多层设计顺序图包含可视层、数据访问层和领域层（实体类和控制器类），请参考教材前面理论部分相关内容的讲解。

（2）使用 Rational Rose 绘制顺序图的过程可参见前面实训六的任务指导。

任务与指导 4．请根据前面已开发的“记录新罚单”用例实现的初步顺序图，绘制该系统领域层的设计类图（用 Rational Rose 绘制）。

（1）在用例实现的初步顺序图中，如果某个类的对象接收了一个消息，该类就应该设置对应的方法来实现这个消息对这个类所要求的功能。

（2）真正的系统开发中设计类图的设计要考虑所有用例实现的方式。如果系统是多层设计，设计类图也要按照这种实际的设计来确定。

（3）使用 Rational Rose 绘制类图的方法请参见前面的实训八和实训十一的任务指导。

任务与指导 5．请用文字描述一下，根据“记录新罚单”用例实现多层设计顺序图，数据访问类都需要定义哪些方法。

数据访问类接收了哪个消息，就应定义消息对应的方法。

课后做一做

请自己试对附录 1 中给出的项目案例资料进行系统分析建模。

任务 7.9 数据库设计及与数据库连接的设计

内容引入

对于“罚单处理系统”，在前面的实训任务中，已经完成了部分初步设计，就“记录新罚单”用例已经开发出多层设计的顺序图。

由于关系数据库管理系统较为成熟，在进行面向对象系统设计时，就要考虑面向对象软件系统怎样访问关系型数据库，软件需要访问数据库时，如果设置数据访问类可使得系统分层更清晰、更容易维护。这一任务就将系统地讲解这方面的知识。

学习目标

✓ 理解面向对象软件系统中，通常程序如何实现对关系数据库中表文件的访问操作。
✓ 理解如何通过数据访问类的设计来优化软件设计。
✓ 理解 Java 系统访问关系数据库的方式。

7.9.1 通常的设计方法

首先设计一个包含表的数据库；然后设计一组与其各个表等价的类，以便在面向对象的程序设计中实现对数据库中对应表文件的访问，以及实现相应事物类所分配的职责。

下面总结一下关系数据库设计的要求。

（1）每个数据表都设置一个主键，以区别表中的不同记录。

（2）各个表之间的一对多关系，要将“一”的一方的主键放到“多”的一方，以建立两个表之间的关系。

（3）具有多对多关系的表，要建立关联实体，来消除多对多关系。

（4）代表关联实体的新表中主键，是由关联的两个表的主键共同组成的。该表中还可以加入系统需要存储的与其主键都相关的其他属性。

（5）分类关系的解决方法如下。

✓ 将所有分类的子表的共同属性组合成一张单独的表，包含所有子表的共同属性，但不包含子类的自定义主键。

✓ 使用多个单独的表表示各子表，并用父类表的主键来代替子类表的自定义主键。请参见表 7-4 的示例。其中 Order 为父表，MailOrder、TelephoneOrder 和 WebOrde 为父表，父表的主键 OrderID 作为了所有子表的主键。

（6）各个数据表要用三个范式进行规范化。

表 7-4 分类关系表的设计

表	属性
Catalog	**CatalogID**，Season，Year，Description，EffectiveDate，EndDate
CatalogProduct	**CatalogID**，ProductID，Price，SpecialPrice
Customer	**AccountNo**，Name，BillingAddress，ShippingAddress，DayTelephoneNumber，NightTelephoneNumber
InventoryItem	**InventoryID**，ProductID，Size，Color，Options，QuantityOnHand，AverageCost，ReorderQuantity
MailOrder	**OrderID**，DateReceived，ProcessorClerk
Order	**OrderID**，AccountNO，OrderDate，PriorityCode，ShippingAndHanding，Tax，GrandTotal
OrderItem	**OrderItemID**，OrderID，InventorID，TrackingNo，Quantity，Price，BackorderStatus
OrderTransaction	**OrderTransactionID**，OrderID，Date，TransactionType，Amount，PaymentMethod
ProductItem	**ProductID**，Vendor，Gender，Description
ReturnItem	**ReturnID**，OderID，InventoryID，Quantity，Price，Reason，Condition，Disposal
Shipment	**TrackingNo**，ShipperID，DateSent，TimeSent，ShipperCost，DateArrived，TimeArrived

续表

表	属　性
Shipper	**ShipperID**，Name，Address，ContactName，Telephone
TelephoneOrder	**OrderID**，PhoneClerk，CallStartaTime，LengthOfCall
WebOrder	**OrderID**，EmailAddress，ReplyMethod

7.9.2 数据访问类

面向对象软件开发中的三层设计的结构如图 7-101 所示。

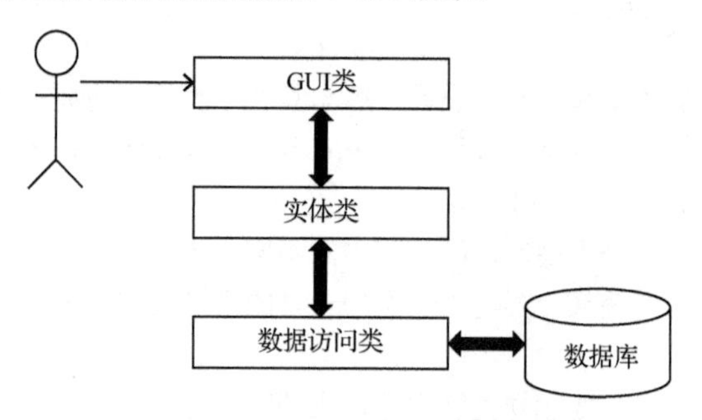

图 7-101　面向对象软件的三层设计结构

顾名思义，数据访问类是数据表和数据表对应的实体类之间的类，专门负责实体类对象访问其相应数据表的职责。数据库访问类含有能添加、更新、查找及删除与类相对应表中的字段和记录的方法。

如图 7-102 所示给出了一个数据访问类的设计和其中方法的 Java 语言实现的示例。

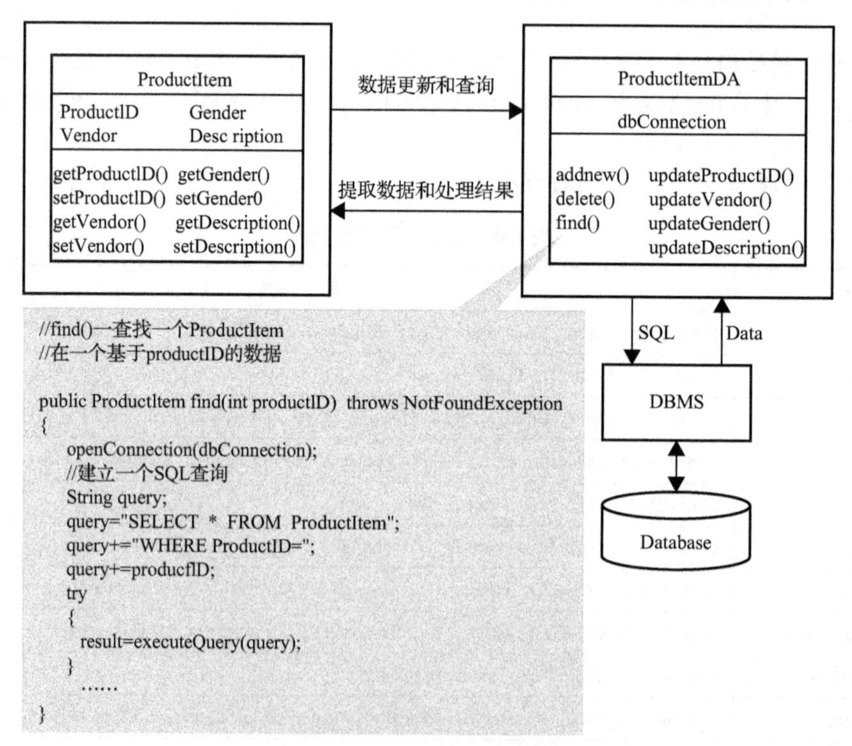

图 7-102　数据访问类的设计和实现示例

在这种结构下，数据访问类成为实体类对象与数据库中相关数据表之间的桥梁。如果实体类对象有大量访问数据表的操作，则有利于设计的优化，因为当连接的数据库的类型变化时或对数据库的操作变化时，只改变这个数据库访问类就可以了。

后面的实训将给出数据访问的程序实例，供大家分析其软件类的分层及与模型的对应关系。

7.9.3　Java 系统访问数据库的四种方式

Java 是通过 JDBC（Java DataBase Connection）来统一地处理各类数据库。JDBC 访问数据库的步骤如下。

（1）加载数据库驱动程序。

（2）连接数据库。

（3）执行 SQL 语句和处理查询结果。

（4）关闭连接。

JDBC 提供了一套标准的访问数据库的程序设计接口（API）。JDBC 连接数据库的驱动程序有以下四种类型。

1. 第一类 JDBC 驱动程序——JDBC-ODBC 桥

这种驱动程序可以将 JDBC 的 API 映射为 ODBC 的 API，然后用操作系统提供的 ODBC 连接方式访问数据库。使用这类驱动程序访问数据库的过程参见图 7-103。

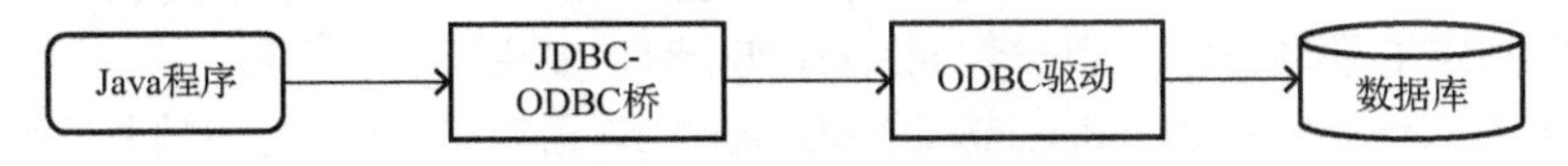

图 7-103　用 JDBC-ODBC 桥的驱动程序工作方式

这种类型的驱动程序最适合企业内部网（这种网络上客户机的 ODBC 驱动程序安装不是主要问题），或者是用 Java 编写的三层结构的应用程序服务器代码。

2. 第二类 JDBC 驱动程序——用本地化方法实现 JDBC API

JDBC 的 API 实现特定数据库的交互协议由本地化方法实现，使用这种驱动程序访问数据库的过程参见图 7-104。

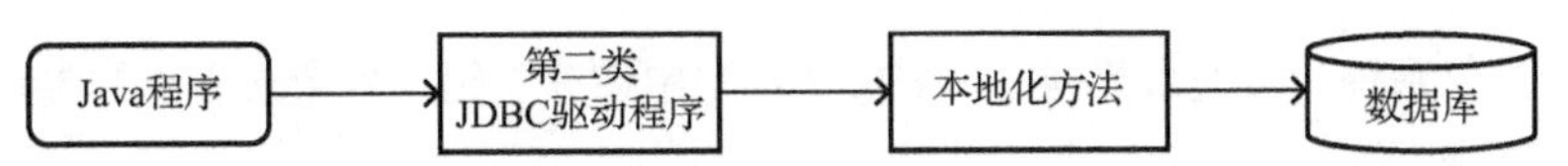

图 7-104　用本地化方法实现 JDBC API 的驱动程序工作方式

注：本地化方法是指特定数据库客户端 API 提供的方法。

这种类型的驱动程序把客户机 API 上的 JDBC 调用转换为 Oracle、Sybase、Informix、DB2 或其他 DBMS 的调用。注意，像桥驱动程序一样，这种类型的驱动程序要求将某些二进制代码加载到每台客户机上。

3. 第三类 JDBC 驱动程序——通过中间件实现 JDBC API

使用这种驱动程序访问数据库的过程参见图 7-105。

对于这种方式还需要说明以下几点。

✓ 将 JDBC 命令转换为与数据库系统无关的网络协议，并发送给一个中间件服务器。

✓ 中间件服务器再将该网络协议转换为特定数据库系统的协议，并发送给数据库系统。

✓ 从数据库系统获得的结果先发送给中间件服务器，由其转换为网络协议后返回给应用程序。

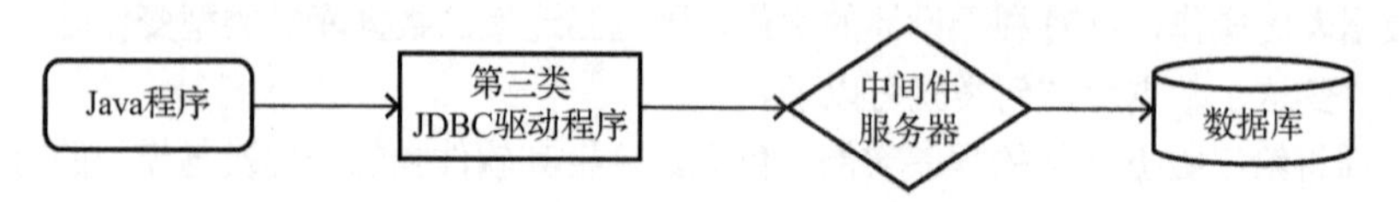

图 7-105　通过中间件实现 JDBC API 的驱动程序工作方式

4. 第四类 JDBC 驱动程序——直接采用 Java 语言实现与特定数据库的交互协议

这是一种最直接、效率最高的方式，使用这种驱动程序访问数据库过程参见图 7-106。

图 7-106　直接采用 Java 语言实现与特定数据库交互协议的驱动程序工作方式

这种类型的驱动程序将 JDBC 调用直接转换为 DBMS 所使用的网络协议。这将允许从客户机上直接调用 DBMS 服务器，是 Intranet 访问的一个很实用的解决方法。由于许多这样的协议都是专用的，因此特定数据库管理系统的软件公司将提供这类特定驱动程序。

预计第三和四类驱动程序将成为 JDBC 访问数据库的首要方法。第 1 和 2 类驱动程序在直接的纯 Java 驱动程序还没有上市前作为过渡方案来使用。

这些数据库连接方面的技术在设计阶段进行考虑也是必要的，因此在此做了简单介绍。

采用不同的 JDBC 驱动程序，意味着与数据库连接时，要注意以下两点。

（1）“Class.forName("sun.jdbc.odbc.JdbcOdbcDriver") ;”语句在参数中给出的驱动程序名需要根据具体驱动程序而变化。

（2）“String url="jdbc:odbc:"+databaseName ;”语句中数据库名称（databaseName）前加的前缀根据具体驱动程序而不同。

但是不同数据库连接、操作和关闭的过程所调用的方法名是一样的。

习题 7.9

判断题

1. 为面向对象系统访问关系数据库，需要在程序中设计一组与各个表等价的类，借助这些类的对象与对应数据表通信。

2. 数据访问类就是与一个数据表等价的类，即此类的各个属性与数据表的各个字段相对应。

3. 数据访问类是实体类对象与数据库中相关的数据表之间的桥梁。当连接的数据库类型变化或对数据表的操作变化时，只需改变这个数据访问类。

4. Java 程序访问不同数据库时，所使用的程序设计接口（API）不同。

5. Java 程序中对不同数据库连接的驱动程序相同。

6. 对于访问数据库的操作较复杂的系统可以引入数据访问类，使其作为实体类和对应数据表之间的桥梁来优化系统设计。

任务7.10　实训十三　观察具有数据访问类的软件及代码与模型图的对应关系

内容引入

前面给大家介绍了面向对象软件系统的设计方式，包括实体类、控制器类、数据访问类等概念，也介绍了设计类图和顺序图等概念，在这一任务中将安排大家阅读具有数据访问类的具体软件，以确定其中包含的不同类，并绘制其中部分代码对应的顺序图和整个软件对应的设计类图，通过这样的训练，使大家真正把代码与模型对应起来，以促进对模型的理解和运用。

课上训练

一、实训目的

1．深入理解数据访问类的实施与作用。
2．掌握 Java 代码与顺序图的对应关系。
3．掌握代码与设计类图的对应关系，尤其是类之间关系的确定方式。
4．进一步巩固在 Rational Rose 环境下绘制顺序图和设计类图的方法。

二、具有数据访问类的程序代码

StudentInfor.java 文件

```
public class StudentInfor{
    int id;
    String name;
    String gender;
    int age;
    public int getAge(){
        return age;
    }
    public void setAge(int age){
        this.age=age;
    }
    public int getId(){
        return id;
    }
    public void setId(int id){
        this.id=id;
    }
    public String getName(){
        return name;
    }
    public void setName(String name){
```

```
            this.name=name;
        }
        public String getGender(){
            return gender;
        }
        public void setGender(String gender){
            this.gender=gender;
        }
}
```

StudentInforDB.java 文件

```
import java.sql.Connection;
import java.sql.DriverManager;
import java.sql.PreparedStatement;
import java.sql.ResultSet;
import java.sql.SQLException;
import java.sql.Statement;
import java.util.ArrayList;

public class StudentInforDB {
    public static Connection getConnection(){
        Connection conn=null;
        try{
            Class.forName("sun.jdbc.odbc.JdbcOdbcDriver");
            String databaseName="StudentSystem";
            String url="jdbc:odbc:"+databaseName;
            conn=DriverManager.getConnection(url);    //连接数据库
        }catch(ClassNotFoundException e){
            e.printStackTrace();
        }catch(SQLException e){
            e.printStackTrace();
        }
            return conn;
}

    //关闭数据库连接
    public   static   void closeConnection(Connection conn){
    if(conn !=null){
    try{
        if(!conn.isClosed())
          conn.close();
    }catch(SQLException e){
          e.printStackTrace();
        }
```

```
    }
}

public static void insert( StudentInfor   st ){
    Connection db=getConnection();
    try{
        String sql="insert into StudentInfor(Name,gender,age) Values(?,?,?)";
        PreparedStatement ps=db.prepareStatement(sql);
        ps.setString(1, st.getName());
        ps.setString(2, st.getGender());
        ps.setInt(3, st.getAge());
        ps.executeUpdate();
        ps.close();
    }catch(SQLException e){
        e.printStackTrace();
    }finally{
        closeConnection(db);
    }
}

public static ArrayList query(){
    Connection db=getConnection();
    Statement st=null;
    ResultSet rs=null;
    ArrayList list=new ArrayList();
    StudentInfor   s1=new   StudentInfor() ;
    try{
        st=db.createStatement();
        String sql="select * from StudentInfor";
        rs=st.executeQuery(sql);
        while(rs.next()){
            s1.setId(rs.getInt("id"));
            s1.setName(rs.getString("name"));
            s1.setGender(rs.getString("gender"));
            s1.setAge(rs.getInt("age"));
            list.add(s1);
        }
        rs.close();
        st.close();
    }catch(SQLException e){
        e.printStackTrace();
        }finally{
            closeConnection(db);
        }
```

```
        return list;
    }
}
```

JDBCTest.java 文件

```
import java.util.ArrayList;
import java.util.Iterator;

public class JDBCTest{
    public static void display(ArrayList list){
        if(list==null||list.size()<1){
            System.out.println("数据库无信息");
            return;
        }
        System.out.println("学号        姓名        性别    年龄");
        Iterator i=list.iterator();
        while(i.hasNext()){
         StudentInfor s=(StudentInfor)i.next();
System.out.println(s.getId()+"\t"+s.getName()+"\t"+s.getGender()+"\t"+s.getAge());
        }
    }

    public static void main(String[] args){
        ArrayList list=null;
        StudentInfor s=new StudentInfor();
        s.setName("邵迪");
        s.setGender("男");
        s.setAge(20);
        list=StudentInforDB.query();
        display(list);
        StudentInforDB.insert(s);
        list=StudentInforDB.query();
        display(list);
    }
}
```

三、实训要求与指导

任务与指导 1．阅读上面的软件代码，说明哪个类是控制器类？哪个是实体类？哪个是数据访问类？

任务与指导 2．请将 main()方法中的 Java 代码的执行过程用顺序图表示出来（用 Rational Rose 绘制顺序图）。

调用某个类或类对象的方法就是向其发送这个消息。

任务与指导 3．请根据前面的代码，绘制这段程序的设计类图，注意要根据实际的代码来正确绘制类之间的可见性导航线（用 Rational Rose 绘制）。

（1）类之间的关系具有属性可见性，则这两个类之间是用带箭头的实线连接。

（2）类之间的关系具有其他可见性，则这两个类之间是用带箭头的虚线连接。

（3）设计类图的绘制请参见实训八及实训十一。

课后做一做

1. 请用下载的 StarUML 和 JUDE-Community 建模软件分别探索绘制 StudentInforDB 类的“查询”消息（query()）实现的通信图。

2. 请用下载的 StarUML 和 JUDE-Community 建模软件分别探索绘制这段程序设计类图。

单元八　面向对象系统分析设计的细化

在上一单元的实训中，我们已经完成了“罚单处理系统”开发项目案例的主体设计，创建了用例实现的顺序图和系统的设计类图。

对于较复杂系统还需根据情况进行更优化的设计，如对象状态的提取和记录、用例和类图的精化，这些设计都有助于简化编程。这一单元将学习与此相关的知识和技能。

任务 8.1　认识 UML 状态机图

内容引入

对于系统中某个类的对象在生命周期可能存在不同的状态，而不同状态能响应的事件是不一样的，这种情况下系统分析该如何记录，又怎样优化地设计系统来实现这些功能呢？这一任务将学习与此相关的知识和技能。下一任务的实训将引导大家完成“罚单处理系统”的对象状态的分析与设计。

学习目标

✓ 理解什么是状态机图。
✓ 理解各类状态机图的含义。
✓ 理解状态机图的创建方法。

8.1.1　状态机图的概念与分类

UML 状态机图（State Machine Diagram）描述了特定情形下对象的状态，以及引起对象从一个状态向另一个状态转换的事件。

如图 8-1 所示为一个简单状态机图的举例。

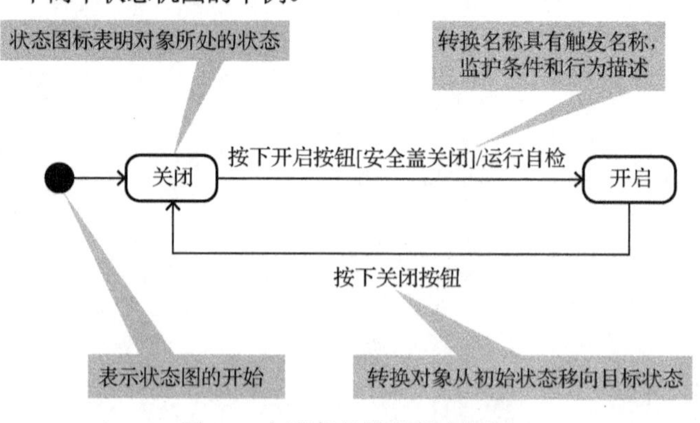

图 8-1　打印机的简单状态机图

复合状态是包含其他状态和这些状态间转换的状态。图 8-2 是一个复合状态的示例。

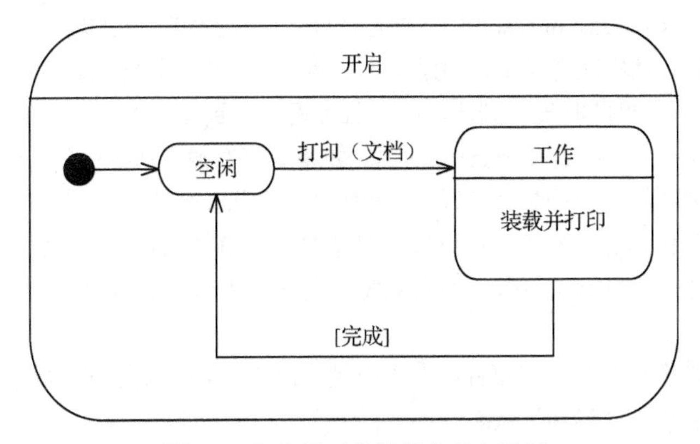

图 8-2 打印机对象的复合状态示例

并发或并发状态是同一时间处于多个状态的情况描述。如图 8-3 所示为这一情况的示例。

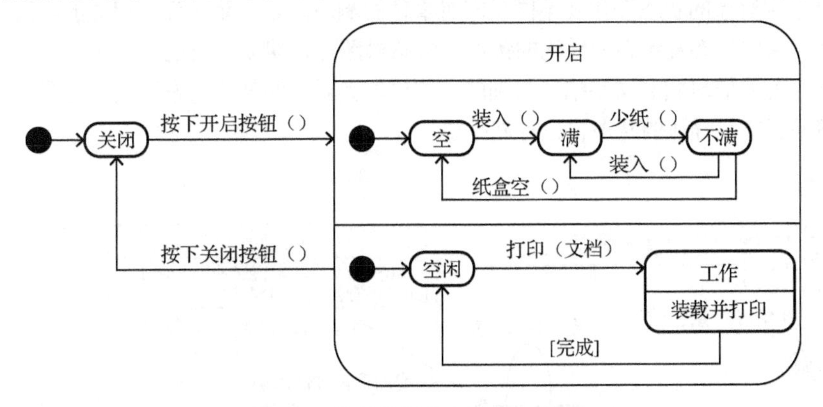

图 8-3 具有并发状态的状态机图

观察图 8-3 不难发现，“开启”状态的打印机同时具有“纸是否满”和“是否工作”这两种状态。还可以使用状态机图进行 Web 页面导航建模，如图 8-4 所示的示例。

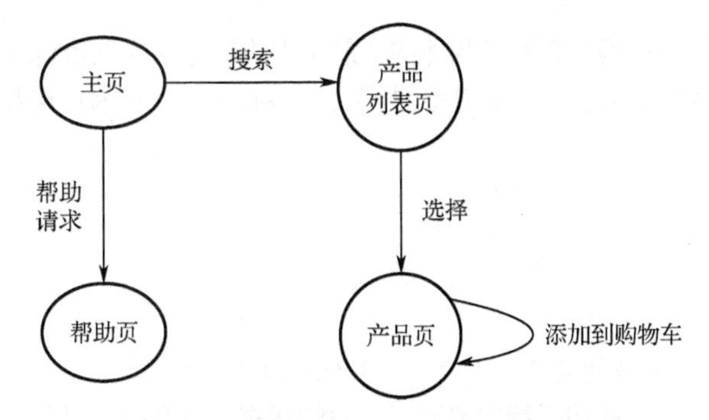

图 8-4 用状态机图对 Web 页面导航建模

8.1.2 状态机图的开发与系统设计

下面给出对象在生命周期中不同状态间由特定事件触发转换的例子，借此讲解状态机图的开发。

航班状态转化的描述：“航班”从假定状态开始，管理人员查阅该航班时刻表，确定是否批准这次航行，如拒绝这个假定计划即删除这个航班，不能再采取任何操作。如果假定计划批准，则航班转入计划状态，航班时刻表发布到Internet上，并提前60天开始售票，可以从航班中增加或减少乘客，但售出最后一张票之后，航班就客满了，如果有人退票，则再次开始售票。飞机起飞前10分钟，航班停止售票（关闭）。如果飞机此时没有到达，则航班推迟，直到飞机到达，或推迟满4小时航班取消。如果飞机到达，但乘客不足10人，则把航班取消。如果航班取消，则航空公司要为乘客寻找另一个航班。如果飞机到达，乘客超过10人，则其起飞和着陆，完成这次航行。

从上面航班状态转化描述的例子，可以看到对象对某些事件的响应是与状态有关的。如对客户订票事件的响应与是否处于售票状态有关，而对航空公司统一为乘客安排另一个航班事件的响应与是否处于取消状态有关。

而状态的确定或转换一般与特定事件的发生有关，这些事件触发了对象状态的转变，如当座位数与订票数相等时，就触发了“客满”状态。

系统设计时可以特别添加一个属性来记录对象的状态，以简化编程。例如，对“航班”类可添加status属性，其各对象的属性值代表该对象不同的状态，如计划状态、售票状态、取消状态等。

由此可以看到对象的状态变化及不同状态对事件的响应，是与系统设计相关的，因此，我们需要记录系统中类对象的状态及状态间转化的条件，状态机图可以帮助完成这个工作。

下面给出由前面航班状态文字描述得到的“航班”类对象的部分状态机图（见图8-5），完整的航班状态机图请根据文字描述的状态自己补充完整。

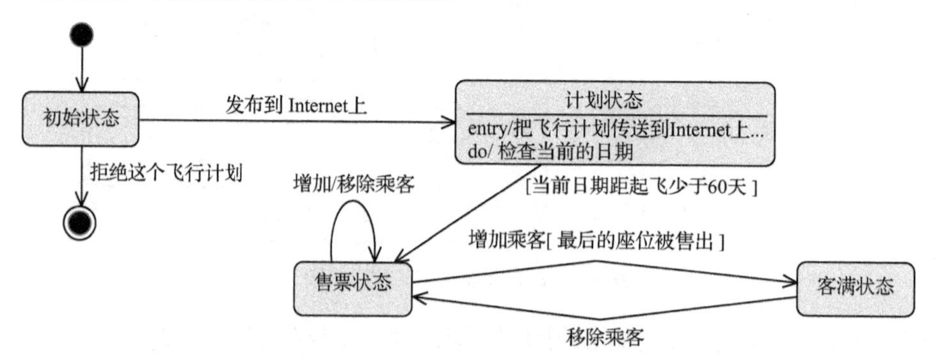

图8-5 “航班”类对象在生存期内的部分状态机图

由图8-5的状态机图可以确定该系统描述的“航班”类对象状态的准确记录方式是，为“航班”类对象添加一个属性，为整型类型，其取值范围可以是0~n−1个，n为正整数，表示该类对象的在生命期n种状态。

习题8.1

一、填空题

1．状态机图用于描述模型元素的________（实例/类）行为。

2．在UML中，________描述了特定情形下对象的状态，以及引起对象从一个状态向另一个状态转换的事件。

3．状态机图适合描述跨越多个用例的对象在其________中的各个状态及其之间的转换。

二、选择题

1．下面哪类UML模型图不是动态模型图？（　　）

A．状态机图　　B．活动图　　C．部署图　　D．交互图

2．下面不是状态机图组成要素的是（　　）。

A．状态　　　　　B．转换　　　　　C．初识状态　　　　　D．链

任务 8.2　实训十四　“罚单处理系统”对象状态的分析与设计

内容引入

前一任务给大家介绍了用状态机图来记录问题域中类对象的不同状态和状态之间的转化条件，因为编写程序时不同状态可以响应的事件是不一样的，所以这种分析与记录十分必要。同时也给大家讲了用状态机图记录的这种业务需求怎样用系统设计来满足。这个任务将引导大家用前面的知识继续开发“罚单处理系统”项目案例，分析其中的“罚单”类对象的状态变化，并用工具软件绘制状态机图进行记录，还对这种状态变化的处理需求进行系统设计，以促进大家掌握状态机图的开发方法和用工具软件绘制的方式。这个实训的案例背景资料参考前面实训三。

课上训练

视频 15

一、实训目的

1．理解、掌握使用状态机图记录系统中对象的不同状态及状态之间的转换条件。

2．掌握使用 Rational Rose 工具软件绘制状态机图的方法。

二、实训任务与指导

任务与指导 1．根据“罚单处理系统”案例资料文字描述的内容，确定“罚单”对象在生命期的不同状态及状态之间转换条件，请用状态机图记录之，且使用工具软件 Rational Rose 绘制这一状态机图。

状态机图的创建方法请参见前面的“航班”状态机图的例子。

使用工具软件 Rational Rose 绘制状态机图的方法请参照下面给出的部分“航班”状态机图的绘制方法。

（1）在左侧浏览窗口的 Logical View 处右击，在弹出的快捷菜单中选择 New 选项，再在弹出的子菜单中选择 Statechart Diagram 菜单项，此时在左侧浏览窗口新出现一个默认名字的状态机图图标，将其更名为“‘航班’状态机图”。接着双击该状态机图图标，在右侧打开这个状态机图的绘图窗口，形式如图 8-6 所示。

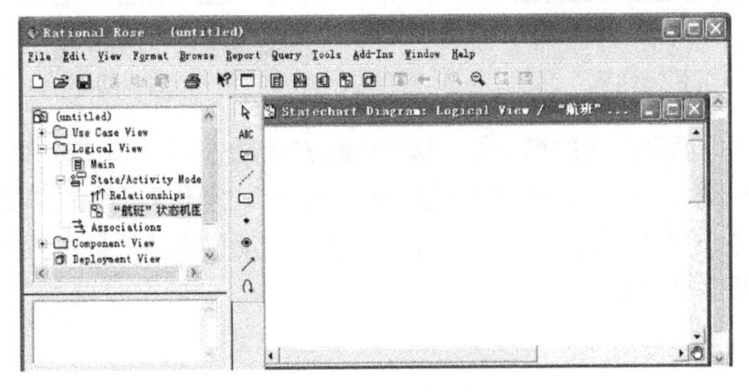

图 8-6　创建“航班”状态机图初始窗口

（2）在绘图工具栏选择 Start State 工具图标，在绘图窗口的左上方适当位置单击，创建一个状态机图的初始图标。接着选择工具栏的 State 工具，在初始图标的下方单击，创建一个默认名字的状态图标，将其更名为“初始状态”，用同样的方法，参考前面图 8-5，接着创建“计划状态”、“售票状态”和“客满状态”，操作后的效果如图 8-7 所示。

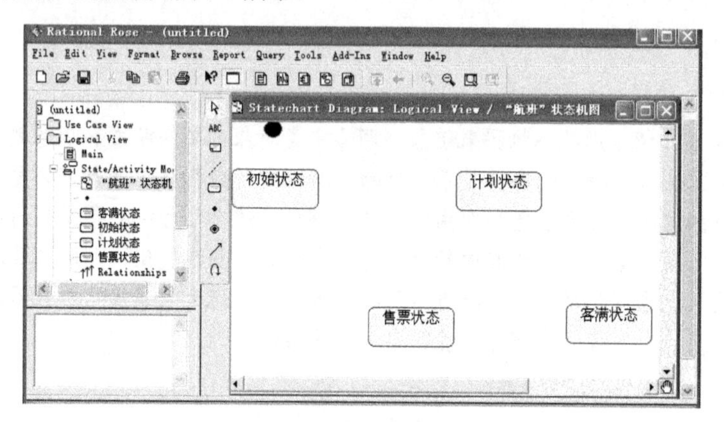

图 8-7　添加了部分状态的“航班”状态机图

（3）在右侧的绘图窗口双击“计划状态”，打开“计划状态”设置对话框，选择其 Actions 选项卡，形式如图 8-8 所示。

（4）在图 8-8 下方空白区域右击，在弹出的快捷菜单中选择 Insert 项，在这一空白区域添加了一个如图 8-9 所示的动作项。

图 8-8　“计划状态”状态设置对话框之 Actions 选项卡初始形式

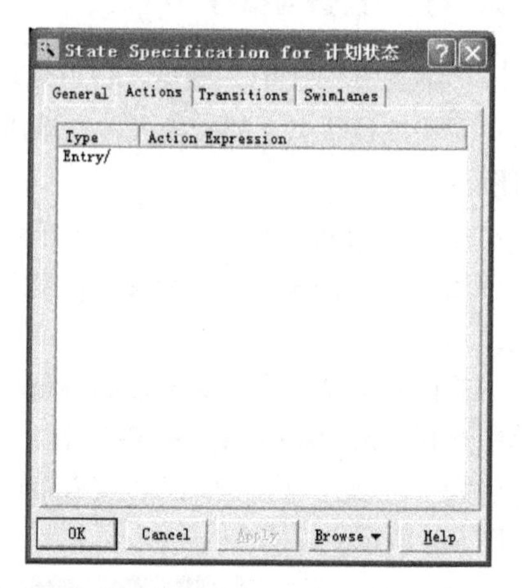

图 8-9　“计划状态”设置对话框之添加 1 个动作项的初始形式

（5）双击图 8-9 的下面空白区的第一行，即“Entry/”所在的行，弹出动作细节设置对话框，在其中的 Name:旁文本框中输入“把飞行计划传送到 Internet 上”，操作界面如图 8-10 所示。

（6）用同样的方法设置“计划状态”的第 2 个动作，但动作实施的条件不同，参见图 8-11 所示的通过下拉列表设置动作条件为 Do。

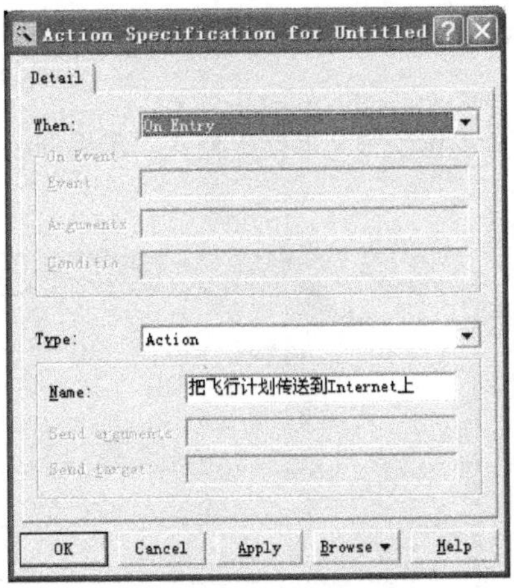

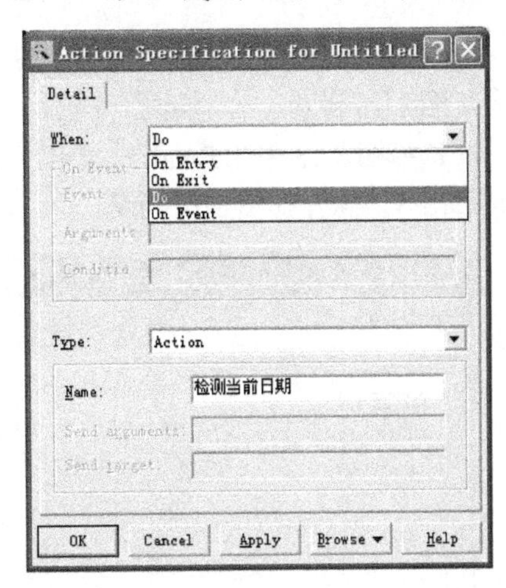

图 8-10 “计划状态”第 1 个动作细节设置对话框

图 8-11 动作设置对话框的执行条件设置

（7）添加了“计划状态”的两个动作后的状态机图如图 8-12 所示。

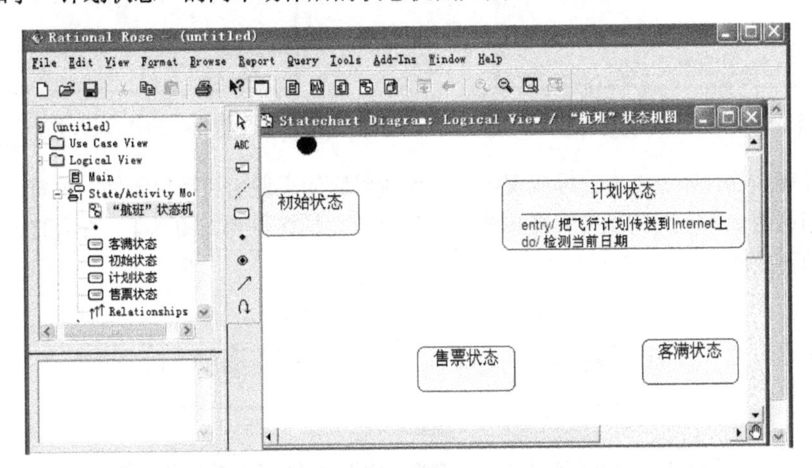

图 8-12 “计划状态”添加两个动作后的形式

（8）用绘图工具栏中的 State Transition 工具实现各个状态之间的连接，用 Transition to Self 工具实现状态自身的连接。下面就“售票状态”和“客满状态”之间状态转化的绘制进行说明，其他与此类同。

✓ 选择绘图工具栏中的 State Transition 工具后，用鼠标在绘图窗口的“售票状态”和“客满状态”之间拖动，画出如图 8-13 所示直线连接线的效果。

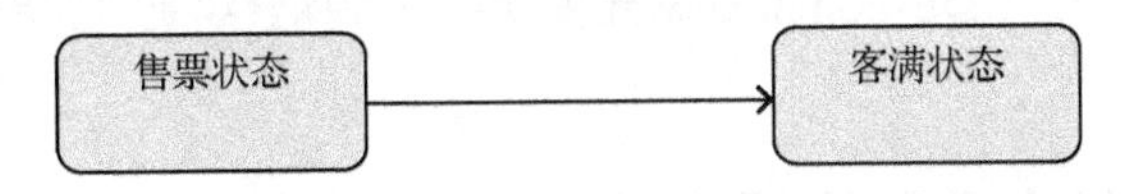

图 8-13 “售票状态”和“客满状态”之间最初的转换线

✓ 把鼠标放在图 8-13 的直线中间部分，按下鼠标左键向上拖动到图 8-5 所示位置。拖动过程如图 8-14 所示。

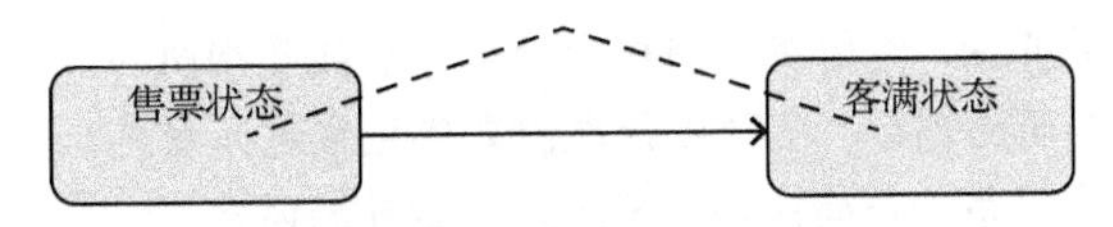

图 8-14 拖动状态的转换线

✓ 然后双击该线，弹出该连接线设置对话框，在 Event:旁文本框中输入“增加乘客”，操作如图 8-15 所示。

✓ 选择图 8-15 中的 Detail 选项卡，在其中的 Guard Condition:旁文本框中输入“最后的座位被售出”，操作如图 8-16 所示。

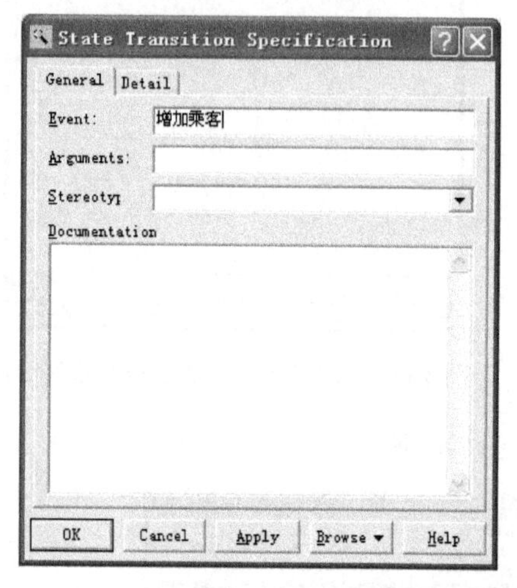

图 8-15　状态连接转换线对应的转换事件的设置

图 8-16　状态连接转换线对应转换条件的设置

✓ 此设置完成后，还可以用鼠标或键盘改变连线对应的事件名和转换条件的位置，再以同样的方式绘制这两个状态间的反方向连接线及文字标注。最终得到如图 8-17 所示的这两个状态及其之间的转换线。

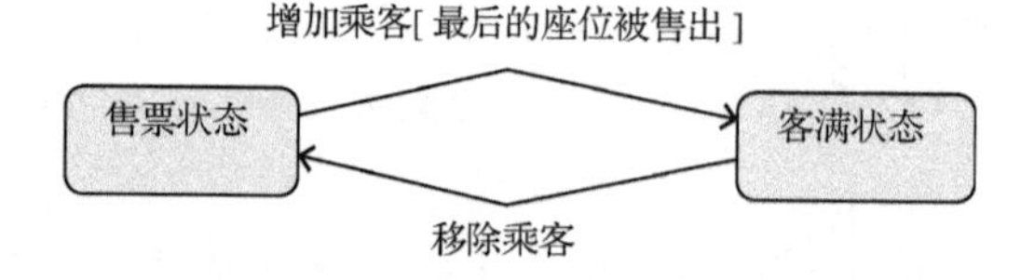

图 8-17　“售票状态”和“客满状态”及其之间转换的状态机图

任务与指导 2．请说明如果要在“罚单”类设计中记录其对象在生命期中可能的不同状态，那么“罚单”类的设计该做怎样的调整。

课后做一做

请用下载的 StarUML 和 JUDE-Community 建模软件分别探索绘制“罚单处理系统”中的“罚单”对象的状态机图。

任务 8.3　认识用例图和类图的精化

内容引入

对于较复杂大型系统的开发，有时不同用例中的部分功能是相同的，如何记录这样的用例才能简化分析呢？有时类之间有共同的部分，如何设计类图来优化系统开发呢？

这一任务将学习系统分析与设计的这些更为深入、细致的内容。

学习目标

✓ 理解用例间包含关系与扩展关系的由来和在用例图中的表达。
✓ 理解泛化、特化概念在类图中的表示。
✓ 理解抽象概念在类图中的表示。

8.3.1 关联的用例

下面结合用例描述实例讲解包含关系、扩展关系和其用例图的表示。

1. 包含关系

用例之间彼此可能具有关联，通过关联将用例组织起来，能够促进对用例的理解和沟通、减少文本重复等。

“处理销售”和“处理租金”用例都要处理信用卡支付的问题，因此将“处理信用卡支付”提取为独立用例，用例中需要这部分功能时将它们“包含”进去。

如图 8-18 和图 8-19 所示分别为包含其他用例的用例描述和被包含用例的用例描述。

UC1: 处理销售

……
主成功场景：
1. 顾客到某个POS终端为购买的产品或服务付费
……
7. 顾客支付，系统处理付款。
扩展：
7b. 用信用卡支付：包含“处理信用卡支付”用例。
7c. 用支票支付：包含“处理支票支付”用例。
……

UC7: 处理租金

……
扩展：
6b. 用信用卡支付：包含“处理信用卡支付”用例。
……

图 8-18 “包含”其他用例的用例描述示例

UC12: 处理信用卡支付

……
级别：子功能
主成功场景：
1. 客户输入信用卡账户信息。
2. 系统向外部数据的支付授权服务系统发送支付授权请求。
3. 系统接收到同意支付的信息，并通知收银员。
4. ……
扩展：
2a. 系统与外部系统交互时检测到错误：
  1. 系统通知收银员发生错误。
  2. 收银员要求客户选择其他支付手段
……

图 8-19 被“包含”用例的用例描述示例

如图 8-20 所示为具有包含关系 POS 机系统的用例图。

如下情形可以分解出子功能用例并使用包含关系。

✓ 某个用例中的某一部分需要在其他用例中使用，就可以把这一部分提取出来单独作为一个用例，这个被提取出的用例可以被其他用例包含。
✓ 用例非常复杂、冗长，将其分解为子单元便于理解，这里的各个子单元就是可能被包含的用例。

2. 扩展关系

假设某个用例文本因某些原因不允许大篇幅改动来插入新的功能，但以后的迭代开发中需要添加新的扩展和条件步骤，则可以建立如下扩展关系的用例。

如图 8-21 和图 8-22 所示为扩展关系的两个用例的用例描述。

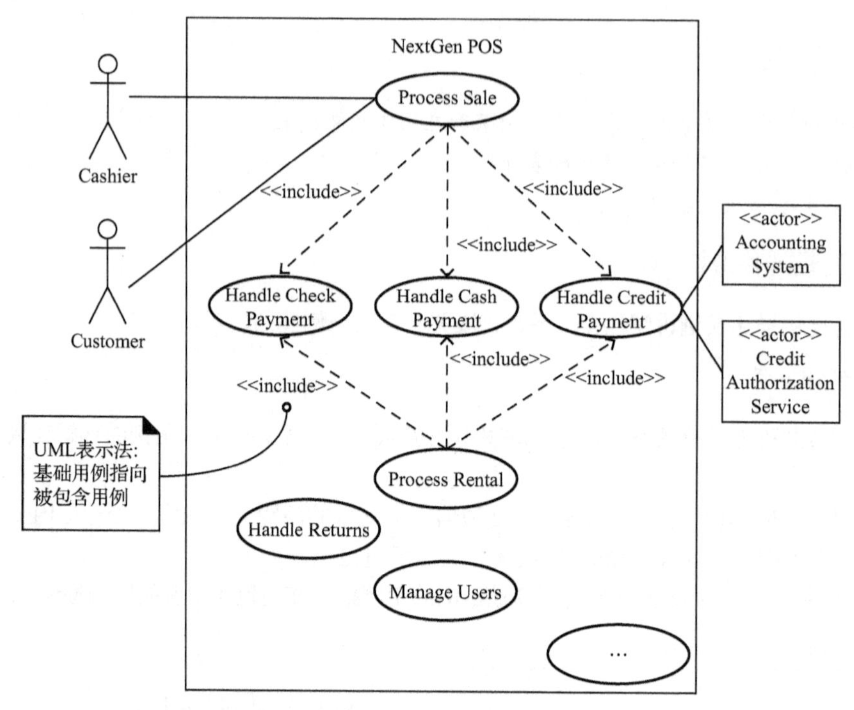

图 8-20 用例包含关系在用例模型中的表示

UC1: 处理销售（基础用例）

……

扩展点：VIP客户，步骤1。支付，步骤7。

主成功场景：

1. 顾客到某个POS收费口为购买的产品或服务付费。

……

7. 顾客付费，系统处理支付。

……

图 8-21 基础用例示例

UC15: 处理赠券支付（扩展用例）

……

触发：客户想要使用赠券支付。

扩展点：处理销售中的支付。

级别：子功能

主成功场景：

1. 客户将赠券交给收银员。

2. 收银员输入赠券ID。

……

图 8-22 扩展用例示例

如图 8-23 所示为扩展关系的用例图表示示例。

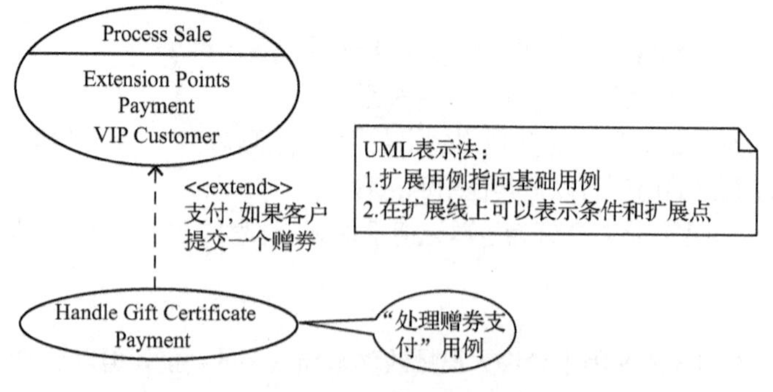

图 8-23 扩展关系用例示例

3. 包含关系和扩展关系的比较总结

（1）包含。如果多个用例包含一些公共的步骤，也就是子功能，就将这些公共的步骤提取出来作为一个子功能用例，这些步骤从主用例中去掉，只在需要的地方包含进子功能用例，如图 8-24 所示。

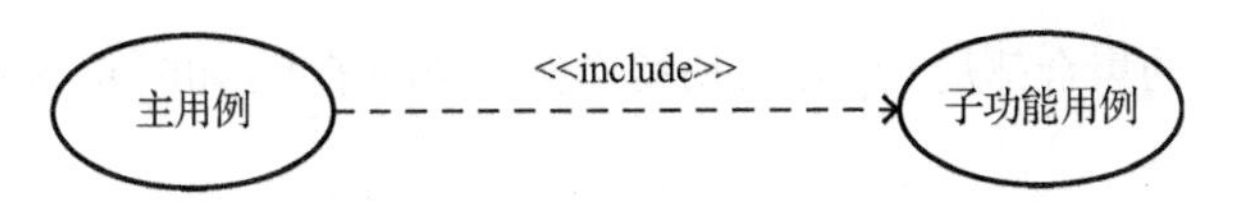

图 8-24　具有包含关系的主用例和子功能用例的用例图

（2）扩展。已经有一个能够完成基本功能的基础用例，如果需要有条件地扩展新的功能而不再修改已有基础用例，则可以构建一个扩展的用例，称为新的扩展用例扩展了基础用例，如图 8-25 所示。

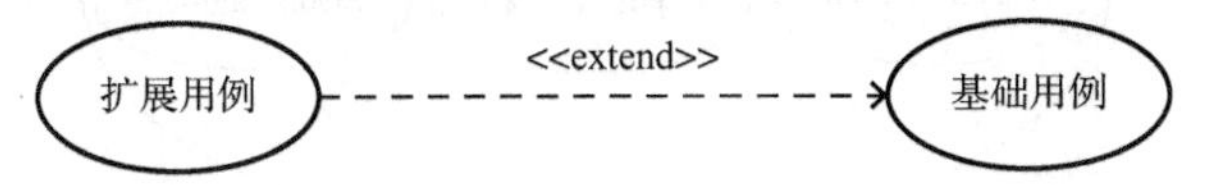

图 8-25　具有扩展关系的扩展用例和基础用例的用例图

（3）二者的区别。包含关系和扩展关系的区别是：在包含关系中，主用例如果没有被包含的用例就不能工作；而在扩展关系中，基础用例即使没有扩展用例也可以实现基础功能。扩展用例是对基础用例功能的扩展。

8.3.2　领域模型的精化

就领域模型的精化的概念说明如下。

- ✓ 泛化和特化是领域建模中支持简练表达的基本概念。
- ✓ 概念类的层次结构经常成为激发软件类层次结构设计的灵感。
- ✓ 软件类层次结构设计利用继承机制减少了代码的重复。
- ✓ 使用包可以将大的领域模型组织成较小的单元。

1. 泛化

CashPayment、CreditPayment、CheckPayment 这些概念很相似，对它们较好的组织方式是“泛化 - 特化类层次结构”，或称“超类 - 子类的层次结构”。将这些概念类中相同的部分可以提取出一个超类或泛化类 Payment。

如图 8-26 所示给出了这种泛化 - 特化关系的类图表示。

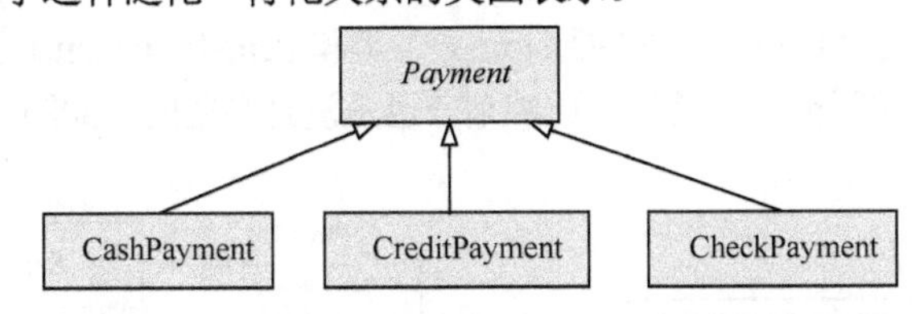

图 8-26　表示 Payment 类与其各个子类关系的类图

如果所有子类都有 amount 属性并与 Sale 类关联，这些就要放在超类中，表示这种特性的 UML 类图如图 8-27 所示。

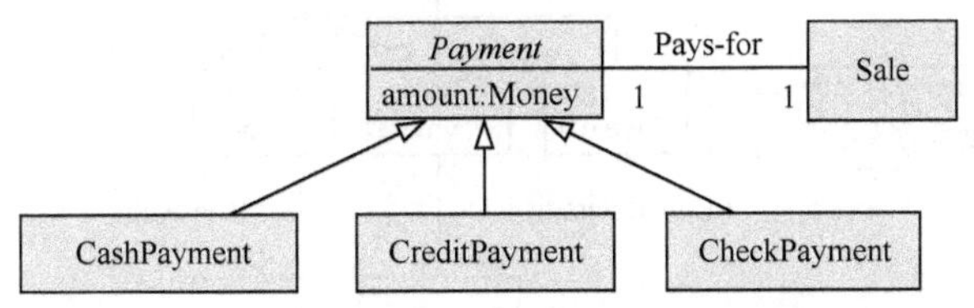

图 8-27　父类中汇集子类的一致性的类图表示

is-a 规则是子类集合的所有成员必须是其超类集合的成员，即子类是一种 is-a 超类，如

CreditPayment 所有实例的集合都是 Payment 所有实例集合的子集。如图 8-28 所示表示了这种父类和子类集合关系。

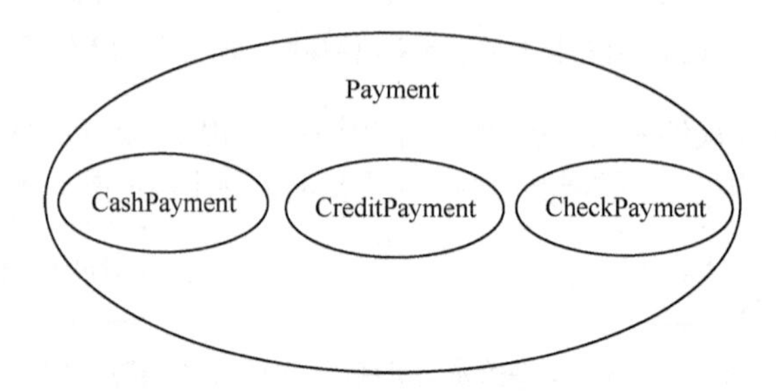

图 8-28　Payment 与其子类集合关系图

可以说“任意一个 CreditPayment（信用卡支付）都是一个 Payment（支付）”，都满足 is-a 规则。另一个子类与父类集合关系的描述是，任意一个具体的天津人都可以看作是一个中国人。

哪种情况可以从已有的若干类中提取出超类？有什么好处？下面总结了泛化和定义超类的动机。

（1）潜在的概念子类表示的是相似概念的不同变体。

（2）所有的子类都具有相同的属性，可以将其解析出来并在超类中表达。

（3）所有的子类都具有相同的关联，可以将其解析出来并与超类关联。

（4）可以从所有子类中提取相同部分构成一超类，子类 100%满足超类，并且符合 is-a 规则。

2. 何时定义概念子类

下面解释一下，在已经确定类的基础上创建其子类的原因，并给出多个实例说明其创建子类的合理性。下述几种情形下需要创建概念类的子类。

（1）子类有额外的有意义的属性。

（2）子类有额外的有意义的关联。

（3）子类概念的操作、处理、反应或使用的方式不同于其超类或其他子类，而这些方式是我们所关注的。

例如，即使类 Customer 可以分为 MaleCustomer 子类和 FemaleCustomer 子类，但由于它们没有额外的我们所关注的属性、关联或行为差异，这种划分也是没是必要的。如图 8-29 和图 8-30 所示为创建子类合理性的图示。

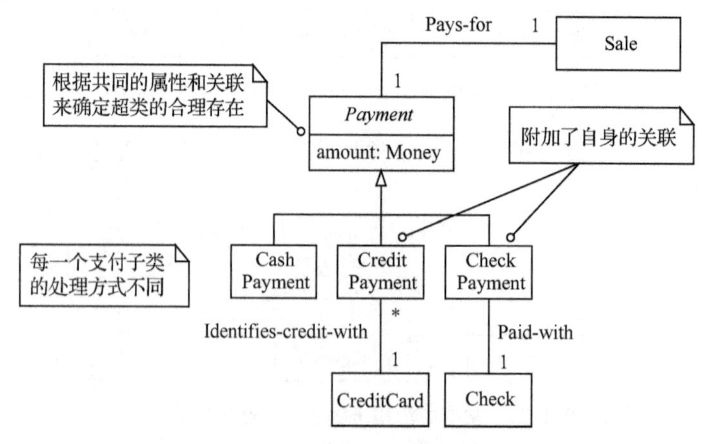

图 8-29　说明 Payment 子类合理性的类图

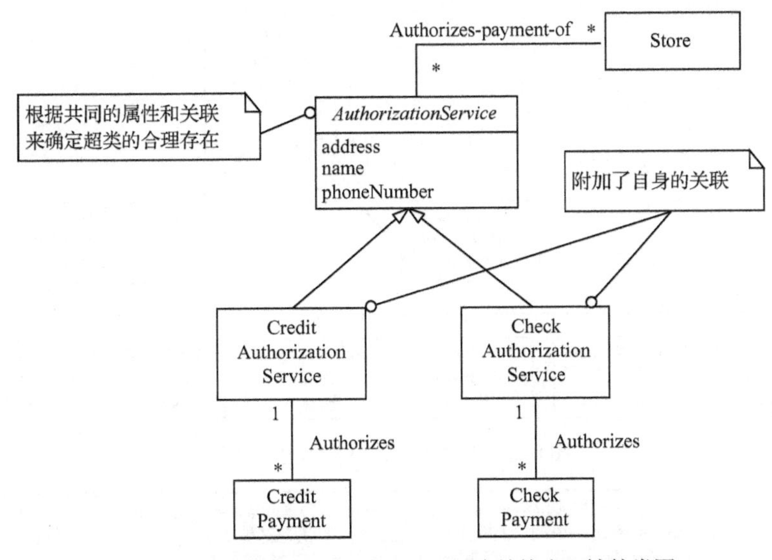

图 8-30　说明 AuthorizationService 层次结构合理性的类图

思考：图 8-30 中的子类划分是否是必要的，为什么？

3. 类的层次划分的粗细

如图 8-31 所示为一个事务类层次结构示例。

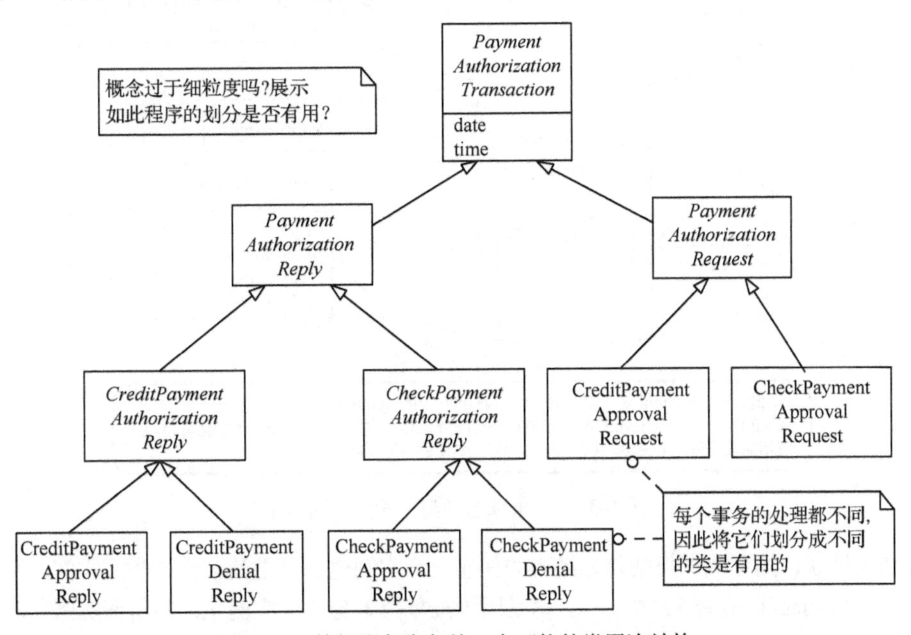

图 8-31　外部服务事务的一个可能的类层次结构

图 8-31 中如果 CreditPaymentAuthorization Reply 和 CheckPaymentAuthorization Reply 两个类没有其子类公有的属性、联系和方法，就没有增加额外的价值，图 8-32 粗粒度的类层次结构就足够了。

4. 抽象概念类与一般父类的区别

下面借助图 8-33 说明这两个概念的区别。

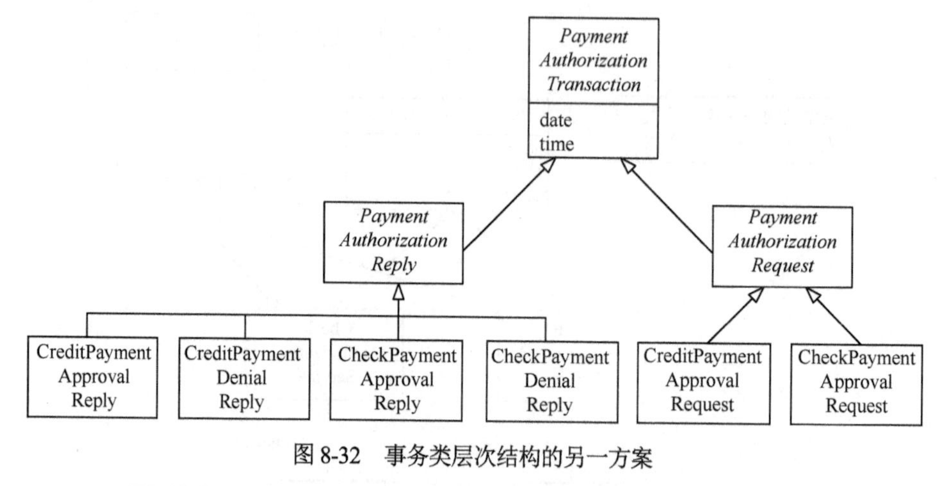

图 8-32 事务类层次结构的另一方案

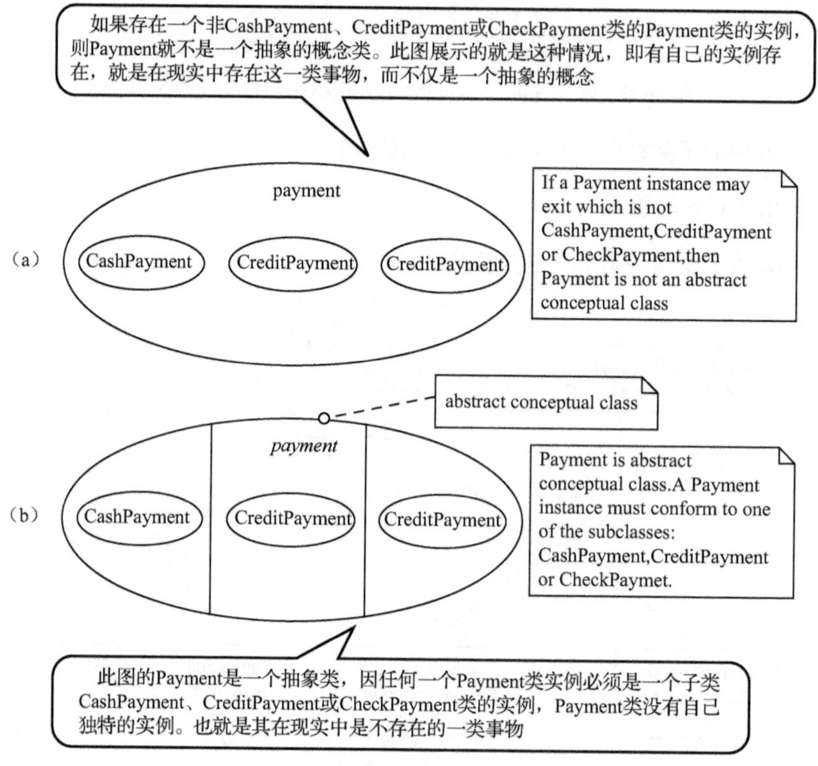

图 8-33 抽象概念类与一般父类间区别

因此通俗地说，抽象概念类就是如果类的任意一个实例也必须是其某个子类的实例，则该类称为抽象概念类（Abstract Conceptual Class）。这是因为抽象类本身不能实例化，其所谓实例只能是某个特化子类的实例，因此该实例一定是某个特化子类的实例。

使用工具软件时，抽象类名称应用斜体表示。如图 8-34 所示。

5. 对变化的状态建模

假定支付可处于授权和未授权状态，不同状态允许的操作是不一样的，则在领域模型中表示这一信息是有意义的。下面给出两种对状态建模的方式。

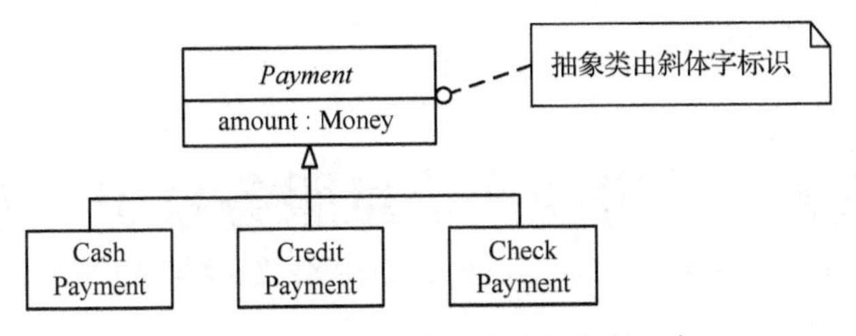

图 8-34 工具软件绘制的抽象类表示法

✓ 一种建模方式是定义 Payment 类的子类，即 UnauthorizedPayment 类（未授权的支付类）和 AuthorizedPayment（授权的支付类）。

✓ 另一种建模方式是领域模型中忽略概念状态，而在状态图中加以反映。在设计建模的类图中为 Payment 类中添加记录不同状态的属性。

习题 8.3

一、选择题

1．如果类 B 是类 A 的子类，则下面几种描述哪些正确？（　　）

A．一个类 B　is-a 类 A

B．一个类 A　is-a 类 B

C．B　x = new　A()；　// 定义一个类 A 的实例 x

D．A　y = new　B()；　// 定义一个类 B 的实例 y

二、简答题

1．“任何情况建立类的层次关系都可以优化编程”这句话对吗？请解释。

2．如果类 A 和类 B 都是类 C 的子类，且类 A 和类 B 都与类 D 具有相同的关联，请绘制合理的 UML 类图。

3. 如果类 A 和类 B 都是类 C 的子类，且只有类 A 的某个属性是类 D 类型的，请绘制合理的 UML 类图。

4．如果 A 用例包含 B 用例，即为了完成 A 用例的基本功能，必须包含 B 用例，请用 UML 用例图表示 A 和 B 用例之间的关系。

5．如果 C 用例扩展了 D 用例的功能，即 D 用例的基本功能被 C 用例扩展、丰富，请用 UML 用例图表示 C 和 D 用例之间的关系。

6．如果 F 用例的基本功能的运行必须依赖于 E 用例，即包含 E 用例，请说明 F 和 E 用例可能是包含还是扩展关系？

附录A “房地产信息服务系统”案例

背景资料

用户对系统需求的文字描述如下。

“房地产信息服务系统”需要向本地房地产代理人提供一些信息，这些信息可以帮助他们向客户销售房屋。每个月，代理人通过与房主签订合同列出待销售的房屋信息列表。代理人一般服务于某个房地产公司，该公司会向房地产信息服务公司发送列表上的房屋信息。因此，在社区中的任何代理机构都可以获得列表上的信息。

列表中的信息包括地址、建造年代、面积、卧室个数、浴室个数、房主名字、房主电话号码、房屋要价和状态代码。任何时候，代理机构可以向房地产服务信息公司发出请求，以直接获取和客户要求相匹配的列表信息。比如，需要的信息可能有：一个代理人也许想给列表上的房屋代理人打电话询问一些其他的问题，或者他也许想直接给房屋主人打电话约好时间看房子。 房屋信息服务公司每月两次（每月 15 号和 30 号）印发包含这些列表信息的手册。这些手册被送给所有的房地产代理人（也称经纪人）。由于这本手册比较容易浏览，许多房地产代理人都想得到这本手册。因此尽管信息有时已经过时，但仍然会提供这本手册。有时代理人和房主要改变房屋列表信息，如降低价格、更改以前的房屋信息或标明房屋已出售。当代理人要求房地产公司做出以上改变时，他就向房地产信息服务公司发送这些变化请求。

实训十五 “房地产信息服务系统”需求分析建模

一、实训目的

1. 深入理解、掌握面向对象的分析模型的创建方法。
2. 熟练掌握使用工具软件绘制面向对象的分析模型的方法。

二、实训要求

请按照下面的要求完成此系统面向对象的需求分析建模，任务指导请参见前面对应实训任务的指导。

1. 请阅读给出的用户对系统需求的文字资料，填写下面的系统事件表。

事件	触发器	来源	活动/用例	响应	目的地

2. 请列出系统的问题域内的事物及描述事物的属性。
事物及事物要描述的属性的形式如下：
代理人（ 代理人姓名、e-mail、电话）
3. 在前面所列出的“事物”基础上确定系统要处理的实体，开发并绘制E-R图进行记录。
4. 请开发并绘制出反映系统的“事物”及“事物”之间关系的系统分析类图。
5. 请根据事件表开发并绘制系统的用例图。
6. 请将下面的“记录新房屋信息”用例的详细描述表填写完整。假设业务流程要先输入并验证代理身份后，再输入和记录新的房屋信息。

<table>
<tr><th>用例名称</th><th colspan="2">记录新房屋信息</th></tr>
<tr><td>触发事件</td><td colspan="2">房地产公司提出增加并记录一条新房屋信息请求</td></tr>
<tr><td>简单描述</td><td colspan="2">当房地产公司提交某个代理的新房屋信息时，房地产信息服务公司的职员和系统要验证代理的信息，如果通过验证，则创建一条新的房屋信息，再将其保存到“房屋信息表”数据表，并与“代理”数据表建立联系</td></tr>
<tr><td>参与者</td><td colspan="2">房地产信息服务公司职员</td></tr>
<tr><td>相关用例</td><td colspan="2"></td></tr>
<tr><td>系统相关者</td><td colspan="2">房地产信息服务公司职员
房屋代理
房地产公司</td></tr>
<tr><td>前提条件</td><td colspan="2">代理必须存在</td></tr>
<tr><td>后续条件</td><td colspan="2">新的房屋信息必须记录到数据表中，并与相关“代理”数据表联系起来</td></tr>
<tr><td rowspan="2">典型事件流</td><td>参与者</td><td>系统</td></tr>
<tr><td></td><td></td></tr>
<tr><td>异常情况</td><td colspan="2"></td></tr>
</table>

7. 请将“记录新房屋信息”用例的典型事件流的活动图和系统顺序图开发并绘制出来，其要与用例描述中典型事件流的描述一致。

8. 请开发前面确定的所有其他用例的系统顺序图，建议以小组为单位完成，自己假设合理的业务流程。

实训十六 “房地产信息服务系统”设计建模

一、实训目的

1. 深入理解、掌握面向对象系统的设计模型的创建方法。
2. 熟练掌握使用工具软件绘制面向对象的设计模型的方法。

二、实训指导与要求

在系统设计阶段所要完成的工作如下。

✓ 开发添加了属性类型和可见性导航线的初步设计类图。

✓ 开发各个用例实现的初步顺序图。

✓ 开发各个用例实现的添加了可视层和数据访问层的顺序图。

✓ 将初步设计类图转化为设计类图，该类图要求类包括属性和方法，以及它们的类型和访问权限等，这就为具体的系统编程提供了说明。

请接着前面实训十五继续进行“房地产信息服务系统”的面向对象的设计工作，任务指导请参见前面对应实训任务的指导。

1. 请开发并绘制系统的初步设计类图。

2. 请开发并绘制“记录新房屋信息”用例实现的初步顺序图（消息和参数都可用中文表示）。

3. 请开发并绘制“记录新房屋信息”用例实现的具有领域层、数据访问层和可视层的多层设计的顺序图。

4. 请开发并绘制所有用例实现的初步顺序图。

5. 请根据系统所有用例实现的初步顺序图开发并绘制系统的设计类图。

6. 试开发所有用例实现的包括对象创建的多层设计顺序图，并进一步开发系统的领域层和数据访问层的设计类图，且建议以小组为单位相互讨论和分工完成。

参 考 文 献

[1] Whitten，Bentley．肖刚，孙惠等译．系统分析与设计方法（第 7 版）．北京：机械工业出版社，2013．

[2] Satzinger，Jackson，Burd．耿志强，朱宝，李芳，史晟辉译．系统分析与设计（第 4 版）．北京：机械工业出版社，2009．

[3] Larman．李洋，郑龚等译．UML 和模式应用（第 3 版）．北京：机械工业出版社，2013．

[4] 杨弘平．UML2 基础、建模与设计教程．北京：清华大学出版社，2015．